Never Home Alone

獻給 Monica、Olivia、August，以及和我們住在一起的所有物種

各方讚譽

「一本有趣又極具啟發性的書……唐恩與他的同事運用群聚生態學（community ecology）的方法，為我們梳理出一個長久以來被忽視的生態系：人類的家。他們的研究豐富了我們對生態系功能的認識，更扣人心弦的是，讓我們知道自己和這些家中生物的互動，讓我們得以擁有更健康、更幸福的生活。」

——《自然》*Nature*

「一本迷人的書……輕快串起浩瀚的生物多樣性與我們的日常生活，並道出人類是如何改變了整個生態系——常常是越改越糟。」

——《華盛頓郵報》*Washington Post*

「妙語如珠、旁徵博引……很難不被羅伯・唐恩的文筆吸引，透過他一一細數，我們不得不驚嘆於自己家中這個生物小宇宙的豐富！」

——紐約時報書評 New York Times Book Review

「引人入勝……從羅伯・唐恩的眼睛看出去，房間都不是房間了，變成各式各樣可以去探索的棲地，同時，也完全刷新了很多人對害蟲防治的觀念。」

——科學新聞 *Science News*

「如果你是個蟲子迷，你一定會愛死這本書！在裡面你會看到鉅細靡遺、成千上萬的節肢動物和微生物，而且就跟你住在同一個家裡！」——《Bustle》雜誌

專文推薦

塞滿對這世界好奇心的一本書，新課綱教學的最佳示範

慈濟大學生命科學系助理教授、科普作家　陳俊堯

口袋的故事，都是東試西闖累積來的

羅伯·唐恩是美國北卡羅萊納州立大學生命科學系的教授。他的一生不但沒有科科（編按：請搜尋「選擇生科，一生科科」），而且充滿了故事。他的研究守備範圍從農田、種子、螞蟻到細菌，他說服社會大眾幫忙，以廣邀民眾參與科學的方式，調查人類家裡的昆蟲和肚臍裡的微生物。他也是暢銷科普作家，書裡裝滿了有趣的故事。到底多有趣，你讀下去就知道。

讀唐恩教授的書，就像跟著一位古靈精怪的導遊去旅行。前一段你還在博物館看百年前古老的顯微鏡，下一段就身處哥斯大黎加的熱帶雨林觀察白蟻和黑暗中的動物，翻幾頁又跑到了溫泉區探險，再往下讀居然還上了太空。一個又一個精采故事輪流上場，真想請他講慢一點啦來不及聽了！不過，這看似隨意的快速跳轉，其實是有目標地在追尋答案。看唐恩教授把不同面向、差異很大的資料放在一起比較解讀，整理出脈絡，讀著讀著，突然謎底就出現在眼前。我想這是本書最讓人覺得過癮的地方。

在準備這本書時，唐恩教授顯然讀了很多文獻，份量大到可以把碩士班學生壓成一隻扁蟲。然而，這麼大量的知識，最終都化為一個個探險故事，讀下來有一口氣追完一部劇的暢快。而且這是部職人劇，我在裡面看到熟悉的專業身影：生態學家在野地追蹤生物，昆蟲學家趴在地上收集樣本，各個生物領域的科學家一絲一縷拉出證據，在一片混沌中把路認出。你完全能感受到生物學家那股急切尋找答案的熱情。

這個對任何想法都保有好奇，東試西闖努力把答案找出來的精神，不就正是現在新課綱探究實作想要帶給學生的能力嗎？這本書，給了最好的示範。

你家是個動物園，但你從來沒注意

人類科技不斷進步，但新技術通常帶著人們上天下海越走越遠，反倒忘了低頭看看自己身邊的世界。你曾經注意過家裡有什麼生物嗎？你的家裡除了自以為是主人的人類之外，可能還住了貓和狗和鸚鵡和熱帶魚？哦，可能還打過蚊子和蟑螂，就這樣了。你應該有這樣的經驗：坐在沙發上看見小蟲飛過，長年練就的防蚊反射馬上啟動，想都沒想就一巴掌打下去，這才發現它長得跟蚊子不太一樣。誤殺了一隻無辜的蟲哪，但你一點也沒放在心上，因為你連它叫什麼名字都不知道。絕大部分的人，從來沒有花時間認識這些跟我們一起生活的生物，這些有自己獨特生活方式的野生室友。

唐恩教授認真想知道人類家庭裡還住了誰。他帶著一群研究人員（以及捧著書跟著的我們）在人家家裡四處翻找，發現人類住家比野生動物園還熱鬧。他們請來頂尖專家辨認這些小蟲，找出了它們的名字。他們發現原來有些昆蟲早已演化出適合「家居」的特性。顯然已經和人類同居了好多世代，但人類完全沒注意它們。

光是認識這些小生物還不夠。這些在我們家裡努力生活的小生物，有它們走跳江湖的真本事。唐恩教授慢慢瞭解它們的生活方式，找出它們的特性，最後更運用這些特性轉換的知識，來改進人類生活。臉書社團「路上觀察學院」裡，常有朋友用不一樣的角度解讀路上拍到的照片，造成的反差出奇有趣。唐恩教授自稱會在走路上班時一路注意各種生物，不斷思考它們可能帶來的靈感。這正是把「換角度看世界」的技能用在科學上。你是不是該觀察一下自己家裡的動物園了？

微生物與我們密不可分，甚至美食也不能少了它們

光是這些小動物就已經夠多了，如果再考量微生物，這世界的複雜程度就還要再翻個幾倍。顯微鏡的發明讓人類看到微生物，發現了肉眼看不見的新世界。高通量DNA定序技術的發明讓科學家可以幫微生物點名，並驚訝地發現它們高到爆表的多樣性。動物、植物和所有物件上都鋪著一層微生物，而學界才剛開始幫它們的組成建檔，而且大多只有單一時間的記錄，還不能掌握它們那像股票般，隨時間上上下下的數量變動。

這些小傢伙四處傳遞，就跟武漢肺炎疫情前的國際航線一樣頻繁，把你當成一個國家進進出出。貓身上的微生物可以趁你吸貓時移民到你身上，住膩水管的小細菌可以一放手就跟著水流進到你的水杯裡。要是你生病吃了藥，某種長期守護你的細菌就被賜死從此消失。我們身上和身邊的微生物持續在改變，這些小傢伙貼著我們生活，剛剛那一分鐘裡它分泌了某種分子，或許騙到我們的神經細胞，讓我們做出一些超出自由意志的事。或者，如果沒有它貼在我們的腸壁細胞上，我們也可能做出可怕的蠢事來。某種程度上，你是被細菌操作的人偶。

但先別害怕，在書的最後，唐恩教授給了我們一個美味的結尾。他提到這本書的靈感很大部分是在「餐桌」上得到的。食物在人類文明中有著無法撼動的重要地位，每個民族

對吃什麼、怎麼吃，都有一套自己的想法。而這個對吃的執著，讓食物裡的微生物代代相傳，成為這個民族的印記。比如說，不同人製作的韓式泡菜，會有個人化的「手風味」，你一定要看看唐恩教授怎麼從微生物學的角度來看這件事！讀完最後一章，相信你會忍不住到廚房找找食物，也忍不住開始找找跟你住在一起的室友們。

專文推薦

認識我們最親密的陌生室友們

國立自然科學博物館生物學組副研究員　詹美鈴

自從開始研究嚙蟲（書蝨）以來，我經常收到民眾害蟲諮詢信件，看到許多人的無助以及對居家節肢動物的恐懼與誤解，也發現我們對這些「蟲室友」的了解與相關研究的貧瘠，以致常無法提供有效且精準的解決方式。因此，我決定投入居家節肢動物領域，期待透過知識推廣與研究，來改變民眾對待蟲室友的態度，並努力找出居家生物與環境的關聯性，提供諮詢民眾更多參考資訊。

就在此時，我開始注意到本書作者羅伯·唐恩，他是居家生物研究的翹楚，我非常欣賞他對生物的熱愛、令人驚奇的瘋狂想法、純熟的說故事能力，還有卓越的研究成果，在科博館推出的「我家蟲住民」特展中，部分內容就參酌了他的研究。他總能深入淺出將艱深的研究轉化為平易近人、甚至有趣搞笑的內容，讓讀者拍案叫絕或豁然開朗，而這本書也一如往常一樣精采。

居家節肢動物的存在是正常而非異常

居家節肢動物的研究與推廣，看似簡單卻相當不易。對大多數人而言，這些家中生物既微小又醜陋。喜歡待在家裡的人，通常不希望有蟲室友們的陪伴，想盡辦法將牠們除之而後快；而喜歡大自然的人，則寧願跋山涉水享受自然之美，再欣賞所謂的「野生生物」。想像一下，若有人說：「我在玉山看到台灣黑熊在覓食」，聽起來一定遠比「我在家裡捉到一隻沒看過的蒼蠅」令人感到興奮吧？誠如作者提到：「生態學家與演化生物學家對野外珍稀動物的了解，往往更勝於人類居住空間中的生物。」這從國內外的自然史博物館標本蒐藏中也能看出，印象中，科博館的美洲家蠊標本在我進行居家節肢動物調查之前，應該不到二十隻吧！

一個家就是一個浩瀚的小宇宙，根據唐恩的估計，他們在住家中已發現近二十萬種生物，包括近四分之三的細菌、近四分之一的真菌和少數其他動物，就連熱水器和蓮蓬頭內都生機盎然。在此當中，除極少數生物是病原體外，其餘物種大多對人類無害或有益。與此呼應，我們最近也研究了遭蟲蛀的古書，蛀書中可見到蛀食書本的檔案竊蠹蟲、寄生於竊蠹幼蟲的新種——蓬萊頭甲蟻形蜂、於蛀洞中取食黴菌的書蝨和蟎，還有捕食這些蟲子的卵蛛，一本書儼然就是一個豐富的生態系。

二〇一六年，唐恩研究團隊針對五十個家庭進行節肢動物相調查，結果顯示平均每個家庭可採到近百種節肢動物，其中四十九個家庭都有嚙蟲存在。嚙蟲對大多數人來說非常陌生，而唐恩及我們的調查結果相當一致，嚙蟲幾乎存在於每個家庭中，足以讓我用來說服那些因嚙蟲而焦慮的民眾理解：家中有牠出現是很平常的現象。但接下來，就須更進一步知道家裡究竟有哪些種類的嚙蟲，還有牠們為什麼會出現，才能精確回覆民眾問題。此一案例也說明了我們對於大多數的親密室友們仍相當陌生。

重新思考健康與理想的家居環境

和唐恩一樣，在推廣過程中大家最常問：「我要如何消滅牠們？」人們常會責怪家中蟲子為何總是殺不完，其實家中生物和居住者一舉一動極度相關，如家的位置、建材、隔間、裝潢、通風情形、儲存物品、生活習慣等都會影響居家生物種類與數量。以養貓為例，貓本身、貓食、貓砂、貓玩具等與飼主習慣都可能帶來多樣的細菌、真菌和節肢動物等。養狗則又是另一個世界了，書中提到一位實驗室學生負責整理狗身上和體內的生物清單，花了好幾年仍尚未整理完畢。但難道養寵物就不好嗎？飼養寵物固然可能造成居住者過敏，或攜帶寄生蟲，但寵物能為人帶來愉悅感，且帶進來的微生物有助增加室內微生物多樣性，也可能利於居住者免疫力的提升，因此利弊各見。

究竟什麼樣的環境才適合人居住？本書提到一個相當重要的觀念：當家裡生物多樣性高時，有害生物難以在其間找到棲身之地，而居住者也因有機會接觸多樣微生物，而讓身體免疫系統能正常運作，有助身體健康。當我們使用化學藥劑消滅居家生物時，會讓家中生物多樣性降低，反而有助於快速演化的病原菌或害蟲留下來。我不禁想起過去許多向我諮詢的民眾，他們深受家中蟲子所苦，一次又一次過度清理自己的家，不停使用藥劑殺蟲除菌……。此刻，我很想告訴他們：他們的舉動反而讓家裡變得更不健康了。

多年前我在澳門，看見大樓內的歐洲街頭造景，綿延的天空與船河、船、商店及河岸相互輝映，美不勝收。但是我心中不禁也想：人類喜歡在室內呈現室外的景色，固然反映了對大自然的渴望，但卻又不斷將室外變成室內，且這種反自然作為至今仍在持續上演。可是，如同室內生物多樣性對於居住者非常重要，野外環境的多樣性也同樣重要，一旦多樣性降低，外來種就有機可乘，人類也終將自食惡果。

要擁抱家裡的蟲及微生物不是件容易的事，如果我說蟑螂和老鷹都是生命、都該被尊重，大多數人大概都會嗤之以鼻。因此唐恩希望讀者從另一個角度來思考：他提到泡菜、啤酒、麵包和起司等美味食物，與救人無數的抗生素，都要拜微生物所賜；細菌能種植至嬰兒身上而讓千名嬰兒免於受病菌感染。從仿生科技角度來思考，蟑螂的結構 發了小型救難機器人的發明，蚊子口器則是微型針頭的靈感來源。莎士比亞說：「事物本身沒有好壞之分，是人類的思想決定了它的價值。」書中也請大家思考：「目前還無記錄顯示蟑螂會傳播什麼疾病，但人類卻時時刻刻因彼此接觸而傳染各種疾病。」究竟誰比較可怕呢？

在台灣探索家中的生物多樣性

為了讓民眾接受家中生物，唐恩透過詳盡的研究與調查，結合民眾參與科學取得大量數據，產生豐碩研究成果，再透過撰寫書籍與文章吸引注目，本書就是唐恩帶領大家初探家中奧祕的最經典案例。在台灣，我則透過科技部計畫有限經費，一點一滴建置網站、辦理研習營、到校服務、特展、校園巡迴展到書籍的出版等，再推出「用家中蟲住民健檢你的家」和「家是生命科學研究的起點」概念，讓民眾知道蟲室友們除了能成為環境指標，讓我們了解家中環境狀況外，牠們也是值得探索的對象。

我希望大家能逐步從接受、探索，到願意參與調查家中生物並提供樣本，大家齊心完成家中生物的拼圖。唐恩和我的目標，都是希望讓大眾理解家裡充滿了豐富的生物多樣性，我們從來沒有獨自一人在家過，而這些親密的陌生室友們正等待我們一步步去認識與探究牠們，與牠們為伍而非為敵。

目次

引言
室內人

我還小的時候，幾乎成天都是在戶外度過的：我和姊姊一起到處蓋碉堡、在土裡挖洞、開闢步道、攀爬藤蔓，只有在要睡覺、或是戶外天寒地凍到手指簡直要掉下來的時候（我們當時住在密西根州的鄉下，這種事情即使到了春天都還真的有可能發生），我們才會回到屋子裡。那個時候，室外才是我們真正生活的地方。

跟我的童年時光相比，現今的世界已經跟當時大不相同。現在，孩子在成長過程中幾乎都是待在室內，只有從一棟建築移動到另一棟建築時，才會暫時離開。這說法一點都不誇張：今日的美國孩童，平均有百分之九十三的時間，都是待在室內或是在搭乘交通工具。而且不僅是美國如此，在加拿大以及多數的歐洲及亞洲國家[1]，都可得出相似的數據。我說這件事不是要哀嘆現今世風日下，而是為了指出：這個轉變反映出了人類在文化演化的過程中，已經進入極具顛覆性的嶄新階段。我們已經成為——或正逐漸成為——「室內人」

（*Homo indoorus*）。我們現今生活的世界，幾乎完全侷限於房子或公寓的四面牆內，而屋內的空間跟迴廊走道或其他房屋的關係，比跟室外空間的關係要更密切許多。照這樣說起來，我們理論上應該要全心投入，去了解有什麼樣的生物跟我們生活在同一個屋簷下，它們對我們的身心健康又有什麼影響；但實際上，我們所知道的仍然只是冰山一角。

打從微生物學剛開始發展的時候，我們就已知道有許多其他生物跟我們在室內共同生活。但當時，只有一個人對此認真地進行研究：安東尼．范．雷文霍克（Antony van Leeuwenhoek）。他在自己以及鄰居的家中、身體上，都發現了各式各樣的生物，數量多到讓人大吃一驚。他抱持著喜悅甚至敬畏的心情，不斷潛心研究這些生物；但在他死後，有將近一世紀期間，沒有什麼人接棒進行這項未完成的研究。一直到後來，有人開始發現這些家居生物之中，有些竟是讓我們生病的元凶，頓時，所有焦點便集中在這些被我們稱為「病原體」的生物身上，而一般民眾的觀感也跟著一下子大幅改變：人們開始抱著極為負面的態度，看待這些與他們朝夕與共的生物，恨不得將它們除之而後快。這個觀點的盛行，雖然拯救了不少人的生命，但走過頭的結果，就是很少人願意再去多花時間研究、欣賞那些可能不是病原的家居生物。一直到幾年前，這情勢才總算又再度改變。

包含我在內的多個研究團隊，開始重新認真探索、調查這些在你我家中都可以找到的家居生物，就像那些調查哥斯大黎加雨林或是南非草原的生態的科學家一樣。調查結果帶來了許多令人驚喜的發現：我們原先預期或許會找到上百個物種，結果找到的物種卻將近二十萬之多（精確的數字要取決於你如何估算物種數量）。這些生物絕大多數是微生物，但還有許多其他體型較大但卻仍被忽視的生物。如果你深深吸一口氣，你每一次呼吸、將氧氣帶入肺臟深處直達肺泡的同時，也吸進了成千上百種生物。如果你找個座位坐下來，你所坐的每個位子周圍，都有上千種生物或飄浮、或跳躍、或爬動著。說到底，我們從來沒有獨自一人在家過。

到底是什麼樣的生物生活在你我身旁？當然，有一些是我們可以直接看到的大塊頭：在世界各地的室內環境中，都可以找到數十至上百種脊椎動物、以及種類更多的植物。而比脊椎動物和植物數量更多、但大小依然可見的是節肢動物，比如昆蟲及其近親。真菌的多樣性又比節肢動物更豐富了，它們的體型通常比較微小，但也有一些例外。至於比真菌還小、肉眼完全不可見的細菌，光是在房屋裡可以發現的種類，就比全世界的鳥類及哺乳類物種加起來的數量還要多。最後，還有比細菌還要微小的病毒，包括感染動植物的病毒、以及專門感染細菌的噬菌體等等。我們習慣將這些不同類型的生物分開來計算，但事實上，它們通常是一同進入家門的。舉例來說，我們養的狗跑進家門時，身上就帶著跳蚤，而跳蚤的腸道內住著真菌及細菌，這些細菌又成為了許多噬菌體的宿主。當《格列佛遊記》（*Galliver's Travels*）的作者強納森・史威夫特（Jonathan Swift）寫道「每隻跳蚤身上都有更小的跳蚤以它為食」時，他肯定沒想過自己說得有多麼準確。

當你得知竟然有這麼多東西生活在你身邊之後，或許會有一股衝動，想要馬上衝回家去好好地打掃一番，直到房屋裡乾淨到一塵不染。但真正令人驚奇的事情在這：我與同事觀察研究這些家居生物的結果，發現在生物多樣性最高、生機最為盎然的家中可以找到的許多物種，對我們可是充滿益處，甚至不可或缺。有些生物可以幫助我們的免疫系統正常運作；另外一些會抑制病原體及有害生物，或是跟它們競爭；在許多生物身上，我們可能可以發現新的酵素及藥物；有一些生物是讓我們做出更多種類的麵包、啤酒的好幫手。此外，還有成千上萬種生物，維持著各種對人類無比重要的生態過程運作，例如淨化水源、去除病原等等。住在你我家中的各種生物，大部分對我們並無害處，甚至還好處多多。

不幸的是，正當科學家才剛要起步探索這些生物所帶來的益處，以及它們存在的必要性時，整個社會也正加倍努力地給室內環境消毒殺菌、消滅家居生物。結果可想而知：人們沒料想到，大量使用殺蟲劑以及抗菌劑，又將室內環境與室外嚴密隔離的結果，反而往往是讓對人類有益的生物受到最大打擊。因此，我們反而幫了那些能忍耐逆境的生物一個大忙，像是德國姬蠊（俗稱德國蟑螂）、床蝨，以及可能致命的多重抗藥金黃色葡萄球菌（MRSA）等等。我們不僅讓這些抵抗力高的物種得以長存，還加速了它們的演化：我們身邊的家居生物的演化速度，可能是地球上至今為止最快的。我們讓家中的生物演化速度飆升，最後反而是害到了自己。況且，那些有機會能跟這些演化造就的麻煩品系抗衡的生物，因為比較不耐逆境的關係，如今在室內環境裡已經很難找到。更有甚者，這一影響的範圍極大：在地球上的各種生物群系之中，室內空間的擴張速度不僅是數一數二的快，而且如今已經比某些戶外的生物群系還要大。

也許找個實際的地點作為對照，會比較容易想像這變化的程度有多大：就拿紐約和紐約裡的曼哈頓地區來說好了。在圖1之中，你可以看到曼哈頓的地表面積。較大的圓圈顯示的是室內空間的樓地板總面積，較小的圓圈顯示的則是室外的土地總面積：曼哈頓現在的室內樓地板面積已經有室外土地面積的三倍之多！在這廣大的室內空間裡得以存活的生物，能夠享用幾乎取之不盡的食物來源（包括我們的身體、食物、房屋等）以及溫和、恆定的環境條件，考慮到這一點，你就可以明白室內永遠不可能會是清潔無菌的。有句話說：大自然中無真空（nature abhors a vacuum）[2]，但這並不太準確：更好的說法是，大自然會吞噬真空。只要一找到機會，任何生物都會如狂潮一般鑽入家門、轉過牆角、爬進櫥櫃、攀上床頭，迅速占領任何還沒有人取用的食物及棲地。我們唯一能期望的，是吸引更多對

圖 1 曼哈頓島的室內空間樓地板總面積，目前已經是其土地面積的三倍之多。隨著都會人口持續增長、變得更加密集，不久之後，世界上的大多數人都會居住在室內樓層比室外土地還大的地區。（圖修改自 NES- Cent Working Group on the Evolutionary Biology of the Built Environment et al., “Evolution of the *Indoor Biome,” Trends in Ecology and Evolution 30, no. 4* [2015]: 223–232.）

人們有益而無害的訪客前來。但想要做到這點，我們首先得先認識那些已經登堂入室的客人們：那大約二十萬種我們所知甚少的生物。

這本書所訴說的，是那些在房屋內可能跟我們朝夕相處的生物如何演變的故事。家居生物反映了我們的祕密、選擇及未來：它們與人的健康福祉息息相關，神祕宏偉且舉足輕重。關於人們家中大多數的物種，我們迄今所認識的仍然很少，但目前已知的那些事情，已經足夠把你嚇一大跳了。這些物種如何在你我身旁找尋食物、交配並繁衍不息，箇中真相絕對跟乍看之下截然不同。

1 奇觀

我從事這份工作這麼多年，並不是為了獲得我現在所擁有的聲譽，而是出於我比其他人都強烈的、對知識的渴望。同時，每當我有了重大的新發現，我就覺得我有義務要把這些成果記錄下來，讓那些富於真知灼見的人也從中獲益。

——安東尼．范．雷文霍克
一七一六年六月十二日的書信

關於人類一開始是如何發現了居家環境中的微生物相，有好幾種不同說法，不過最可能的故事版本，來自一六七六年尼德蘭代爾夫特市（Delft）的某日。那天，雷文霍克走到距離住家約一個半街區的市場買黑胡椒，他經過了魚市場、肉鋪還有市政廳，買了黑胡椒、謝過小販後就回家。一到家，雷文霍克並沒有拿黑胡椒來調味，反而是把三分之一盎司的黑胡椒加到裝了水的茶杯裡，讓黑胡椒在水中浸軟。他試著軟化原本乾硬的胡椒外皮，好解剖它們並研究裡頭造成辛辣滋味的成分。在接下來的幾週，他不斷研究黑胡椒，而在大約持續三週後，他做了一個非常重要的決定，就是改用自己吹製的玻璃細管從相當混濁的胡椒水取樣。雷文霍克用來觀察的是一種特別的顯微鏡，這種單獨鏡片鑲嵌在金屬框架上的儀器非常適合觀察如胡椒水般半透明的樣本，或是他後來無師自通做出的很薄的固體切片[1]。

當雷文霍克透過鏡片觀察胡椒水時，他發現了不尋常的東西。為了要確認這些東西是什麼，他做了一陣子的嘗試與調整，比如說在晚上工作時調整蠟燭的位置，或白天利用窗外打進來的自然光工作時，四處調整座位。在嘗試了多種組合之後，他終於在一六七六年四月二十四日，看到了清晰的景象。這幅畫面非常奇異，「我看見數量驚人，且種類多樣的微小動物。」他如是描述道。雷文霍克並不是沒看過顯微鏡下的生物，但他從沒看過這麼微小的東西。自此之後，他不斷重複這個觀察過程並嘗試各種不同觀察條件，每週都有新的觀察目標，包括磨碎的胡椒、泡在雨水中的胡椒、泡茶時使用的各種香料等等。每一次的新嘗試都讓他看見更多生物，也讓他成為有史以來第一位親眼看見細菌的人。這些觀察全部都是在家中進行，而且完全取材自家庭廚房裡唾手可得的物品，例如黑胡椒或水。荒野之於雷文霍克近在咫尺，那是一個居家環境中縮小版的荒野，讓他看見了前人從未發現的微觀生物多樣性，唯一的問題是：其他人會相信他的發現嗎？

雷文霍克開始使用顯微鏡觀察周遭生物的時間，大約比一六六七年還更早上十年，而當他從胡椒水中看見細菌時，他已經維持這樣的觀察習慣大約幾百個、甚至幾千個小時了。機會確實是留給有準備的人，但更是留給執著的人，而執著正是科學家的天性。當一個人全神貫注、以不懈的求知欲投入研究時，這份執著能打動任何人。

雷文霍克並不是一位典型的科學家，他從事紡織業，在代爾夫特的家裡開的店鋪賣賣布料、鈕扣與其他零件[2]。他最初開始使用光學儀器，其實是為了檢視特殊布料上的纖維[3]，後來促使他擴大觀察範圍的原因，很可能就是羅伯特・虎克（Robert Hooke）出版的《顯微圖譜》（*Micrographia*）[4]。雷文霍克只會尼德蘭語，所以他大概讀不懂虎克的文字，但虎克著作中的顯微鏡觀察圖錄可能就足以為他帶來啟發[5]。就我們對雷文霍克的認識，不難想像他在看過虎克的顯微圖錄後，便日日翻閱一六四八年出版的首部荷英字典，一字一句試圖拼湊出虎克想傳達的內容。

當雷文霍克開始使用顯微鏡時，其他科學家早就已經在觀察居家生物的微小特徵。包含虎克在內，這些科學家看見了過去人們未曾留意的生物細節，它們映照出一個前無古人的微觀世界，包含跳蚤的腿、蒼蠅的眼、長在虎克家中書籍封面上且有著長柄的毛黴屬（*Mucor*）黴菌孢子囊，這些細節都從未有人見過或想像過。我們今日可以非常自然地使用放大倍率檢視生物，但十七世紀的人使用同樣技術檢視同一個物種時，時空背景與我們截然不同。現在的我們即便在顯微鏡下對於第一次觀察到的細節感到驚奇，心裡仍早就預期了某些微觀層次的景象。但顯微技術才剛起步時，科學家往往為他們所見的景象大吃一驚，就好像突然間能看見無字天書。

即便雷文霍克僅僅使用顯微鏡來觀察一般居家環境的生物，他還是看到了很多新細節，就以他觀察跳蚤的例子來說，他的手繪稿包含了虎克先前畫過的細節，但也包含了虎克遺漏的地方，例如不比砂粒大多少的跳蚤精囊。他甚至還進一步觀察跳蚤精囊裡的精子，更把自己的精子拿來比較一番[6]。當他越陷越深，他開始意識到這些都是過去未曾觀察過的生命形式，因為沒有顯微鏡的話根本無從看見。在每個細節都被仔細檢視的情況下，雷文霍克更發現了一群重要的生物，也就是現稱原生生物（protist）的類群。這個名稱集合了所有差不多大小的單細胞真核生物的大雜燴，它們會細胞分裂也會運動，種類相當繁雜，有些比較大、有些比較小；有些有纖毛、有些表面光滑；有些有鞭毛，有些沒有；有些習慣附著於物體表面，有些習慣漂泊。

雷文霍克將他的觀察結果分享給在代爾夫特市認識的人。他有不少朋友，包括魚販、外科醫生、解剖學家，或是貴族，其中一位名叫雷尼爾・德格拉（Regnier de Graaf）的朋友，就住在雷文霍克家附近。年輕有為的德格拉在三十二歲時，就已經發現了輸卵管的功能，他對雷文霍克的發現感到相當驚豔，於是在一六七三年四月二十八日，他以雷文霍克之名寫信給倫敦皇家學會（Royal Society）的祕書亨利．奧登伯格（Henry Oldenburg），即便當時他仍在哀悼一個死去的新生兒。德格拉在信中提到雷文霍克使用的顯微鏡非常厲害，並敦請奧登伯格與學會為雷文霍克規劃一些研究案，讓他的顯微鏡與觀察技術派上用場，德格拉也附上了一些雷文霍克的觀察紀錄。

奧登伯格一收到信，就馬上寫信給雷文霍克，希望請他提供一些圖片搭配那些觀察紀錄[7]。雷文霍克在當年八月回信（可惜德格拉當時已經去世），信中附上了其他人（包含虎克在內）忽略的許多細節，包含黴菌的外觀、蜜蜂的刺、蜜蜂的頭部構造、蜜蜂的複眼與蝨的身體。與此同時，德格拉先前幫雷文霍克寫的那封信，其內容被刊登在五月十九日的《自然科學會報》（*Philosophical Transactions of the Royal Society*），世界上歷史第二悠久的科學期刊，當時才發行第八年。而這還只是這一系列信件的第一封而已，雖然這些信件以現在的眼光來看，內容類似部落格文章，沒有太專業的編輯，也不具有嚴謹的結構，而且通常內容有些離譜、重複，但這些在居家環境的日常觀察相當具有原創性，都是前所未見的觀察紀錄。一六七六年十月九日，雷文霍克寄出了這系列觀察的第十八封信，正是關於胡椒水的觀察[8]。

雷文霍克在胡椒水中看到了原生生物，該類群包含許多種單細胞生物，都比細菌在親緣上更接近動物、植物與真菌。他記錄了一些掠食細菌的原生生物物種，包含波豆蟲（*Bodo*）、膜袋蟲（*Cyclidium*）、鐘蟲（*Vorticella*）等，波豆蟲屬（*Bodo* sp.）具有一條鞭子狀尾巴（鞭毛），膜袋蟲屬（*Cyclidium* sp.）的體表覆蓋著不斷蠕動的毛（纖毛），鐘蟲屬（*Vorticella* sp.）則用一條長柄將自己黏附某個表面並進行濾食。但雷文霍克還有其他發現，他估計出胡椒水中可觀察到的最小生物，只有砂粒寬度的百分之一，以及體積的百萬分之一！當然，以我們目前的知識，大可猜出這麼小的生物非細菌莫屬，但是在一六七六年，人類從未目睹過細菌，雷文霍克的觀察紀錄正是細菌的華麗初登場。興奮的雷文霍克立刻寫信給皇家學會：

> 這是我觀察到自然界的所有奇妙現象中最驚奇的發現，我必須說，在這麼小一滴水中，竟然能看見數千隻不斷推擠與衝撞的生物，而且每一隻都有自己的運動方式，這實在是我有史以來見過最令人愉悅的景象了。[9]

皇家學會對於雷文霍克寄來的前十七封信都非常滿意，但這封關於胡椒水的信卻踩到了學會的底線，偏離真理而變成純然的想像了。學會成員中的虎克對於此封投稿非常遲疑。虎克由於《顯微圖譜》的成功而被視為顯微影像權威，但他未曾看過如這封信所描述般那麼小的活體生物。虎克與另一位皇家學會的重要成員內米亞．格魯（Nehemiah Grew），決定要重複一次雷文霍克的觀察，以證明他是錯的。事實上，示範實驗並重現實驗結果，本就是學會的日常業務。通常這種程序只是單純的實驗示範，但這次，他們需要同時驗證雷文霍克投稿的內容是否為真。

內米亞．格魯首先嘗試重現雷文霍克的觀察，但他失敗了。虎克於是接手這份任務，他重複了雷文霍克對胡椒、水與顯微鏡做過的每一個步驟，但還是什麼也沒看見。在一陣免不了的抱怨和嘲諷後，虎克還是決定盡力再試一次，並製作了一架更好的顯微鏡。終於，在第三次嘗試中，虎克與其他皇家學會成員開始看到雷文霍克記錄過的某些景象。與此同時，奧登伯格將那篇胡椒水的觀察紀錄翻譯成英文，並由皇家學會發表，這次發表加上虎克等皇家學會成員的實驗證實，就此成為研究細菌的科學——也就是細菌學（bacteriology）

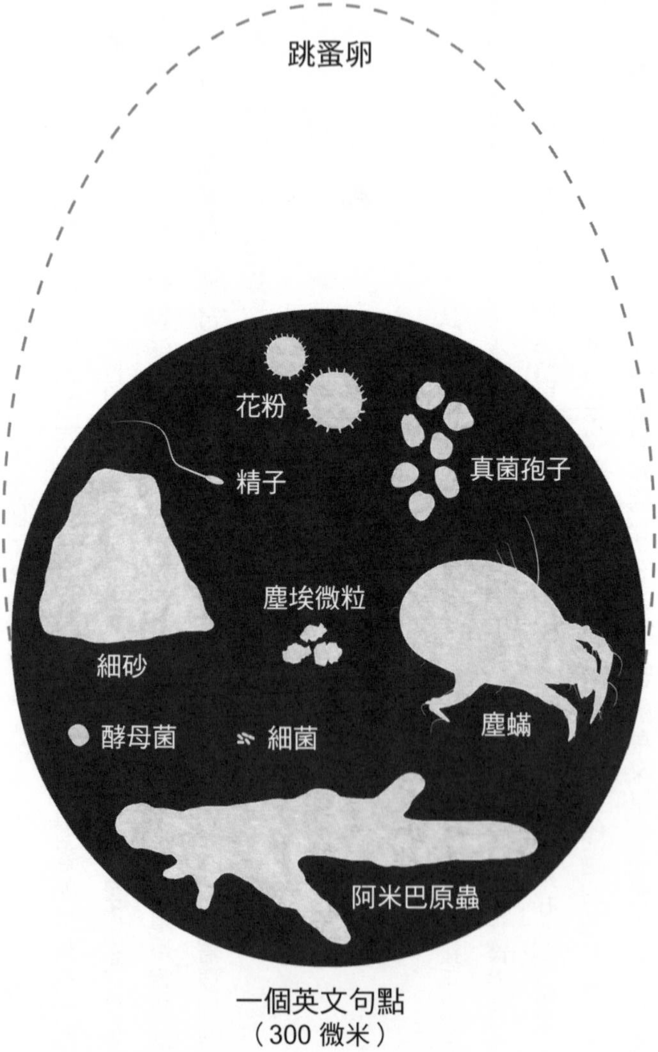

圖 1-1　雷文霍克在顯微鏡下觀察到的各種生物與顆粒，繪圖比例尺可參考這個點 .。（繪圖／尼爾．麥可伊〔Neil McCoy〕）

——的濫觴。值得一提的是，這門學問是從觀察廚房常見的胡椒與水的混合物中的細菌開始的，這是我們在家中就能找到的物種。

三年後，雷文霍克又進行了一次胡椒實驗，但這一回他把胡椒水裝在密封的管子中。他發現管子裡的細菌把氧氣耗盡之後，好像有什麼事發生了，有些東西持續增長，並開始產生氣泡。又一次，雷文霍克在胡椒水裡找到了新發現，這次他發現的是厭氧菌（anaerobic bacteria），一種不依賴氧氣就能成長、並進行細胞分裂的細菌。他再次為居家生物觀察添上一筆新紀錄。也就是說，廣義的細菌研究，以及專門針對厭氧菌的研究，其實都是從觀察居家生物開始的。

我們現在知道細菌無所不在，無論環境有氧無氧、或冷或熱，不管是在生物的體內、空氣中、雲端、或海底，那層可厚可薄、充滿細菌的生物膜，必然出現在所有介面。目前已有成千上萬個細菌物種被發現，而且估計還有百萬種（甚至可能幾億）物種尚未被記錄。但是在一六七七年，雷文霍克與少數幾位皇家學會成員所看見的那一種細菌，就是人們所知的唯一。

從古至今，都有人把雷文霍克的成就，說成好似他因為用了一項新工具來研究周遭，因此就發現了一個新世界。但如果是照這種論述，雷文霍克的成就只不過是來自顯微鏡與上面的透鏡，而實情複雜多了。在今日，你可以把相機固定在一台跟雷文霍克使用一樣觀察倍率的顯微鏡上，但你絕對不會看到雷文霍克當時所目睹的那個新世界，因為他的發現，絕不僅來自他擁有許多高品質顯微鏡與製作精良的透鏡，更需要依賴他本身的耐性、毅力與技能。與其說顯微鏡本身製造奇蹟，更毋寧是搭配上雷文霍克的巧手匠心才做得到。

雷文霍克比任何人都擅長觀察這個壯觀的世界，但要做到這件事，需要付出一般人不可能付出的努力。所以，即便皇家學會的成員最終也看見了雷文霍克發現的微觀世界，卻已心力交瘁而無法繼續投入這類研究。虎克在證實了雷文霍克的微生物發現後，仍回頭使用自己原本的顯微鏡觀察微生物，且也就持續了六個月左右而已。虎克與其他科學家將這個新領域留給了雷文霍克，而他就像是身處微觀層次的太空人，在這個領域獨自開拓著，他比任何人都了解這個新世界的多樣性與精妙之處。

在雷文霍克接下來五十年的歲月，他有系統地記錄來自周遭的一切發現，並從代爾夫特市擴及其他城市（通常是藉由他朋友帶給他的樣本），但主要的觀察對象仍是他家裡的生物。只要是他接觸過的樣本，他都能理出一番頭緒。他研究過排水溝、雨水、雪水；他也偵測過口腔內的微生物，從自己的口腔研究到鄰居的口腔；他觀察過活體的精子，還對不同物種的精子進行比較；他也證明蛆是從蒼蠅卵中誕生的，而不是從髒東西中憑空出現。他最早記錄到某種蜂類在蚜蟲體內產卵，他甚至首次發現成蜂在渡冬時會放慢速度和表現得較平靜[10]。在他長年專心致力的研究中，他觀察到了許多原生生物的新種，他是第一位觀察到儲存型的液胞和肌肉上明暗相間橫紋的人，他也在起司、麵粉這些東西上發現生物。搜尋、目睹、疑惑、發現，在他九十年的人生中，雷文霍克花了五十年不斷重複這些步驟。他就像伽利略一樣為大自然的精妙瞠目結舌、深受啟發，但伽利略進行研究時需要望向遙遠的宇宙、觀察星體運動，雷文霍克所觀察的一切卻是摸得著的，他可以在觀察完水之後就喝掉那杯水，觀察完醋之後就拿這瓶醋來調味，他所觀察的生物在他身上來來去去，也充斥在他的生活之中。

我們很難將現今的物種學名與雷文霍克所描述的居家微生物一一配對，因此也無法確定他到底觀察到多少種生物，但肯定有上千種。當然，如果能把現代的居家微生物研究直接與雷文霍克的研究連結就太好了，可惜兩者並沒有如此直接的關聯。在雷文霍克死後，他所累積的研究成果大多後繼無人。雖然他啟發了大眾，但在德格拉去世後，代爾夫特市再也沒有雷文霍克在研究上真正可以依靠的夥伴[11]。他的女兒在他晚年時可能曾經跟著做了一陣子研究，但在他死後就沒再繼續了。她在生前依舊一直保留著父親的標本與顯微鏡，但卻束之高閣；而在女兒去世後，這些東西便依照雷文霍克的遺囑拍賣出去，所以多數的顯微鏡已不見蹤跡。他生前進行觀察的庭院，則隱沒在持續發展的代爾夫特市中，啟發他的兒時家園年久失修，並在十九世紀時拆毀，現在原址是一座學校遊樂場。而他不斷發現新紀錄種時居住的那個家也被拆了[12]。雖然相關當局設立了一座紀念碑標誌他的故居，但卻立在錯誤的地方，後來另一座新碑試圖取代錯誤的那座，卻依然不在正確的位置上（距離原址約一到兩棟房屋的距離）。

後來，其他科學家重啟了人體與居家環境的微生物學研究，但這已經是雷文霍克死後一百多年的事了。科學家進一步發現有些微生物會致病，因而稱這些物種為「病原體」（pathogen）。闡明微生物導致疾病的理論是路易・巴斯德（Louis Pasteur）提出的「病菌說」（germ theory），雖然當巴斯德提出微生物導致人體疾病的病菌說時，微生物導致作物病害的菌源說早已被證實。隨著病菌說持續發酵，病原體的研究成為居家微生物學的重點。雷文霍克似乎曾隱約暗示微生物可能會造成問題（他曾證明紅酒會被微生物變成醋），只是他以為他觀察到的微生物大多無害。在這點上，雷文霍克是對的，因為舉例來說，全世界的細菌物種中，經常造成疾病的只有五十種，僅僅五十種，而在這五十種以外的其他細菌，許多都是無害、甚至對人體有益的，原生生物與病毒也是一樣的情形（病毒也是在代爾夫特市發現的，不過人類到一八九八年才發現它們）。而當人類發現病原體屬於微生物的一部分，就是我們對居家微生物宣戰的開始；距離我們越近的微生物，我們花越多心思消滅它們。那些當初對胡椒、水溝水的研究，還有對居家環境中各種怪誕有趣、自我旋轉躁動的微生物的觀察，皆在這場戰爭中被拋諸腦後，並隨著時間被遺忘得更加徹底。

至一九七〇年為止，關於居家微生物的研究，僅關注病原體、害蟲、以及如何控制病害。微生物學家孜孜研究的都是要如何殺死這些病原體，且不只是微生物學家，只要研究主題是居家環境，昆蟲學家就是在研究如何殺蟲；植物學家就是在研究如何去除花粉；食物科學家就是在研究胡椒會不會造成食安問題。我們忘記了周遭生命曾如何啟發我們對大自然的驚奇，也不再去想身邊的生物未必只會致病，也可能帶來救贖，我們只看得到部分真相。直到最近我們才逐漸意識到如此重大的錯誤，並開始彌補。帶我們回到對生物學更全面觀點的第一步關鍵是溫泉——美國黃石國家公園和冰島的溫泉，雖然它們似乎與居家環境一點關係都沒有。

2 地下室裡的溫泉

讓好奇心以及厭惡——那威嚇著我們又讓我們為之著迷、難以自拔的厭惡——成為發現之母吧。擁抱那些古怪、微小、我們常試圖忽視的事物。

——布魯克・波瑞爾（Brooke Borel），《蟲害成災：床蝨如何闖進臥室並占領世界》

二〇一七年春天，我正在冰島拍攝一部主題為微生物的紀錄片[1]。在拍攝期間，我們一次又一次地跑到不斷冒泡、又熱又充滿硫磺味的間歇泉旁，而我必須一邊手指著間歇泉，一邊對著攝影機鏡頭解釋生命的起源。有一次，我甚至在一座間歇泉被製作團隊丟包，必須苦等卡車回頭來接我[2]。製作團隊有時還真是很無情。然而，在那獨自等候的同時，我倒是有了些空閒時間可以好好地端詳那座間歇泉：那天天氣很冷，所以即使硫磺味濃烈，我還是靠得離泉水很近，以便取暖。間歇泉裡的水受到地殼底下的火山活動加熱、煮沸，從地表裂縫中熱騰騰地冒出來。在某些地方，人們很容易就會忘記地球有板塊運動，就像人們會對夜空感到麻木一般。在冰島，這種事不可能發生：這座島嶼的西半部和東半部正活生生被扯開，而這場土石迸裂秀所造成的影響，任誰都難以忽視。偶爾，火山會猛烈地爆發，把天空都給染黑；有無數像我身旁這樣的間歇泉，每一天都源源不絕地從地底冒出滾燙泉水。但即使在這冒出的泉水中，也孕育了生命，而這些生命跟你家中裡隨時上演的戲碼，有著超乎你想像的密切關聯。

直到一九六〇年代，才有人發現在間歇泉的溫熱泉水之中還能有生物存活並欣欣向榮。當時在印第安納大學（Indiana University）任教的湯瑪斯・布洛克（Thomas Brock），曾經在黃石國家公園進行研究，後來也去過冰島，去過的地方還離我所站的位置不遠。布洛克深深著迷於間歇泉周圍那多彩的圖樣——那是一片片由黃色、紅色甚至粉紅色逐漸暈開，化為綠色及紫色的漸層。布洛克認為這些圖樣是單細胞生物的傑作[3]，確實如此。這些物種之中有些是細菌，但也有些是古菌（archaea）：古菌是自成一域的生命形態，跟細菌同樣古老、獨特[4]。不僅如此，布洛克還發現：間歇泉中的很多物種是「化學營養生物」（chemotrophs），也就是不用太陽幫忙、就能夠從間歇泉水中的無機化學成分取得能量、創造生機的生物[5]。這些微生物很可能從光合作用出現之前就已經存在至今，組成了可能跟世界上最早出現的生物群落非常相似的群落：它們反映了地球上最古老的生化反應。我彷彿可以在我取暖的的間歇泉中看見它們正窩在一層硬殼化的毯子中，不斷生長著。

但在間歇泉中的生物還不只這些：藍綠菌也在高溫的泉水中生存著，並進行光合作用。此外，布洛克還發現了一些細菌，會取用泡在滾燙泉水裡的有機物質維生，像是其他細菌的細胞，或是一隻死掉的蒼蠅等等。表面上看起來，這些清道夫並沒有什麼有趣之處，它們不像布洛克之前研究的化學營養細菌，它們沒辦法利用無機物質的化學能[6]，所以必須尋找並取食其他生物的屍體殘渣。但布洛克經過一番調查後，認為這是一個全新的物種，甚至可歸類為全新的一屬。他將這個屬命名為 *Thermus*，原因顯而易見（*Thermus* 來自希臘文，意思是「熱」）；而這個物種的種小名，他則取名為 *aquaticus*（來自拉丁文，意思是「水生的」），以反映這種細菌的生存環境。

對哺乳動物或鳥類研究來說，發現新物種是足以上新聞的大事，而發現新的一屬可就是更不得了的消息了[7]。但是在細菌研究的情況中並非如此，發現新的細菌物種並不是多麼困難的事，而且以於微生物學家通常最先重視的特徵來說，水生棲熱菌（*Thermus aquaticus*）並不怎麼有趣：它不會形成孢子、是一種革蘭氏陰性的黃色桿菌，就這樣，沒什麼特別的。不過，好戲還在後頭。

在實驗室裡，布洛克發現只有在培養基的溫度超過攝氏七十度（華氏一百二十二度）時，才觀察得到培養基中長出水生棲熱菌。而它們喜好的溫度甚至還要更高，且最高可以存活在攝氏八十度（華氏一百七十六度）的環境之中——別忘了，水的沸點是攝氏一百度，而且在高海拔的地方沸點更低。布洛克培養出了一種可說是世界上最耐熱的細菌之一[8]。他後來發現：其實要找到這種生物並不難，只是從來沒有人嘗試過在這麼高溫的環境下培養微生物而已。過去曾經有其他實驗室，把從溫泉裡採到的樣本在攝氏五十五度的環境下培養，但這對水生棲熱菌來說還是太冷了。在這之後，又出現一連串研究，讓人們像是找到了桃花源般，發現了一大堆只有在非常高溫的情況下才長得出來的細菌和古菌。對這些微生物來說，我們習以為常的日常溫度，根本是無法忍受的酷寒。

這本書不是在談室內環境嗎？為什麼要提到水生棲熱菌的故事？因為間歇泉及其他溫泉的高溫環境雖然看似極端，但其實你我生活周遭的許多角落也能找到相似的環境。布洛克的實驗室裡有個學生便想到：也許在他們身邊其實也有水生棲熱菌或其他類似的細菌在生存著。為了證實這個想法，布洛克和他的學生先在實驗室的咖啡機裡採樣。咖啡機內常有滾燙的熱水，那環境應該熱到可以養出水生棲熱菌吧？咖啡機對這些科學家的研究工作是如此的至關重要，假使在那裡面可以找到這種細菌的話，那可真是能傳為佳話。可惜的是，咖啡機裡並沒能找到這種細菌。

布洛克開始思索：他身邊還有什麼其他地方是經常含有高溫液體的，比如說，人的身體裡？當然，人體的溫度跟溫泉相比還差得遠了，但布洛克猜想：也許這種細菌還是會潛伏在人體內，等待人發燒的時候再繁殖生長。誰說得準呢？反正要驗證這個假說十分容易。於是，布洛克「變出」了一份人類口水的樣本（他在電子郵件中，拒絕說明這份樣本是不是他自己的——以我跟科學家打交道的經驗來看，這等於是他承認了）。他嘗試從口水樣本中培養出水生棲熱菌，但很可惜，並沒有成功。他又檢查了人的牙齒和牙齦（很像雷文霍克過去會做的事），但那裡也沒有水生棲熱菌或是其他嗜熱細菌。在鄰近的湖泊、水壩裡取得的樣本，也一樣不見其蹤跡。他甚至還檢查了他的實驗室所在的喬丹大樓（Jordan Hall）溫室中的仙人掌，結果也一樣。也許，這種細菌真的只存在溫泉裡頭。

為了保險起見，布洛克再檢查了一個地方：他在喬丹大樓的實驗室中的熱水水龍頭。布洛克的實驗室離最近的溫泉約有三百二十公里之遙，但結果，正是在那水龍頭的水中，布洛克檢驗出了與水生棲熱菌相似的細菌。這結果簡直太棒了。布洛克猜想：也許是熱水加熱器提供了這種細菌的理想居所——水龍頭裡的水是很熱沒錯，但也不到溫泉的那種高溫。相較之下，熱水加熱器的水溫就幾乎完美了。也許這些細菌主要生存在熱水加熱器之中，偶爾才會意外被沖出去，一路流到水龍頭裡。

後來，另外兩位也在印第安納大學工作的研究員羅伯特·拉馬里（Robert Ramaley）與珍·希克森（Jane Hixson），在喬丹大樓四處做了些額外採樣，試圖找出其他嗜熱細菌。結果他們真的找到了另一種能夠耐高溫的細菌。這種細菌跟布洛克發現的水生棲熱菌很相似，但還是有些許不同，所以他們暫且把它稱呼為X-1棲熱菌（*Thermus* X-1）[9]。它跟水生棲熱菌的差異，在於它不是黃色，而是透明無色，而且它的生長速度也比水生棲熱菌還快。拉馬里推測：這或許是水生棲熱菌的一種新品系，也許水生棲熱菌所含的黃色色素是一種適應性特徵，可以保護它在溫泉中生長時不受到陽光照射的傷害。也許在移居到室內的熱水水源後，這個品系不再需要耗費能量製造黃色色素，因此才漸漸失去了這個特徵。此時，已經轉去威斯康辛大學（University of Wisconsin）任教的布洛克決定：該是時候好好地仔細研究這些住在建築物內的棲熱菌了。

布洛克跟他的實驗室技術員凱瑟琳・波以倫（Kathryn Boylen）檢查了威斯康辛大學附近的住家和洗衣店的熱水加熱器。在洗衣店裡的熱水加熱器通常比住家的大，也更常固定被使用，所以在裡頭找到嗜熱微生物的機會更高。每到一個採樣地點，布洛克和波以倫就會將熱水加熱器蓄水槽的排水口打開，檢查裡頭有什麼東西。由於熱水加熱器裡的水可以達到接近溫泉的高溫，自來水裡也含有有機物質，也許夠養活水生棲熱菌。

一百年之前，生態學家約瑟夫・格林尼爾（Joseph Grinnell）用「生態區位」（niche）一詞來描述一個物種存活所需的一系列環境條件。niche一詞來自中古法語的nicher，意思是「築巢」。這個詞彙最早的意思是「壁龕」，指的是古希臘羅馬牆面上用來擺放雕像或其他物品的凹陷空間[10]。壁龕的大小剛好夠擺放雕像，就如同你家裡的熱水加熱器所提供的溫度和食物來源，剛好適合水生棲熱菌的生存需求一樣。但即使一個物種有能力在某個環境中生存，也不代表它必定就會出現在那裡。現代的科學家會區分基礎生態區位（fundamental niche，指一種生物在哪些環境條件下能夠存活）以及實際生態區位（realized niche，指一種生物實際上在哪些環境條件下存活）。水生棲熱菌的基礎生態區位確實包含了熱水加熱器，但熱水加熱器有沒有落在這種細菌的實際生態區位，又完全是另外一回事了。

但結果是：還真的有。布洛克和波以倫發現，棲熱菌（*Thermus*）屬的物種不只出現在由岩漿加熱的間歇泉、印第安納大學喬治大樓的自來水，還可以在威斯康辛州麥迪遜市（Madison）周遭的住家及洗衣店中找到。不只如此，這些熱水加熱器中的細菌在其他地方找到的一樣，能夠忍受同等極端的高溫。布洛克跑遍天涯海角才發現了棲熱菌屬的細菌，但他原本大可在實驗室附近的連鎖洗衣店裡就獲得同樣的成果[11]。

在布洛克之後，並沒有其他科學家對於熱水加熱器中的水生棲熱菌發表研究結果。不過，在冰島的熱水自來水中，倒是又發現了一種新的棲熱菌[12]。這個新物種跟布洛克及波以倫所找到的無色素細菌是同一種，而它現在已經從X－1熱菌改名為致黑棲熱菌（*Thermus scotoductus*）[13]。賓州州立大學的研究生雷吉娜．威比斯基（Regina Wilpiszeski），在過去幾年間不斷在各地的熱水器中採樣，以確認它是否是熱水加熱器中可以找到的主要物種。答案似乎是肯定的：她跑遍美國各地採樣了一百個熱水加熱器，其中有三十五份樣本都驗出了致黑棲熱菌。雖然威比斯基的研究尚未完成，但已足夠提出不少問題：為什麼這種細菌會出現在熱水加熱器中？它們是怎麼到那裡的？為什麼同樣能在溫泉中存活的其他嗜熱細菌，沒有一同出現在熱水加熱器中？隨著熱水加熱器的年份逐漸老舊，為什麼不會像溫泉一樣，孕育出色彩繽紛的的微生物多樣性？到目前為止，還沒有人能回答這些問題。

我猜想在其他地方的熱水加熱器裡，可能可以找到不同種類的嗜熱細菌。不難想像，在遙遠的紐西蘭或馬達加斯加，熱水加熱器中可能生存著十分獨特的細菌物種，只是我們還不知道而已。就跟雷文霍克的研究少有後繼之人一樣，也沒有什麼人接棒進行布洛克的研究[14]，除了威比斯基之外。我們不知道致黑棲熱菌對人體或是熱水加熱器的機體是否存在任何正面或負面效應。我們也不知道熱水加熱器中找到的致黑棲熱菌是否具有什麼特殊的實用特性。在其他環境裡採樣到的這同一個物種，似乎就有好幾種神奇功效，包括把有毒形式的金屬鉻轉化為無毒形式，諸如之類[15]。但棲熱菌的故事，在室內生物的研究歷史上是極為關鍵的一環。自從雷文霍克的時代以來，這項發現第一次如此清楚地提醒了我們：在房屋內的生態系，遠比我們過去所想像的還要多樣、複雜；跟我們共處同個屋簷下的，才不只是大家成天關注的病原菌而已。不只如此，在熱水加熱器中找到棲熱菌還點出了一個可能性：現代的家居生活可能創造了許多全新的環境條件，讓過去從未與人類共同生活的生物得以存活，並因此在不知不覺間，不請自來地住進了你我家中。最後，在熱水加熱器中找到棲熱菌，也漸漸促使更多人接連投入這個行列，廣泛搜尋其他室內生物的存在。這故事讓許多人跟我一樣受到啟發，開始猜想棲熱菌的故事大概不是個案，而是在整體環境中具有代表性的現象之一。在我們的房子裡，既有無比酷寒的低溫，也有滾燙不已的高溫，簡直是全世界各種環境條件的縮影。許許多多微生物很可能早就已經登堂入室，住進我們室內的嚴苛環境中，只是過去沒人想到要去找出它們而已。然而，這個研究領域要有所突破，就需要重大的技術革新，讓人們能夠辨識出無法在培養皿中養出來的微生物。而這項技術的發展，最終竟然還是有賴於棲熱菌那奇異的特性。

長久以來，人們已經知道大部分種類的細菌都無法在實驗室中培養出來。它們一直是「無法培養的」（unculturable）。我們不知道這些細菌需要什麼樣的食物來源或環境條件，所以就算我們採集的樣本含有這些物種，我們還是沒辦法觀察到它們。這意味著，在微生物學發展歷史中的絕大多數時候，除非有某個聰明固執的生物學家剛好摸索出這些「無法培養的」物種的生長需求，並把它給培養出來，不然根本就沒有辦法研究這些物種。棲熱菌就是這樣。在布洛克嘗試高溫的培養條件之前，它們一直無影無蹤。但到了最近，我們總算開始有辦法觀察、研究，並分析那些無法培養的微生物。能走到這一步，布洛克在水生棲熱菌及其他類似細菌的發現，可說是居功厥偉[16]。

我們目前用來尋找並辨識無法培養的物種的方法，其實就是在實驗室裡進行的一系列步驟，通常統稱為一套「流水線」（pipeline），代表這些步驟必須照特定的順序進行[17]。我們在流水線的一端放入樣本，一張清單就會從另外一端跑出來，上面列出存在樣本中的所有物種——不論它是死是活，或是正在休眠中。我們在做研究的時候，成天到晚都會需要使用這套「流水線」，因此好好認識這套實驗流程的細節，對我們會很有幫助。

流程的第一步是取得樣本。樣本送到實驗室之後，就會被放進含有一滴液體的小試管裡。樣本可能是灰塵、糞便或水，也就是任何可能含有細胞以及ＤＮＡ的物質。那滴液體中包含了一些肥皂、酵素，以及跟砂粒一樣小的圓形玻璃珠。這玻璃珠能像打蛋一樣，幫忙打破細胞外壁，讓細胞裡的遺傳物質ＤＮＡ跑出來。接下來，我們會把試管密封、加熱、搖晃、再離心。比較重的玻璃珠和其他的細胞碎片會沉到試管底部，而我們要找的寶藏——比較輕的細長ＤＮＡ分子——則會浮到液體表層，可以輕易地撈起來，就像從游泳池表面撈掉蒼蠅屍體一樣[18]。這整套流程不算複雜，連一個在普通生物學實驗課上睡眼惺忪、上課內容早已忘了大半的學生都有辦法完成。

要利用從細胞中「萃取」出的這些ＤＮＡ分子辨認出不同物種，我們就必須解讀上面寫了些什麼訊息。科學家把這一技術稱為定序（sequencing）。這個步驟可就麻煩多了：不同於顯微鏡是直接把你觀看的東西放大，定序技術要把DNA分子裡的隱形資訊變成我們讀得懂的東西，關鍵在於複製。透過複製大量同樣的DNA分子，我們便能讀出DNA的字母——核苷酸（nucleotide）——究竟寫了些什麼遺傳訊息。除了某些病毒[19]之外，所有生物內含的DNA都是雙股的（double stranded），兩條互補的線狀分子猶如拉鍊般彼此扣合。人們很早就了解到：如果藉由外力將DNA的雙股（小心翼翼地）解開，便能將兩條單股分子各自複製一份，只要不斷重覆這個過程，最後就可以取得夠多的DNA來解碼了。要解開DNA分子的雙股並不難，你只需要加熱就好；要複製分開的單股DNA分子，也只需要一種叫做聚合酶（polymerase）的酵素，而這也正是所有細胞——包括人類細胞——用來複製DNA的工具。所以說，只要能把DNA的兩股分開，再加入一點聚合酶、一些引子（primer，一段短短的DNA，用來指示聚合酶要從哪一段DNA、哪個基因開始複製）、一些核苷酸，照理講就萬事俱備了。但問題是：能夠把兩股DNA扯開的高溫，也同樣會把聚合酶摧毀。一個笨拙、昂貴又費工的解決方法，是在每次加熱後都加入一批新的聚合酶和引子，這個方法雖說可行，但實在是慢得誇張，結果是：大多數微生物學家覺得最好還是先專注在那些能在實驗室中培養的物種，那些無法培養的未知細菌就暫時別管了。

不久之後，解決方案登場：利用水生棲熱菌。水生棲熱菌的聚合酶即使處於高溫也依然可以運作，而且是**淋漓盡致**地運作，這正是我們所需要的。在布洛克發現這種細菌的幾年之後，有人發現只要把水生棲熱菌的聚合酶在高溫下與DNA加在一起，DNA就會開始快速複製。這個利用耐高溫的聚合酶進行DNA複製的過程稱為聚合酶連鎖反應（polymerase chain reaction, PCR），乍看之下，這只是個抽象、不起眼的小發現。但實際上，它卻是世界上幾乎所有遺傳試驗的核心，不論是要鑑定親子關係、或是要在灰塵樣本中尋找細菌，都少不了它。這種在溫泉和熱水加熱器中發現的細菌，不僅激發了人們尋找家中奇特生物的好奇心，它所提供的酵素，也讓我們能夠透過現代科學方法進行探索。[20]

不管科學家、技術員或臨床醫師想要利用聚合酶連鎖反應複製哪些基因、或是要如何解讀最後複製出的DNA，都必須仰賴於研究目的，以及手邊可用的技術。在目的為辨識出樣本中所有細菌的研究中，通常只會複製一個基因，也就是16S核糖體RNA基因。這個基因對於細菌與古菌的生存具有無比的重要性，因而在過去四億年間演化的過程中，幾乎沒有什麼變化。

因為如此，科學家大可放心地假設：這個基因在任何他們想研究的細菌或古菌物種中都找得到，而且其組成在物種之間有夠大的差異，足以讓我們分辨出不同物種，但又不會大到讓人認不出是同一個基因。用來解碼這大量基因複本的技術有很多種，有些技術是在要複製的樣本中混入有標記、讓定序儀器可以讀到的核苷酸（組成遺傳訊息的字母）。這些定序儀器會先從引子——DNA分子的開頭一小段——開始讀取，然後再一個字母一個字母地讀下去。在把樣本中可能多達上億個DNA分子都讀完後，儀器會收到大量資料，其中條列了每一條DNA複本的字母組成。接著，儀器會將這些複本依彼此的相似程度進行分類，再把它們跟既有研究所建立的資料庫中已知的物種基因序列做比對[21]。這套流程的技術細節不斷在改變演進，但有一點則一直維持不變：每一年，這項技術都越來越便宜、越來越容易簡化。現在，連手持定序裝置都快要有人研發出來了（目前其實已經有這種裝置，只是讀取DNA的過程中還常常出錯，但只須假以時日便能改善）。

在今天，多虧了水生棲熱菌的存在，我們完全不需要用肉眼觀察、或是在實驗室裡悉心培養，就可以透過一套固定的定序流程，辨認出我們採到的樣本中有哪些物種，無論是死是活。今天的生物學家可以輕易調查在土壤裡、海水中、雲霧間、糞便裡或任何其他地方有什麼樣的生物，不僅是那些可培養的，更包括許許多多還不知道如何培養的物種。在我還是研究生的時候，這樣的情景根本是痴人說夢，但如今已經是稀鬆平常[22]。大約十年前，我與同事決定用這個技術來調查居家環境中的生物。在當時，我們只消抹一下門框上的灰塵、沾一滴自來水、或從衣服上剪下一塊布料，不需要花太多成本，就可以解碼樣本中的DNA序列，辨認出幾乎所有存在上面的物種。過去的雷文霍克拿著他的鏡片觀察身周生物，現在的我們則是採集身周樣本，再透過定序流程找出隱藏其中的生物。每一次觀察會找到什麼，我們總是毫無頭緒。而發現數量眾多的物種固然令人驚奇；但如果有些東西不見了，也會令人大感意外。

3 直視黑暗中的生物

我們不再從床底下尋找怪獸，因為我們知道牠們就在我們體內。

——達爾文（CHARLES DARWIN）

我對居家微生物研究的興趣來自熱帶雨林。當我大二時，我到哥斯大黎加的拉塞爾瓦生物站（La Selva Biological Station）待了一陣子。當時我與科羅拉多大學（Univeristy of Colorado）波德市校區的一位研究生莎曼珊・梅西爾（Samantha Messier）共事，她研究角象白蟻（*Nasutitermes corniger*）。這種白蟻的工蟻會吃森林裡的朽木與葉子，這兩種食物皆屬碳含量高但氮含量低的能量來源，因此為了彌補氮攝取量的不足，這些白蟻的消化道有許多共生細菌能從空氣中攫取氮元素。工蟻、蟻后、蟻王與幼蟻的窩統一由兵蟻守衛，兵蟻有長長尖尖的鼻子，可以像大砲一樣釋放一種松節油驅趕敵人，大多是螞蟻或食蟻獸。但是，由於兵蟻的「鼻砲」長到影響進食，所以牠們需要依靠工蟻餵食，或是靠體內的共生菌從空氣中獲得養分。有些角象白蟻的蟻群裡有非常多這種無法自主生活的兵蟻，有些則不多。莎曼珊想知道這些蟻群會不會在食蟻獸多次侵犯後，增加兵蟻的數量。要測試這個假說很簡單，只須對某些白蟻窩施加食蟻獸的侵襲，其他正常蟻窩則作為對照。模擬這個情境成了我的重責大任——我必須每天拿著一柄大彎刀，造訪一座座白蟻窩。

對於一個青春年少的二十歲男孩來說，這個工作簡直太棒了，我可以在林中小徑上揮舞大彎刀披荊斬棘；而做為一名年輕的科學家，這經驗更是難得可貴，因為我可以在工作中跟莎曼珊大聊科學，直到她筋疲力盡，在午餐和晚餐時間，我繼續向其他科學家問東問西，直到他們也筋疲力盡，而當沒有人能再回應我的疑問時，我就去林中散步。若是晚上，我會帶著頭燈、手電筒與備用手電筒在小徑漫步[1]。在夜間的森林中，你聽得到生物，也聞得到生物，但想看到牠們，就需要燈光的幫助，在光照下現形的生物，彷彿也在那一瞬間被創造出來。我學會了如何分辨燈光下反射的眼睛，是蛇、青蛙還是哺乳類；學會了從黑暗中辨識睡鳥的逆光黑影，以及如何耐心地從枝葉與樹幹上尋找夜間潛伏的蜘蛛、蠡斯，與擬態成鳥糞的昆蟲。有幾個晚上，我說服一位德國籍蝙蝠學家帶我去抓蝙蝠，雖然我當時沒有接種狂犬病疫苗，但他和二十歲的我都沒把這放在心上。他教導我辨認各種蝙蝠，我因此認得了食蜜蝙蝠、食蟲蝙蝠和食果的蝙蝠。我還遇過掠食鳥類、巨型的美洲假吸血蝠（*Vampyrum spectrum*），牠大到可以直接在網子上鑽出一個洞。我獲得的種種觀察雖然零星紛雜，卻讓我開始建立自己的科學假說，我無法自拔地愛上這種感覺：一切現象看似合乎情理、卻無法窮盡；一草一木只要細心觀察，都會向你彰顯出其未知的奧妙。

我在哥斯大黎加的實習，協助莎曼珊證明了角象白蟻的蟻群確實會在被大彎刀干擾多次後，產生更多兵蟻[2]。而這段經歷對我的影響，並未隨著實驗落幕而結束。在接下來十年間，我大半時間都穿梭在波利維亞、厄瓜多、祕魯、澳洲、新加坡、泰國、迦納，以及其他地區的熱帶雨林，搜尋各種線索，好似在解決什麼重要的大謎題。當我回到溫帶地區的密西根、康乃狄克或田納西，又會拿到某個工作機會、一張免費機票、一個新任務和食宿供應，接著發現自己突然間又回到了熱帶叢林。後來，我逐漸在熱帶雨林以外的領域發現了同樣精采的自然現象與研究樂趣，例如沙漠地區或溫帶森林，甚至在自家後院。我對於自家後院的關注，始於一位研究室新生班瓦・管納德（Benoit Guénard）。班瓦對螞蟻相當著迷，他一搬來羅利市，就在附近森林找個不停。他找到了一種我們都無法辨認的螞蟻，這是一種叫做華夏短針蟻（*Brachyponera chinensis*）[3]的外來種。華夏短針蟻在無人察覺的情況下，已經成為羅利市的常見居民。班瓦在研究這種螞蟻的過程中，觀察到了在其他昆蟲身上未曾發現的動物行為，例如：當一隻工蟻發現食物時，牠不像其他種螞蟻會用費洛蒙標誌路徑，反而會直接返回蟻窩，把另一隻覓食工蟻拖過來丟在食物上，好似在說：「食物在這！」[4]後來，班瓦去日本繼續研究原生地區的華夏短針蟻，並馬上發現了一種跟華夏短針蟻親緣相近的新物種，牠們在南日本都市區域相當常見，但無人注意[5]。而這些發現只是故事的起點。

與此同時，在羅利市，一位名叫凱薩琳．德里斯柯（Katherine Driscoll）的高中生來到我的研究室。她想研究老虎，但這不是我的領域，所以我和班瓦就建議她：何不去搜尋並研究一種「虎蟻」（褐盤針蟻 *Discothyrea testacea*）？我們並沒告訴凱薩琳，「虎蟻」根本是我們杜撰的名字，而且還沒有人找到這種螞蟻的蟻窩。凱薩琳就在不知情的狀況下開始了尋找螞蟻之旅。我原本預想，她可能會在過程中發現其他有趣的事，然後就轉移焦點，但我萬萬沒想到，她最後真的找到了「虎蟻」[6]！更有甚者，她就在我們實驗室與辦公室大樓後面的土地，發現了褐盤針蟻的蟻群。也就是說，凱薩琳在十八歲的年紀，就成為世界上第一位親眼目睹活生生的褐盤針蟻蟻后的人。我們馬上決定開始招募更年輕的學生來幫我們採集後院的螞蟻，而且不限於羅利市的後院[7]。我們製作了工具箱，讓美國各地的孩子都能在自家後院採集螞蟻，這個計畫讓螞蟻相關的新發現不斷增加，有八歲的學生在威斯康辛發現華夏短針蟻，另一個八歲的學生也在華盛頓州找到華夏短針蟻，過去沒有人知道，原來華夏短針蟻不僅出現在美國東南部，更遍布於全國各地。

這個讓孩子們參與後院螞蟻的研究計畫，最後為整個研究室帶來了重大改變。我們開始鼓勵一般民眾協助我們進行觀察。最初只有幾十人參加，接著增加到幾百人，後來甚至有高達數千人開始在住家環境進行自然觀察。根據這些我們和大眾合作所得到的觀察成果，我們也展開了對居家生物的研究。能與民眾一起在後院發現新紀錄物種、新的動物行為，之所以如此令人振奮，一個重要原因在於：這些新發現與我們的日常生活近在咫尺。我們讓大眾意識到，原來周遭生活中還有許多未知的事物。我希望一般大眾也能獲得我二十歲時在哥斯大黎加所歷經的感動，雖然如果我在密西根的童年時期就發現居家環境蘊含的豐富自然，可能就不用去到那麼遠了。更令人興奮的是：與我們合作的民眾所發現的新紀錄種、新動物行為，以及其他觀察新紀錄，都是來自他們的日常生活——一個在室內的大自然。

居家微生物學研究大多關注有害微生物或病原體，因此不難想像，其他微生物是長期被忽視的。不過，仍有來自不同地區的個案研究，是針對居家環境中非病原體或非有害微生物的有趣物種，例如熱水器裡的水管致黑棲熱菌，但這些都是一次性的小型研究，並未發展成大量資源挹注的重要計畫。過去更沒有研究站是專門研究，呃，研究站本身的環境，因此我號召了一個團隊，專門研究居家環境。這個團隊日益壯大，成員包括世界各地的科學家，還有普羅大眾，從成人、一般家庭到小孩子都有。我們的共同目標，就是重現那個令雷文霍克驚嘆不已的世界，那個真實存在且精妙得令人欣喜若狂的微觀世界。萬事俱備只欠東風，我們首先需要決定整個團隊研究的主題與方法。自從跟莎曼珊一起研究了象白蟻，我就一直對巢穴中的細菌很有興趣，而且「家」不就是一個大巢嗎？重大的科學發現，很可能就是從這些肉眼難見的細菌或微生物產生的，但是要研究這些物種，我們需要比單眼顯微鏡更厲害的工具。時代不同了。此時正是微生物學家諾亞．菲耶（Noah Fierer）粉墨登場的時候，諾亞來自科羅拉多大學，和莎曼珊讀同一間研究所，他提供了我們觀察居家微生物所需的工具。他能夠藉由分析ＤＮＡ辨識灰塵裡的物種，還會對灰塵裡的生物進行定序，藉此窺探我們日常走過、呼吸過的微觀生命[8]。

在專業訓練與個人興趣的薰陶下，諾亞成為了土壤微生物學家，就如同我從叢林獲得極大的研究熱情，他縱情於土壤學研究的奧妙世界。幸好他對於其他領域的研究主題仍非常感興趣（更貼切的說法是容易**分心**），只要研究對象不比真菌孢子大就行，但要是我一提起螞蟻或是蜥蜴之類的，諾亞就呈現已讀不回的狀態了。而無論需要觀察的微生物處在什麼樣的環境中，諾亞都有辦法用常見的儀器玩出新的方法，他具有雷文霍克的天賦。很多人以為雷文霍克發明了顯微鏡，但這並非事實，雷文霍克也不像一般人以為的那樣擁有各種特製顯微鏡，即便他有，但真正要讓這些顯微鏡發揮全能，還是必須仰賴雷文霍克本人。同樣道理，諾亞厲害的研究能力，並不是擁有什麼偉大的微生物分析儀器（儘管他真的有），而是他能以既有的儀器與技術去發現一般科學家遺漏之處。諾亞研究居家環境微生物的方法，就是針對樣本中的ＤＮＡ進行定序，他與實驗室成員會先把樣本中的ＤＮＡ萃取出來，然後再使用熱溫泉細菌的酵素去複製這些ＤＮＡ，使其增多，再針對所有生物共有的基因做DNA定序，以獲得各種不同的DNA序列結果。如此一來，他們不僅能找到一般實驗室可以培養的細菌，也能發現無法培養的物種。而我們只要與諾亞的團隊及民眾合作，就能偵測各種居家微生物，無論它們是生是死、是休眠或活躍。

我們的計畫是徵召四十戶家庭的民眾，各自從家中的十種不同環境，以棉花棒收集灰塵採樣。這些家庭分布於北卡羅萊的羅利市，也就是我一直以來生活的地方。不過，到底要從什麼角落下手，才能有效收集到我們預期的生物多樣性呢？我們首先挑選冰箱為採樣目標，不是冰箱裡的食物，而是冷藏食物裡微生物的滋長情

圖 3-1　潔西卡・亨利（Jessica Henley）正準備將手中的 DNA 樣本拿去離心，這是將環境樣本中萃取的 DNA 拿去定序之前的必要步驟之一。（攝影／羅倫・M・尼可）

形。在灰塵收集的部分，我們挑選了室內外的門框、床上的枕頭套、馬桶、門把與廚房桌面，但我們沒有親自出馬，而是委託參與計畫的民眾到各個角落進行採集。

每位參加民眾[9]都使用我們提供的棉花棒進行採集，採集到的灰塵可能含有少許剝離的油漆、布料、蝸牛殼、沙發棉絮、狗毛、蝦殼、大麻殘留物或皮屑，也就是自然史作家漢娜．荷姆（Hannah Holmes）所形容的「分崩離析的世界片段」。這些灰塵裡也有活細菌和死菌屍體[10]。民眾會以試管密封包裝棉花棒，再寄到諾亞的實驗室，以辨識出每個樣本中的每種細菌。諾亞的研究團隊是一道光照，將幫助我們看見隱匿於灰塵中的各種生物。

諾亞預期從這個居家普查中找到什麼，我並不確定，但我可以分享計畫初期所參考的科學文獻，也就是繼十七世紀雷文霍克之後的科學進展。在四〇年代初期，研究指出人體的細菌可以在居家環境中發現，尤其是人體接觸時間長的地方，例如皮膚直接接觸的馬桶座、枕頭套、遙控器等。這些研究著重在發現對人有害的微生物，像是白花椰菜上的大腸桿菌、枕頭套上的皮膚病原體，以及應該如何根除它們。至於其他不造成危害的生物，通常不會獲得科學家的青睞。更近期的七〇年代的研究，則開始著眼於居家環境的其他物種，例如生長在熱水器裡的嗜熱菌，或是在下水道潛伏的特殊細菌。這些早期研究暗示著在居家環境中找到新興生命形式的機會，而我們真的找到了。

我們在四十個家戶中找到了將近八千種細菌，差不多等於美洲大陸所有鳥類與哺乳類的物種總數。我們不只找到人體常見的細菌，還有其他生物上的細菌，當中不乏罕見的種類。我們就像揭開四十戶家庭表層的樹葉，並在底下找到一個新的世界。我們所發現的許多物種都無法從現有的科學資料庫中找到紀錄，因此它們不僅是新物種，甚至可能自成新的屬！這個結果令我欣喜若狂，好像又回到過去在熱帶雨林的日子，只不過我現在闖蕩的是一個存在於日常生活中的叢林。

我們決定招募更多民眾參加居家採樣的計畫，這當然需要一點時間，不過我們說服了艾爾弗．史隆慈善基金會（Sloan Foundation），讓他們答應投資一個更大規模的研究，我們還說服了美國其他地區共約一千人，幫忙在家裡的四種環境用棉花棒採樣[11]。

我們對這一千戶家庭新增的樣本進行菌種鑑定，你可能會以為鑑定結果跟羅利市的樣本差不多，確實，在羅利市發現的許多物種，也出現在佛羅里達、甚至阿拉斯加的家庭，但在不同家庭與不同地區的樣本中，我們也都發現了新的物種。這次我們總共找到約八萬種細菌與古細菌，是羅利市調查結果的十倍！

這八萬種微生物幾乎涵蓋了分類學上所有最古老的類群。細菌與古細菌物種從物種的層級可以一層層地往上歸納至屬、科、目、綱、門，有些門雖然屬於很早就出現的類群，但卻非常罕見，不過在居家環境中，我們可以找到幾乎全地球所擁有的細菌與古細菌門，有些近十年才發現的細菌，竟在枕頭上或冰箱裡被我們找到，這樣的結果，不禁讓我們對於地球生命與生命史之壯觀深感震撼，而自覺渺小。要透徹地研究這些居家微生物，可能需要詳細研究上千萬種微生物的自然史（但我們根本還沒走到那一步，恐怕還差了好幾十年）。儘管如此，這些資料讓我們開始看見一個大致趨勢，並發展出對大量生物分類的科普方法。

我們在家庭環境中找到的細菌，有些屬於已受科學界重視的類群，也就是人體細菌，但它們大多不是病原體，而是扮演生態系清道夫的角色，即便我們的身體日益衰老，只要我們還活著一天，它們就能過著錦衣玉食的生活。我們在每個所到之處都會留下爆炸量的生物。我們的皮膚在正常角質化與更新的情況下會「脫屑」，每天約脫掉約五千五百萬片，當我們在家中踱步的時候，皮屑就在空中飄散，每片皮屑都供養著幾千隻細菌。你可以想像這些細菌乘坐著皮屑降落傘，像雪花一般從人體飄落下來。我們也會藉由體液（唾液或其他液態分泌物）與到處遺留的排泄物散播細菌。因此，我們在家裡待過的地方留下了我們的在場證明，在居家環境中，微生物的證據，標示出我們身體接觸過的每一個地方[12]。

我們凡走過必留下細菌，這並不值得大驚小怪，因為一來這是無可避免的現象，二來這不是什麼危險的行為，至少在擁有現代廢棄物處理場與乾淨飲用水（我們稍後再討論「乾淨」的定義）供應鏈的生活中，我們不需太過擔心。你或其他人在座位上遺留的細菌，大部分都對人類有益無害，在它們降落之後，也只會吃從你身體上掉下來的皮屑，然後在短時間內死去。這些細菌可能是幫助你消化食物與產生維生素的腸道菌，也可能是在皮膚上幫忙抵禦外來病原的共生細菌，也可能是同樣會抵禦外侮的腋下細菌。目前已有上百篇關於這些細菌的研究，你可能還在新聞上看過呢。人體細菌在手機、地鐵欄杆與門把上無所不在，其出現頻率隨著人口稠密度一同增加。它們常伴我們左右，但大家相安無事。

除了從人體掉落的細菌，我們的調查中也發現了讓食物腐敗的細菌，不意外地，它們大多出現在冰箱裡或砧板上，但在別的地方也能生存。有一個從電視機上採得的樣本，其中竟然幾乎都是與食物相關的細菌！這不禁讓研究人員納悶：這樣奇特的樣本到底代表什麼意義？科學真是充滿謎團[13]。無論如何，如果我們在居家環境中只找得到使食物腐敗的細菌與在我們日益衰老的體內滋養的細菌，以科學研究的角度來說就不精采了，這就好像去了哥斯大黎加，結果只發現雨林有樹木一樣。然而，人體細菌與讓食物腐敗的微生物，與後來的發現相比，根本連故事的開始都稱不上。

隨著更進一步的研究，我們發現了其他微生物，像是布洛克先前試圖尋找的細菌跟古細菌，我們稱之為「嗜極端菌」，也就是喜愛且需要在極端環境中生長的細菌。對於細菌或古細菌這種體型的生物來說，你家實在是太極端了。這些極端環境大部分都是不經意製造出來的。你家中的冰箱與冷凍庫可以跟最嚴寒的凍原差不多冷，烤箱可以比最炎熱的沙漠更熱；而你當然已經知道，熱水器就像滾燙的溫泉一樣。居家環境更會出現極酸性的環境，像是某些食物（例如老麵種），也會出現非常鹼性的環境，例如牙膏、漂白水、清潔用品。在上述的居家極端環境中，我們發現了一般認為只出現在深海海底、冰河或是遠方鹽質沙漠的生物。

在我們的研究中，洗碗機裡的給皂機是一個非常特別的生態系，當中的微生物能抗熱、抗乾燥，也能適應潮濕環境[14]；而在爐具上生存的細菌，則可以耐受極高的溫度。近來甚至有研究發現了一種能存活在滅菌釜中的古細菌，要知道，滅菌釜就是實驗室跟醫院裡以高溫原理消滅各種細菌的消毒儀器[15]！而在很久以前，雷文霍克就在胡椒裡發現過奇特的微生物，今日，我們在鹽巴裡也找得到。在新鮮鹽巴中，可以找到常見於沙漠鹽盤、或曾為海洋的乾涸地的細菌。而在水槽排水管中，有一群其他地方找不到的細菌，以及吃這些細菌長大的蛾蚋（你可能常看到蛾蚋卻沒放在心上，牠們的翅膀看起來像心形，翅膀花紋好似由蕾絲所構成）。還有蓮蓬頭那濕了又乾、乾了又濕的水管，其表面覆蓋的一層生物膜中，含有許多沼澤常見的微生物。這種生態系規模通常很小，而且裡頭每個成員的生態棲位也很狹小。由於上述的微生物都需要非常特殊的環境才能存活，因此很容易被忽視，就像生態棲位太狹隘的生物在室外環境不容易被發現一樣。凱薩琳找到的「虎蟻」就是屬於不容易被發現的例子，因為牠只生活在某些種類蜘蛛卵的卵殼裡，而且這些卵殼還被蜘蛛本人藏在地下。

居家極端環境中找到的這些生物，還不是這個研究最後的樂透。我們記錄到的生物多樣性中，有不少比例的物種雖然不算常見，只在一些家庭中找到，但跟前述的類群不同，它們通常出現在天然林與草地生態系的土壤中，例如植物的根系上、葉子上或昆蟲的腸道裡。這種野外生物的蹤跡常在室外的門檻上發現，接著被帶到室內的門檻，然後可能被帶到（某些）家庭中的各個角落。空氣中的土壤粒子或其他細菌賴以為生的介質承載著這些生物進入家中，它們或者伺機而動，等待更好的營養來源，也或者早已失去生命，成為死菌的殘骸。可以說，室外生態系決定了家庭環境中的生物多樣性，當室外有越多屬於野外天然棲地的物種，它們就越容易隨著空氣中的土壤粒子飄泊降落到室內[16]。一般人可能覺得這些像是漂流廢料或殘骸、在家中四處飄盪的野生細菌，對我們微不足道，但這樣的認知可能是大錯特錯。

在我進一步告訴你我們呼吸之間到底吸吐了哪些細菌、以及我們把野外的細菌和其他生物（節肢動物、真菌等等之類）帶進門後發生了哪些事之前，先讓我分享一些居家微生物研究的脈絡，因為要真正理解存在你周遭的微生物，就必須追溯更早的歷史，也就是房屋的演化史。

樹枝與樹葉鋪成的巢居生活占了史前人類大部分的歷史，這可以從現代猿類的生活推敲出來，因為我們和這些猿類擁有共同的祖先。雖然不同種猿類的相異特徵不大能幫助了解我們的共同祖先，但是牠們所共有的特徵，卻能幫助我們了解祖先可能居住的棲地。現生的猿類，包含黑猩猩、巴諾布猿、大猩猩跟紅毛猩猩，都會用枝葉築個稀疏的巢穴[17]。這些巢穴通常只用了一個晚上就被拋棄了，它們與其說是住屋，更像是我們戲稱為「宿舍」的短暫居留床鋪。

最近，我在北卡羅萊納州立大學實驗室的研究生梅根．特梅斯（Megan Thoemmes），研究了黑猩猩巢穴的細菌與昆蟲。你可能會猜想這些巢穴充斥著黑猩猩身上的生物，比如牠們身體的細菌，或是趁隙溜進去的小動物（畢竟連樹懶的體毛上都可以有一個充滿節肢動物跟藻類的生態系了[18]，黑猩猩何嘗不可？），像毛蟎、塵蟎、白腹鰹節蟲，或許還有蛛甲，這些動物都可以在人的床鋪上找到[19]，可見我們睡覺時，都是睡在自己剝落的皮屑和體液所建立的生態系裡[20]。然而，梅根的發現出乎我們意料：在黑猩猩的巢內，幾乎都是來自土壤、樹葉這些外部環境的細菌，至於不同樣本的菌相差異，只是因為乾濕季的氣候因素。因此，在人類懂得建造房屋以前，這批在黑猩猩巢內找到的細菌也很可能出現在他們的巢內。我們的祖先數百萬年來所接觸的細菌，是來自周遭環境，其菌相因季節或遷徙地點而異。

當我們的祖先發現巢穴不夠耐用時，他們可能先搬進了洞穴中，最終才開始自己建造房子。這部分最早的考古證據，出土於法國南部的泰拉阿馬塔（Terra Amata）海灘附近的營地（即現在的尼斯〔Nice〕附近）[21]。考古學家在地層年代久遠的海岸發現了至少二十處史前人類的住屋，當中比較完整的幾個遺址，可以看到一圈石頭圍住一塊佈滿灰的地板，上頭清晰可見原本支撐屋頂的柱子所遺留的痕跡。石頭周圍還有一圈打樁的痕跡，這些木樁從地面向上延伸、折彎相接形成遮蔽。這些遺構可能出自三十萬年前的人科祖先（可能是海德堡人〔*Homo heidelbergensis*〕）之手[22]。我們難以得知這種房屋在當時是否常見、是否還有其他形式的住屋、這類住屋最早在何時出現等資訊。考古證據提供的線索四散各處，例如有十四萬年歷史，在南非出土的人科祖先（此例為現代人）的遮蔽所遺址、或在南非另一處發現，已有七萬年歷史的床鋪等，這些都不足以為我們解謎[23]。但無論如何，至少我們知道有一些人類祖先是睡在室內的，稍微與外界的環境隔絕。

約在兩萬年前，世界各地開始出現房屋，它們幾乎都呈圓形且具有圓頂，結構非常簡單，類似白蟻蟻王或蟻后為了自力更生而建的小房間。有些房屋是由木棍排列構成的，有些則是由泥土堆成，在北方高緯度地區，則以長毛象的骨頭組成。有些房屋被使用的時間相當短，可能只有幾天或幾週，但我猜測在這些房子裡，人類已經開始改變周遭環境的微生物相了。最直接的證據，來自現在依然住在類似史前人類居所的民族。例如巴西的原住民族阿秋爾族（Achuar）所建的傳統亞馬遜房屋，其四面開放、屋頂由棕櫚葉覆蓋，內部的微生物主要取決於外部環境的細菌物種[24]。梅根則發現納米比亞（Namibia）北部的辛巴族（Himba），他們的房子是非常簡陋的圓頂，但在族人睡覺的區域，微生物相就跟烹飪區域的不同，這顯示出即便是簡單的房子，也能讓身體細菌於其中滋生。不過，即使阿秋爾族跟辛巴族的房屋出現了人體的微生物，它們仍像黑猩猩的巢穴一樣，房屋內外充滿著各式各樣來自周遭環境的細菌。由此可見，即使居家微生物開始立足於阿秋爾族跟辛巴族當代的房屋裡，來自外部環境的細菌依舊存在。雖然史前人類的家居情形，不能完全參考阿秋爾族跟辛巴族的現代房屋，不過我們應該可以推論：住在像法國泰拉阿馬塔遺址的人類祖先，可能類似阿秋爾族跟辛巴族的族人，在家中仍接觸著大量的外部環境細菌。

一開始，人類只會建圓形的房子，但在一萬兩千年前，方形房子開始出現。雖然方形房子內的可用面積比圓形房子少，但更容易以積木方式互相組合，許多房子可以左右、甚至上下堆疊。從圓形房屋過渡成方形房屋的現象，發生在世界各地出現農耕與人口密度增加的社會中。這樣的轉變讓房屋更加阻絕外界環境，也更容易區別室內與室外。不過舊式的房屋並沒有消失，圓形房子與方形房子仍同時存在著。

再來快轉一萬兩千年到今日，都市化的趨勢不斷加速，大部分的人類都居住在城市中，而且越來越多人住在公寓裡。對一隻戶外的細菌而言，要跋涉到人類公寓裡頭是很漫長的旅程，尤其如果窗戶緊閉，這隻細菌就要爬樓梯、穿越廊廳與好幾道門，然後快速地溜進去。我們以為自己可以創造出一個無菌的世界，但即便我們的公寓離公園有段距離且窗戶緊閉，我們創造的實際上是一個充滿著體屑、體液、食物碎屑、甚至是建築碎屑的世界。曾經，我們住的巢穴只有周遭環境的細菌，而我們在坐過或睡過的地方遺留的殘跡微乎其微；至於現在的某些公寓裡，反倒是來自外面環境的野外印記變得難以偵測。但重點是：在公寓內出現的微生物多樣性，並不亞於房屋與房屋之間的生物相差異。有些住宅的微生物相與野外的幾乎毫無重疊，但有些就跟阿秋爾族跟辛巴族的現代家居一樣，依舊能找到很多外部環境的細菌。人類其實是有選擇的，我們能決定自己恭請入門的生物多樣性。

在我的經驗裡，每當我跟人提起他們在家裡養了上千種細菌，包括吃碎屑的細菌、喜歡極端環境的細菌，或是從野外森林與泥土中跋涉而來的細菌，人們通常會有三種反應。一些我頗熟的微生物學家似乎有被我的故事吸引，但沒有什麼震驚的反應：「啊？八千種？我以為會更多耶。你們有對水採樣嗎？有在狗毛上採樣嗎？」微生物學家每天都要面對各種不曾看過的、令人拍案叫絕的奇異生物，他們對什麼微生物奇觀早就麻痺了，因此微生物學家的反應不準。

有些朋友聽完故事後，油然升起對大自然的敬畏之心，就跟我一樣，這正是我希望看見的反應。畢竟能生活在這個我們初識其奧妙的多樣性世界中，這是一件多麼神奇的事，我們在家裡接觸到的微生物可是歷經了四十億年的演化呢！每個家庭都充滿我們一無所知的無名生物，有些物種已經陪伴人類百萬年之久，有些物種直到現在才開始在我們的生活角落建立自己的群落。就算只待在家裡，你仍可以發現許多前人未知的生態，包含新的物種、新的自然現象，一切的一切都有可能。

然而，還是有許多人覺得這很噁心。你問我怎麼知道？因為當我們在居家生態系有新發現時，會回報給參與採集的民眾，接著他們就會寫信問我們一些問題。我是很樂於解答的，因為有時，我會收到類似我小時候在哥斯大黎加賽爾瓦生物觀測站會問野外生物學家的那種問題：我們對這些物種有哪些已知資訊？它們有什麼行為？而我能給的答案就跟當時熱帶生物學家回答我的差不多：「我們還不知道，所以你應該繼續研究。」或是「我們不知道耶，要不要一起研究？」但有時我收到的問題比較接近：呃好，所以我家灰塵裡面有幾千種細菌，那我可以怎麼消滅它們？答案是你不應該消滅它們。

理想上，我們希望我們的家像是一座花園。在花園裡，我們會除掉雜草跟有害生物，盡力照顧我們種植的各種植物。而在家裡，我們希望除掉致病甚至會致命的生物，但其實這類生物遠比我們想像的少——全世界會造成傳染病的病毒、細菌與原生生物加起來不到一百種。我們個人可以做起的就是勤洗手，以免在不經意間讓大腸桿菌之儔從排泄物沾染到手與口鼻。洗手並不會洗去你皮膚原有那層厚厚的微生物，只會洗去最後沾染上的乘客。除此之外，我們也會接種疫苗作為預防之道。此外，政府與公衛系統藉由公衛政策與排除病原（不是排除生物）的供水基礎建設，來預防有害的微生物侵犯民眾健康，也會防治由病媒昆蟲傳播的疾病。最後，在無法以其他方式控制病菌的情況下，醫師會使用抗生素。上述控制病原體的種種方法，已經拯救了無數生命，若能適當使用，在未來也依舊有效。

不過要使這些方法有效，我們就必須確保它們只針對特定的有害物種。如果我們在消滅病原體時，也消滅了一大堆不相干的物種（例如家中大約七萬九千九百五十種左右的其他細菌），結果就不是那麼好了。在本書中會不斷提到，扼殺家中的生物多樣性到底會招致什麼後果。而現在我可以很有把握地告訴你：後果就是病原體會更順利地擴散、繁衍後代並演化，有害微生物會更順利地擴散與繁殖，而我們的免疫系統卻會變得更難正常運作。

在大多數情況中，只要病原體還在控制範圍內，居家環境中的微生物多樣性**越豐富**——尤其是來自森林或是土壤的生物——事實上會讓我們更健康。這個結論雖然有些簡略，但與事實相去不遠[25]。

看到這裡，可能還是有些人會想：「不管，我就是要把所有的微生物殺光。」雖然存在我們體內或家中的非病原微生物會幫忙抵禦病原體，但有人還是覺得殺光所有細菌，讓環境像是一張白紙，就不會需要擔心任何病菌，也不用麻煩這些非病原細菌來抵抗病原體。許多清潔產品常號稱可以殺掉百分之九十九的細菌（然後留下最頑強危險的生物），但你大概能猜到那存活的最後百分之一是什麼東西。如果有哪個家裡真的這麼做了，這個家大概會像個國際太空站（ISS）。如果你也希望把家裡的細菌通通去除，那麼太空站就是你最完美的室內樣本。

美國國家航空暨太空總署（National Aeronautics and Space Administration, NASA）很早就開始重視如何杜絕微生物偷渡的問題，擔心太空船可能造成地球微生物[26]入侵太陽系的其他環境，或者外星生物偷渡到地球上，是行星保衛局的最大擔憂。不過久而久之，

NASA的科學家也開始擔心太空人會在太空梭或太空站上跟病原體長時間接觸。幸好太空環境相當有利NASA的政策，因為任何來自太空的微生物都不可能在太空梭或太空站繁衍。不像在地球上，當你在家開個窗，外頭的微生物就可能被吹進來；在太空站裡打開一個艙口，外面的真空狀態反而會把你和身邊的生物統統吸出去。此外，太空站裡的空氣總量甚至比一間公寓還少，因此要控制裡頭的濕度與氣流相當容易。後來，NASA還發展出一套高科技設備，用來清潔準備運送到太空站的所有物資。簡言之，你再怎麼清理你家，都不可能達到太空站內幾乎毫無生機的乾淨程度。但是，太空站上真的沒有人以外的生物存在嗎？

針對太空站微生物的研究已十分詳盡，而且相關研究仍在不斷產出，最近甚至有一份尋找太空站微生物的研究，其實驗方法跟我們在羅利市的家庭採樣雷同，這並不是巧合。在二〇一三年，我們針對四十個家庭的微生物調查結果剛發表不久，加州大學戴維斯分校（University of California, Davis）的微生物學家喬納森・艾森（Jonathan Eisen）便來信詢問是否可以使用我們的實驗方法調查國際太空站的微生物。就如我們廣邀大眾在家中採樣，他也廣邀太空人在太空站採樣，用一樣的棉花棒，在類似的角落採樣（雖然有些地點在太空站沒有，因此需要替代選項）。我們要求民眾收集門框上的灰塵，以研究從周遭環境空降的細菌，但在太空的低重力環境下，灰塵不會掉落在門框，所以太空人改在空氣濾網上採樣。這份研究也請參與的太空人填寫一份授權書（授權科學家研究採樣內容），不過有個條款不同：我們在地球上的微生物調查採匿名制，民眾只能看到自家的調查結果，但在太空站上不可能採匿名制，太空人更不是什麼默默無名之輩。當時住在國際太空站的人有NASA太空人史蒂文・斯旺森（Steve Swanson）與理查德・馬斯特拉基奧（Rick Mastracchio）、俄羅斯太空人奧列格・阿爾捷米耶夫（Oleg Artemyev）、亞歷山大・斯克沃爾佐夫（Alexander Skvortsov）與米哈伊爾・秋林（Mikhail Tyurin），以及來自日本宇宙航空機構的指揮官若田光一（Koichi Wakata）。若田光一協助在太空站上採樣，樣本被帶回地球後，再送到加州大學戴維斯分校喬納森的研究室，由喬納森的學生珍娜・朗（Jenna Lang）進行分析。

先前研究指出：在國際太空站上難以發現環境細菌，也就是那些來自森林或草原的細菌，連食物中衍生的細菌也沒有。因此就杜絕國際太空站偷渡細菌的政策而言，上述案例是成功的。但太空站內絕非無菌，事實上，是充滿細菌，而且大多來自同一個源頭：太空人的身體。早期的太空微生物研究早就證明過這點，而珍娜的研究結果也是一樣。現在，串連到我們的居家微生物研究，我們可以把太空站的採樣結果跟羅利市民在家裡採樣的結果放在一起作圖比較，菌種組成相近的菌群，在圖中會靠得比較近，反之則較遠。這個親緣圖證實了我們先前描述羅利市居家微生物相的狀況：從門縫中採集的細菌，因為同時包含室外與室內來源，因此不同家庭的樣本都十分相似。廚房採集的細菌是一大叢，因為它們都是食物衍生的細菌。枕頭套上的細菌雖然與馬桶座上的細菌不同，但兩者的差異並不如你想像中的大。而來自國際太空站的細菌，不論是來自哪一個角落，都被歸在親緣圖中最下面的區塊，如果要說這些細菌跟地球上的哪一群樣本最相近，大概就是枕頭套或馬桶座上的那群吧[27]！

就如同枕頭套與馬桶座上的樣本，太空站採集到的樣本含有排泄物衍生菌類。珍娜發現當中包含大腸桿菌與腸桿菌屬[28]，還有另一種極少被研究的在排泄物裡的細菌，因為相關研究太少，所以尚未命名，只能暫時叫做「待分類之理研菌科S24之7」（Unclassified Rikenellaceae/S24-7）。不過，太空站的細菌跟枕頭套或馬桶上的細菌還是不一樣，比起枕頭套，太空站與唾液相關的細菌較少；而比起馬桶座，太空站與皮膚相關的細菌較多。曾有研究發現，會導致腳臭的枯草桿菌（*Bacillus subtilis*）在太空站很常見，珍娜在樣本中也找到了枯草桿菌，但是棒狀桿菌屬（*Corynebacterium*）的細菌更多，而它們通常就是造成「腋味」的原因。太空站內同時存在枯草桿菌與棒狀桿菌，難怪有人形容那裡聞起來就像塑膠、垃圾與體味的混合物[29]。在地球上，棒狀桿菌屬的腋下細菌通常在男性居住的地方發現，而國際太空站在採樣期間，住的也都是男性太空人，這讓我意識到太空站與地球家居環境的差異，包括太空站內較少發現陰道細菌，或者說陰道生態系中常見的細菌，例如

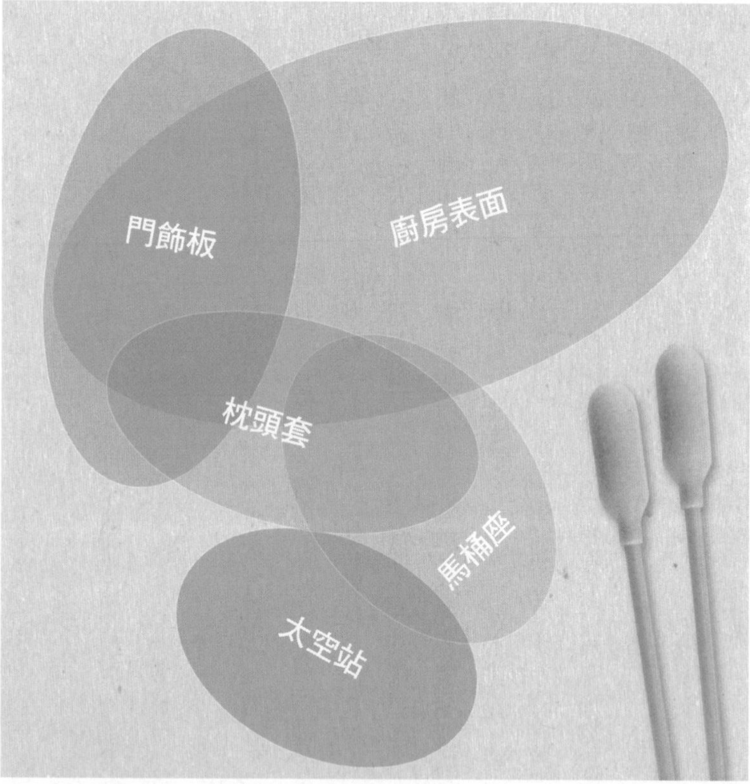

圖 3-2　每個圈圈代表羅利市家庭中的不同地點，與國際太空站採樣到的細菌組成。圈圈面積越大，就代表同一類型採樣地點、不同樣本之間所存在的細菌種類歧異度越大。兩個圈圈靠得越近，代表兩種採樣地點的菌相越接近。位於下方的圈圈，代表該採集地點中身體細菌為優勢種，右上角的類群是與食物相關的細菌，左上角則為土壤或其他環境的細菌。（圖／尼爾．麥可伊）

乳桿菌屬（*Lactobacillus*），可能是因為研究採樣期間太空站沒有女性常駐的緣故。

假如排除一切環境影響，那麼太空站上的菌相，幾乎就跟我們在地球家居環境裡能看到的一模一樣。簡言之，太空站的環境就好似你緊閉家中每扇門窗、堵住各種縫隙、努力清潔擦拭後的結果。但太空站的特點，是不同角落採集到的細菌組成都非常相似，每種細菌都散布各處。從這個角度來看，太空站有點類似那些用樹葉或泥土堆成的小小傳統住屋，每個角落的菌相都一樣。不過和這類納米比亞或亞馬遜的原住民房屋相比，太空站還是有一點不同，那就是原始住屋通常會遍布來自外部環境的細菌，所以每個角落存在相同菌相，是因為環境細菌的普及；而太空站裡頭的細菌幾乎只來自人體，之所以會平均分散，只是因為缺乏重力的緣故。這是一個缺乏重力、也缺乏其他細菌來源的環境。如果你很努力清潔你家，或許也能達成跟太空站差不多的結果，我們在曼哈頓就觀察到某些很類似的家庭。但我們研究這種過度清潔的家庭後，卻發現了一個問題——不是因為細菌沒掃乾淨，而是因為掃得太乾淨了。當我們製造出一個缺乏生物多樣性的環境，其中只剩下從我們身上掉落的細菌，然後又開始足不出戶，這時問題可就嚴重了。

4 無菌也是病

在每一條街上，管線裡湧出的所有東西都被老鼠腐屍給吸個精光……牠們翻肚的屍體漂浮在蘋果皮、蘆筍梗和白菜心之間……就像是感染壞死了一大半的牙齒、脹氣的腐爛內臟、醉漢身上散發出的濃烈腥味、腐敗的動物死屍表面乾涸的汗臭、便盆裡酸臭的毒物……這些分泌物以雪崩之勢，翻騰襲捲彷若化膿的街道……釋放其夜間的「芬芳」。

——費加洛報（*LE FIGARO*）

十九世紀初期，全世界爆發了多次大規模的霍亂疫情：第一次始於一八一六年，從印度開始擴散至中國各地，奪走了十萬多條人命。第二次疫情爆發始於一八二九年，並一路傳遍歐洲，等到三十年後塵埃落定時，從俄羅斯到紐約總共有數十萬人死亡。接著在一八五四年，霍亂又再度發威，這次全球各地皆難以倖免，疾病攻下一座又一座城市，居民一家一家地接連死去，大批大批的屍體不斷被載上卡車。光在俄羅斯，就死了超過一百萬人。公寓大樓原本是每天工作與家庭生活歡騰交織的場所，如今已淪為一座空殼。在某些城市裡，死去的人比出生的人還多。生態學家將這種當地族群僅由外來者移入所維持的狀況稱為「族群匯」（population sink）。這是個委婉的說法[1]，實際意思是這些城市就像水槽一般，人命「匯」集在水槽裡，一路被沖下陰溝。

在當時，人們認為霍亂的擴散是「瘴氣」（miasma）害的。瘴氣理論宣稱：像霍亂這種疾病都是由一種有臭味的空氣（瘴氣）所引起的，特別是夜間的難聞空氣。瘴氣理論現在看起來十分可笑，但在當時會有這種想法也很合理。這個理論反映出的觀點，是臭味經常伴隨著疾病而出現。演化生物學家認為：人們自古以來，腦子裡就潛意識地能夠理解臭味與疾病之間有所連結[2]。在演化過程中，人類的祖先大概因為能夠避開聞起來噁心的味道，因此才比較有機會存活下來[3]。遠離死屍的臭氣，就能降低從屍體上感染到病菌的風險；遠離糞便的臭氣，就能減少從糞便裡感染到病菌而生病的機會。從這個角度來看，瘴氣的概念歷史十分久遠，幾乎可說是天生的本能。不幸的是，隨著城市的發展，把腐壞的臭味跟疾病作出連結也沒什麼實際用途了，因為所有東西都一樣難聞，要逃離臭味就得離開城市，但除非你很有錢，否則根本做不到。

從一開始，人們在尋找霍亂真正成因的過程中，就因為判斷失誤而耽擱了好幾十年，而且不論是科學家還是一般民眾，都沒能好好注意明擺在他們眼前的數據。但是到了十九世紀中期，在倫敦有個叫做約翰・斯諾（John Snow）的人，終於比其他人多注意到了一些事。斯諾那時相信霍亂是起因於某種「病菌」，其不是透過空氣傳播，而是從人的糞便裡跑出來後，再跑進下一個人的嘴巴裡。他認為雖然糞便很臭，但這些細菌本身並沒有氣味。人們當時並不喜歡這個說法，這不僅跟瘴氣理論相衝突，聽起來還很噁心。

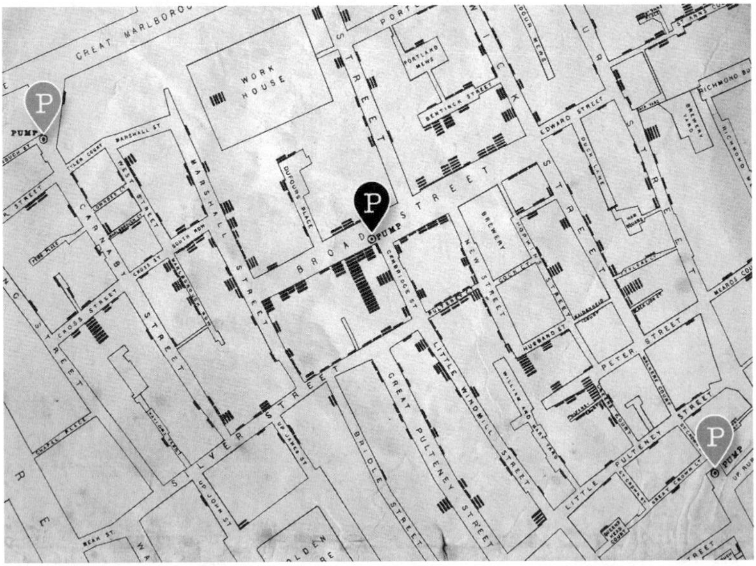

圖 4-1　1854 年在倫敦蘇活區所發生的霍亂死亡案例的位置圖。此圖是從斯諾醫生製作的地圖重製而來。每一條黑色橫槓都代表一個死亡案例，「P」代表水泵的位置。透過這張地圖，斯諾證實了大部分因霍亂而死的人，都住在離博德街（Broad Street）水泵不遠的地方，或是有喝過那個水泵的水。（圖片由約翰・麥肯齊〔John Mackenzie〕於 2010 年根據約翰・斯諾於 1854 年發表的原始地圖重製後，再經修改而成）

但到了一八九四年，斯諾以牧師亨利．懷特海德（Reverend Henry Whitehead）的研究成果為起點，在倫敦疫情特別嚴重的蘇活區（Soho District）蒐集資料，調查生病的人和健康的人分別住在哪裡。

斯諾最後注意到，在蘇活區的死亡案例全都緊密集中在同個區塊內，而且他也找到了原因：在這一區塊裡的居民使用的水源全都來自同一個水井，位於博德街（Broad Street，現已改名為博德威克街〔Broadwick Street〕）。有一些沒有使用博德街水井的家庭也有死人，但他後來發現：那些人在自家的水井傳出像是瘴氣的惡臭後，也多少喝到了一點博德街水井的水。斯諾把近期蘇活區的霍亂死亡案例位置都畫下來，以凸顯它們都是圍繞在博德街水井的四周。

斯諾利用這張地圖，主張人們會生病是因為博德街的水井受到汙染。他認為只要把水井的把手移除（讓水井無法使用），蘇活區的人們就不會再受疾病所苦[4]。他的想法雖然是對的，但是還要等到好幾年之後，他的同事們才漸漸開始相信他，而在這期間，蘇活區的霍亂疫情已經慢慢地自行消退了[5]。後來人們發現：水井一旁有座廢棄的化糞池，裡面的一片舊尿布汙染了水井。數年之後，曾找出結核病的病原菌結核桿菌（*Mycobacterium tuberculosis*）的羅伯特．柯霍（Robert Koch），再度找出霍亂的病原菌霍亂弧菌（*Vibrio cholerae*）。這種病菌最早出現在印度，然後在十九世紀初經由貿易活動的發展傳到了倫敦，再進一步擴散全球。

人們花了好幾十年的時間，才總算找出方法改造出可以防範這種汙染的城市。在倫敦，比較直接的解決辦法是從夠遠的地方引水到城市裡，這樣就比較沒有受到汙染的風險。在斯諾的發現後，包含倫敦在內的城市也開始更積極地控管人類排泄物的處理。雖然並非每個城市都如此，但某些城市也開始處理他們的飲用水來源。幸好有這些措施，上億或甚至數十億的人才得以保全性命[6]。阻擋病原菌從糞便傳到別人嘴巴裡的策略，還真的奏效了。

受到斯諾的成果啟發，在流行病學的領域中，繪製疾病散布的地圖頓時成了顯學。學生們在課堂上學到：這是第一份描繪疾病散播過程的地圖（這並不完全正確）。他們也學到這種地圖的強大用途，可以用來推敲出疾病可能的發源地，並且推測出成因。通常在流行病學中，使用地圖的目的都是要描述某一個病原菌的物種會在什麼時候、在哪裡出現，然後再藉此推測原因。地圖描述的只是相關性，但是它們能夠幫助流行病學家探討相關性背後的因果關係，及疾病傳播的機制與成因。但地圖也可能會洩露我們的無知。在一九五〇年代就發生了這樣的情況，那時正開始出現一種新型疾病。

克隆氏症（Crohn's disease）、發炎性腸道疾病（inflammatory bowel disease）、氣喘、過敏、甚至多發性硬化，都是這類新興疾病的一員，像是個引發身體不適以及器官失常的陰險使者。這些疾病或多或少都和慢性發炎反應有關，但到底是什麼造成這些發炎反應的？

這類疾病的歷史太短了，不太可能是單純由遺傳因素造成的。況且，就像倫敦的霍亂疫情一樣，這些疾病也有地理分布上的特徵，而且十分不尋常。跟霍亂不同，這些疾病更常出現在公共衛生體系和基礎建設建全的地區。似乎在越富有的社區裡，居民越有可能得到這些病。這樣的規律，跟我們從斯諾以來對於「病菌」行徑的認知大相逕庭。但是，也許我們還是可以學習斯諾的做法，來看看這些疾病地圖顯示了哪些地理或其他方面的線索。斯諾若還在世，他首先大概會使用手邊疾病分布的地圖，提出可解釋這疾病成因的假說。接著，他會尋找並觀察自然實驗（譯按：自然發生的、可以模擬實驗操作的現象），用來測試假說是否正確。等到他把假說測試到滿意為止後，他會再次用地圖把他所認定的結論呈現出來。只要這樣就有辦法——也必須要這樣才有辦法——開始慢慢了解這個疾病真正的病原以及其生物性機制的細節。面對這些新興疾病，人們也嘗試如法炮製：先找假說，再以自然實驗來驗證它們。

有人說，這些新的疾病是由新的病原菌所引起。有人說，這是冰箱惹的禍。甚至還有人說，問題出在牙膏上。但是生態學家伊爾卡．漢斯基（Ilkka Hanski）所加入的研究團隊，則提出了一個截然不同的說法——得病的原因，並不是因為接觸到了某種細菌，而是因為沒有接觸到細菌的關係。在研究慢性病和細菌的這段傳記中，漢斯基是個出乎意料的角色，他之前的身分是個研究糞金龜的世界權威。他的自傳裡非常詳細地一章一章交代了自己的人生故事：從二〇一四年三月，他跟朋友們透露自己罹患癌症、將不久於人世開始，他開始振筆疾書回顧自己的生命，希望能為後世記錄下他最重視的那些生物學界的發現。

在書中，讀者可以一路跟著漢斯基回顧他生涯中的不同階段：不論是什麼時候，漢斯基最大的研究興趣，總是那些像島嶼一般分散的小塊棲地。一開始，他研究的是成堆的糞便。對糞金龜來說，一坨坨大便就像是一座座等著被探索並迅速占領的島嶼一樣。漢斯基爬遍了婆羅洲的姆魯山（Mount Mulu），用他自己的糞便或死魚來誘引、捕捉那些金龜子，為的就是想知道是否有共通法則，可以決定什麼時候一坨糞便上會有許多不同物種激烈競爭，什麼時候則會乏人問津。接下來，漢斯基又研究了在芬蘭南部外海奧蘭群島（Åland Islands）上一種叫做慶網蛺蝶（*Melitaea cinxia*）的蝴蝶。他以這種蝴蝶為對象，探討罕見物種在小塊棲地中數量增減的規律。他追蹤了超過四千塊棲地，調查其中網蛺蝶和牠的寄生蟲及病原菌的增減動態，時間長達數十年（一直到現在，這項調查還在持續進行）。他藉由這項研究成果發展出了一套數學模型，用量化的方式預測一塊棲地的面積要變得多小、要多遠離其他周遭的棲地，那塊棲地裡的物種才會走向滅絕。在那之後，漢斯基又開始好奇，為什麼同種的蝴蝶之中，會有一些個體特別不受棲地破碎化（habitat fragmentation）的影響，繼續活得好好的。他發現：是否能夠在品質良好但破碎的小塊棲地中存活，跟那些蝴蝶身上某些特定基因的版本有所關聯。漢斯基結合了野外調查、理論、預測，以及實驗驗證得出的這些發現，讓他在二〇一一年獲得了克拉福德（Crafoord Prize）生物科學獎——這可說是生態學界的諾貝爾獎。

數十年下來，漢斯基的研究焦點逐漸縮小，從糞金龜的群落，到單一一種蝴蝶、再到一種蝴蝶中的某個遺傳變異。然後突然之間，他就改了行，開始研究人類的慢性發炎性疾病了。這樣的轉變要感謝一場偶然的相遇：二〇一〇年，漢斯基參加了芬蘭著名流行病學家塔里・哈赫帖拉（Tari Haahtela）的一場演講，主題就是關於慢性發炎性疾病[7]。哈赫帖拉講的內容跟漢斯基過去所研究過、看過的東西完全不同，讓他覺得生猛有趣、感染力十足。哈赫帖拉描述慢性發炎性疾病的發生率節節高升，提到自一九五〇年以來，這些疾病發生的案例數幾乎每二十年就增加一倍，在富有的國家更加明顯，而且這趨勢不曾停歇。舉例來說，在過去二十年間，美國的過敏案例增加了百分之五十，氣喘案例則增加了三分之一。此外，隨著比較貧窮的國家逐漸加碼投資於城市發展，這些國家的發炎性疾病也越來越常見。這個全球趨勢十分明顯且令人擔憂。哈赫帖拉的圖表中，那條不停攀升的曲線看起來又像是股票價格、又像是全球人口數、又像是奶油的價格變化，但是圖表旁的標籤再清楚不過地說明了：這些越來越常見的慢性疾病像怪物一樣，侵擾著我們的居家生活。哈赫帖拉還展示了一張地圖，標示出這些疾病在哪些地方經常出現、哪些地方則很罕見。

哈赫帖拉主張：這種病不是什麼病菌引起的。他的想法跟病菌理論可說幾乎完全相反。

哈赫帖拉認為：人們是因為沒有接觸到某些他們該接觸的生物，因此才會得病，但是他不知道這些生物是什麼，就像斯諾當初也不知道水井是被什麼東西汙染才造成霍亂流行一樣。漢斯基看了地圖，靈光一現，覺得他搞不好知道究竟少了哪一塊拼圖。因為哈赫帖拉展示的那些地圖和趨勢，看上去跟漢斯基自己在演講上展示的那些關於原生森林面積減少，以及森林中糞金龜、蝴蝶、鳥類和其他生物多樣性逐漸減少的地圖和趨勢，兩者剛好完全相反。隨著生物多樣性的減少，這些慢性疾病似乎也越來越常見。不只如此，這些疾病最常出現的地區，正好就是發展程度最高、大部分的生物多樣性都已經消失（特別是從人們日常居家生活中消失）的地區。漢斯基猜想：也許人們生活中所欠缺的、能讓他們免於生病的因素，不是

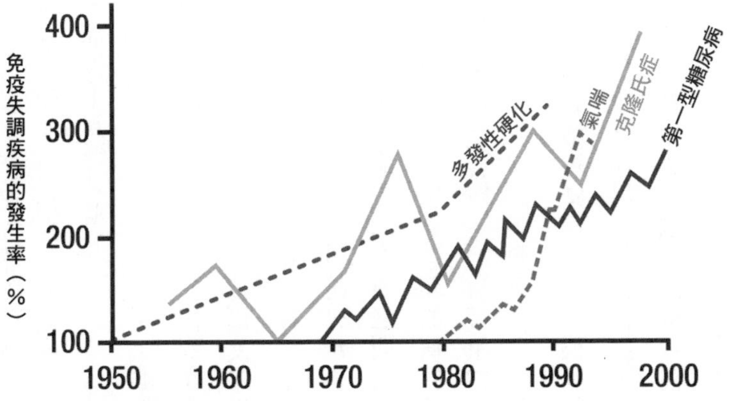

圖 4-2 免疫失調疾病的發生率，在 1950 年至千禧年之間持續穩定地上升，直到現在都維持著一樣的趨勢。（圖片經 Jean-François Bach 修改而成，最初發表於 *New England Journal of Medicine* 第 347 期 [2002]。）

單一物種，而是更廣泛、全面的東西。人們生活中欠缺的正是生物多樣性本身。在脊椎動物甚至所有動物的演化史中，有史以來第一次，我們缺少了與自然野外的接觸。不論是在庭院裡、房子裡、曼哈頓公寓裡或是國際太空站裡，都找不到野外環境。

在這個時候，哈赫帖拉已經開始思考生物多樣性以及疾病之間是否有關，雖然這半是隱喻、半是基於實際資料。他在二〇〇九年甚至發表了一篇論文，裡頭就提到在芬蘭的蝴蝶多樣性下滑的地方，也正好就是慢性發炎性疾病比較常見的地方。在那篇文章裡，他放了好幾張他最喜歡的蝴蝶種類：厄爾巴珍眼蝶、雪紅眼蝶、黃緣蛺蝶、極地珀豹蛺蝶、點托灰蝶[8]等等。隨著這些蝴蝶生存所需的棲地越來越稀少零碎、數量越來越少，生病的人也越來越多[9]。蝴蝶所提供的線索，反映了野外生態與人們家中的生態之間有著深層的連結，以及切斷這連結會造成的後果。對人類來說，把自然界中霍亂之類的病原菌隔絕開來是件好事，但是現在人們做過頭了，我們不僅隔絕了那少數會致命的有害生物，還一併隔絕了剩餘的生物多樣性，包括那些對人類有益的物種。

哈赫帖拉找上了漢斯基，兩人一談才發現，他們過去就曾經碰過面了。很多年前，嗜好是蝴蝶攝影的哈赫帖拉曾經給了漢斯基靈感，促使他開始專心研究起慶網蛺蝶這個物種。兩人重新聯繫上之後，很快就重溫起過去的美好時光。他們兩人都熱愛蝴蝶，而且現在兩人也都觀察到一系列相同的大趨勢：生物多樣性日漸喪失、慢性發炎性疾病發生率不斷上升，而社會的生活重心持續轉向生物多樣性喪失得比室外還嚴重的室內環境[10]。如果他們猜的沒錯，如果這些趨勢之間真的有關聯，未來恐怕只會越來越糟：生物多樣性受到的的威脅日益嚴重，而且我們的生活也已經幾乎徹徹底底地轉進遠離生物多樣性的室內環境裡了。哈赫帖拉邀請漢斯基去參加他的實驗室會議，在那裡他認識了微生物學家列娜．馮．赫爾岑（Leena von Hertzen），她在接下來的合作過程中扮演了極為關鍵的角色。會議的過程中瀰漫著一股讓人不禁起雞皮疙瘩的興奮氣息，漢斯基事後在自傳中寫道：他當時覺得自己好像加入了一段此生最為振奮人心的合作關係，彷彿即將揭開某條世界運行的重大法則。

當斯諾主張讓人們罹患霍亂的病原是由受糞便汙染的水傳播的時候，他並不清楚到底是什麼東西在傳播。同樣地，漢斯基、哈赫帖拉和馮．赫爾岑也不知道是生物多樣性喪失的哪個面向讓人生病，但他們隱約可以猜到生物多樣性的喪失是**怎麼**讓人生病的。接觸多樣的自然生態可能會讓身體變好的想法，已經存在了好幾十年，這不僅是免疫系統方面的健康，在更整體的健康亦然。威爾森（E. O. Wilson）提出了「親生命假說」（biophilia hypothesis），認為人類有喜愛生物多樣性的天性，而我們一旦遠離、缺乏生物多樣性的滋潤，身心靈的健康便會衰弱[11]。羅傑．烏爾里奇（Roger Ulrich）主張接觸大自然能減輕壓力，史蒂芬．卡普蘭（Stephen Kaplan）則主張接觸大自然能提升專注力[12]。「大自然不足症」

（nature deficit disorder）的假說則更進一步，探討生物多樣性以及大自然整體，能如何提升孩童的學習能力與心理健康[13]。提出這些理論的人認為：生物多樣性的喪失，會打擊我們的情緒、心理和知性。這些研究的確對漢斯基和哈赫帖拉造成影響，但他們認為事情還不只如此而已。他們覺得生物多樣性的喪失，也讓我們的免疫系統受到打擊而開始出毛病。他們會做出這樣的推論，有很大部分是基於過去一系列的研究和一項假說，這假說主張：慢性自體免疫疾病跟太乾淨無菌的生活方式有關。這個「衛生假說」（hygiene hypothesis）最先是由倫敦大學聖喬治學院（St George's, University of London）的流行病學家大衛・斯特拉坎（David Strachan）於一九八九年所提出。斯特拉坎認為我們現代人太過於注重清潔，把生活中與外界的必要接觸都給清掉了[14]。漢斯基和哈赫帖拉覺得，所謂我們所欠缺的「必要接觸」，就是跟生物多樣性、大自然中其他生物的接觸。

人體的免疫系統就像個迷你政府，有著許多不同的部門，組成多條負責傳達指令與任務的指揮鏈。大多數時候，這些路徑都運作得規規矩矩，但偶爾還是會出紕漏。慢性發炎性疾病牽涉到其中兩條路徑：第一條路徑對大家來說已經是老生常談了，不管是塵蟎蛋白還是致命的病菌，當皮膚上、腸道裡或肺臟中的免疫細胞偵測到外來物質（抗原）的存在時，就會發出訊息一路傳下去，好讓免疫系統最終決定是否要派出嗜酸性球（eosinophil）之類的白血球，對抗原發動攻擊，並同時決定未來是否要再次攻擊它。一旦決定發動攻擊，不同種的細胞之間就會開始互相傳達一連串的訊息，直到最終召喚出一系列各式各樣的白血球，並且在某些情況下會（但並不必然會）同時產生對應的免疫球蛋白E（IgE）抗體。這些IgE抗體會記得那種抗原已經出現過，要是下次它再出現，就會馬上發動攻擊，衝去抓住那種抗原。簡單來說，這整條路徑的任務就是：偵測外來抗原、決定是否發動攻擊，以及決定是否要在未來發動快速攻擊。如果一切順利的話，這條路徑能讓免疫系統更有效率地防堵病原菌，但一旦出了錯，免疫系統開始找錯對象攻擊，過敏、氣喘以及其他發炎性疾病便會一一現身。第二條路徑的功能，便是避免過度的免疫反應。它能抑制嗜酸性球等白血球過度累積，也能防止IgE抗體一偵測到任何抗原，就不分青紅皂白地做出反應。這條路徑用自己的一套受體、各種調節物質與傳訊分子等等，來維持免疫系統的和平。大部分時候，維持和平的功能都是必要的：絕大多數的抗原並沒有害處，特別是那些經常出現的抗原，可能只是來自於我們與環境的日常接觸，或是在人的皮膚上、腸道裡或肺裡面生活的那些生物。因此，這條路徑就像維和部隊一樣，時時刻刻提醒身體要記得這一點。斯特拉坎及其他研究者認為：負責安撫免疫系統、維持和平的這個理性之聲，可能會因為人們日常與外界的必要接觸不夠，而沒有順利啟動。但他們沒辦法解釋，在都會區或是在太「乾淨」的環境中長大的孩童，究竟是缺了什麼東西，才會讓這些免疫路徑失控。漢斯基、哈赫帖拉和馮・赫爾岑認為：人們與大自然中、住家中以及身上的生物多樣性經常接觸，透過某種管道讓維持和平的免疫路徑得以正常運作。要是缺乏接觸這些生物多樣性，即使免疫系統遇到了沒什麼害處的抗原——像是來自塵蟎、德國姬蠊、或甚至自己身體上的細胞片段——也會照樣開始產生 IgE 抗體、啟動發炎反應。如果孩童接觸到的野外生物不夠多，這條調節路徑就沒辦法好好發揮功能，讓人們開始得上過敏或氣喘，以及接下來一連串的其他毛病。至少他們是這麼猜想的。這個猜想超級有趣，但不經過測試還是不知道是真是假。

在他們討論了半天要如何測試、以及要在哪裡測試這個猜想後，最終結論幾乎都還是回到同一個地方：現代芬蘭。自從二次大戰以來，一場自然實驗已然在那裡上演。不論是住在哪裡的芬蘭人，慢性免疫疾病的發生率都節節上升，除了一個地方：卡瑞利亞地區（Karelia）中過去屬於芬蘭，但現今由俄國統治的部分。在二戰之前，位於芬蘭及俄國邊界的卡瑞利亞地區完全屬於芬蘭的一部分，但在戰後，芬蘭與俄國的新邊界將這個地區一切為二，造就了俄國卡瑞利亞以及芬蘭卡瑞利亞，兩個地區的居民有著共同的歷史，但是如今已經分道揚鑣。

目前，因為交通事故、酗酒、吸菸等因素共同交織的關係，俄國卡瑞利亞人的預期壽命並不長；而在芬蘭卡瑞利亞，這些死因都比較罕見。整體來說，俄國卡瑞利亞人可說是抽到了下下籤，只有一類疾病，是芬蘭卡瑞利亞人常常得到，但在俄國卡瑞利亞卻很少出現的——慢性發炎性疾病。從過去到現在，氣喘、花粉熱、濕疹、鼻炎等疾病，在芬蘭都一直比在俄國常見三到十倍之譜。在俄國卡瑞利亞，花粉熱和花生過敏等疾病根本連聽都沒聽過[15]。相較之下，芬蘭卡瑞利亞反映的狀況，就跟世界上其他慢性發炎性疾病越來越常見的地區如出一轍。自從二戰結束以來，芬蘭卡瑞利亞人一代比一代更容易患上發炎性疾病，但他們在國界另一邊的俄國卡瑞利亞的親戚們卻非如此。

哈赫帖拉和馮．赫爾岑花了將近十年，比較在國界兩邊的卡瑞利亞地區居民各自的生活，並將這個研究計畫很貼切地取名為「卡瑞利亞計畫」。透過密集的調查、驗血以檢測與特定過敏有關的 IgE 抗體，他們證實了這兩群人之間的過敏發生率確實存在差異。更重要的是，他們開始相信：芬蘭卡瑞利亞的居民比較常得到這些病，都是因為跟環境中的微生物缺乏接觸之故。

俄國卡瑞利亞人的生活方式，跟他們在五十年或一百年前的老祖宗沒有太大的差別。他們住在沒有中央空調及暖氣的鄉間小屋裡，天天接觸牲畜及其他動物，大部分吃的蔬果都是自家園子裡種的。他們喝的水通常是自家旁邊用水井所汲取的地下水，或是附近拉多加湖（Lake Ladoga）的地表水。這個地區依然森林密布，保有多樣的生態。而芬蘭卡瑞利亞人的生活則截然不同，他們大多住在發展程度較高的城鎮裡，生活周遭的生物多樣性貧乏多了。跟俄國卡瑞利亞人相比，芬蘭卡瑞利亞人待在室內的時間要多上很多，而且室內與室外的環境也比較隔絕。他們所接觸的環境比較像是國際太空站，而不像是古老荒野中的林間步道。

哈赫帖拉、馮・赫爾岑和他們的學生們先前的研究已經顯示：在芬蘭卡瑞利亞長大的小孩，在生活中似乎很少接觸某些與植物共存的微生物，但他們那時還沒有把這點跟其他線索拼在一塊。現在有了漢斯基的參與，他們逐漸開始勾勒出一套完整的論點：室外環境的生物多樣性減少（不論是蝴蝶、植物或其他生物），導致室內環境的生物多樣性也跟著減少，而這又導致免疫系統中的嗜酸性球過度增生，慢性發炎性疾病就開始出現了。在一篇由馮・赫爾岑主筆的論文中，他們將這個概念稱為「生物多樣性假說」（biodiversity hypothesis）[16]。而下一步，就是去驗證這個假說。

理想的研究計畫，應該是要透過實驗操作，調整孩童在家中或後院所能接觸到的生物多樣性多寡，然後持續追蹤這些孩童幾十年。這在理論上是可行，但實行起來花的經費和時間都會非常嚇人。另一個方法，就是比較俄國和芬蘭的卡瑞利亞人的生活方式，以及他們各自接觸到的環境，但這在當時的氛圍下也不可行。於是漢斯基、哈赫帖拉和馮・赫爾岑只好決定用第三個選項：他們在芬蘭境內挑選出哈赫帖拉和馮・赫爾岑從二〇〇三年就開始進行研究的一個單一區域。在這個區域中，他們會調查（十四歲到十八歲之間）的青少年，看看他們如果住在生物多樣性較低的房子裡，是不是更容易得到過敏及氣喘。

他們選中了一塊長寬各一百公里的正方形土地，裡頭包含了一座小鎮、好幾個不同規模的村莊，還有獨棟的房屋。哈赫帖拉和馮・赫爾岑在這個區域內隨機挑出好幾棟房子，這些房子中的家庭大多已經很久沒有搬家了，意思是這些家庭裡的青少年從小到大都生活在跟現在同樣的房子裡（在很多地方沒有辦法找到這樣的條件）。當然，我們可以批評這些科學家沒有挑選一個環境條件更為多樣的地區、或是沒有一次研究好幾個地區，可以挑剔的點可多了。不過就像生態學家丹尼爾・詹曾（Dan Janzen）常說的一樣[17]，萊特兄弟可不是在暴風雨中第一次試飛成功的。漢斯基、哈赫帖拉和馮・赫爾岑挑了那個地方開始他們的研究，是因為他們在那裡有辦法盡量控制各種外在因素，並且善用手邊現有的資料。

研究團隊先是測試了每一位青少年有沒有過敏症狀，接著再測量他們家後院、青少年身上的生物多樣性高低。他們的預測是：住家後院生物多樣性較低的青少年，他們身上的生物多樣性也會比較低，因此也會比較容易過敏。他們測量生物多樣性的方法是分別計算後院裡頭出現的外來植物、本地植物，以及本地稀有植物。通常每一種植物都會跟特定種類的細菌、真菌、甚至昆蟲物種共同出現，所以計算植物的多樣性，就可以大概估計青少年會接觸到的其他生物的多樣性。植物也比較容易計算，因為肉眼就能看見（不像微生物），也不會跑來跑去（不像蝴蝶或鳥之類的動物）[18]。至於皮膚上的微生物多樣性，則是在青少年慣用手的前臂上採樣後，再用先前提過、跟計算羅利市住家中的細菌多樣性一樣的方法計算。最後，測量過敏程度的方法，是檢測青少年血液中的 IgE 抗體含量。一般來說，IgE 抗體越多就代表過敏越嚴重。對那些 IgE 抗體很多的青少年，研究團隊也另外測試了他們有沒有對特定的常見過敏原起反應，像是貓、狗、艾草等等。

這個研究方法相當直接簡單，而且每個研究者都分配到了特定的工作：哈赫帖拉負責驗血測量過敏程度、馮・赫爾岑負責在皮膚上採樣以計算細菌多樣性、漢斯基則負採樣並計算後院裡的植物多樣性。調查結果則由大家一起分析。這個研究設定的目標相當令人興奮，有可能成為重大突破，但某種程度上來說也是有點牽強。

漢斯基和同事們在分析資料的時候，可說是既期待又怕受傷害。這些青少年家中的植物多樣性，真的會造成影響嗎？雖然這些研究者已經儘可能控制所有干擾因素，要找出是哪些因素影響人類健康，還是出了名的困難差事。這工作對漢斯基來說特別難熬，他很快就發現：人類比糞金龜和蝴蝶還要難研究太多。他很希望要是能夠直接做個實驗的話就好了。他也擔心如果結果沒有顯著的差異，這整份研究就沒有任何意義了。他們也許就只好繼續採樣更多青少年、在更多國家進行調查、或是持續更多年的調查。

但漢斯基、哈赫帖拉和馮．赫爾岑所觀察到的結果清楚無比。住家後院裡的本地稀有植物多樣性較高的青少年，皮膚上的細菌組成也有所不同，通常多樣性較高，特別是含有許多常在土壤中出現的細菌。他們推測：那些細菌可能是在後院中沾到這些青少年身上，或者是經由打開的門窗飄進屋子裡，在他們照常過日子或睡大覺時掉到他們身上。除此之外，後院裡本地稀有植物多樣性、以及皮膚上的細菌多樣性都較高的青少年，得到過敏的機會也比較低，不管是什麼過敏都一樣[19]。這些科學家並沒有進行實驗操作，所以他們只是觀察到兩個現象之間有所相關而已，但這個觀察結果，跟他們的假說完全相符。

在這其中，有一類叫做γ-變形菌（Gammaproteobacteria）的細菌，似乎在植物多樣性高的環境裡也找得到特別多物種，而且在較少得過敏的青少年身上也比較常出現。四十多年前，有研究指出這一群細菌在人類皮膚上的數量多寡會隨季節改變[20]。梅根．特梅斯發現：黑猩猩巢穴裡採得的樣本中，γ-變形菌數量多寡也會隨著季節變動。漢斯基、哈赫帖拉和馮．赫爾岑也發現：γ-變形菌數量多寡會隨著地方不同而有所差異。同樣地，不管他們看的過敏原是貓、狗、馬、樺木花粉、貓尾草、或是艾草都一樣，只要一個人身上有比較多種的γ-變形菌——特別是不動桿菌屬（*Acinetobacter*）的細菌——他就比較不容易得過敏。漢斯基和哈赫帖拉跟另一個研究團隊在一項後續研究中（一樣是在芬蘭），證明了如果人身上有較多某種特定的不動桿菌屬細菌數量，他的免疫系統也通常會製造更多某種能緩和免疫反應的化合物[21]。在實驗室中，小鼠接觸到不動桿菌屬細菌的時候，也可以觀察到牠們身上這種負責緩和免疫反應的化合物產量增加[22]。

要測試細菌多樣性——特別是不動菌屬細菌的多樣性——能幫忙抑制過敏的假說，還有另外一種方法，就是比較俄國卡瑞利亞以及芬蘭卡瑞利亞的青少年皮膚上的細菌組成。哈赫帖拉為此另外進行了一項研究。根據這個理論，在俄國卡瑞利亞的後院生物多樣性，應該比在芬蘭卡瑞利亞來得高，確實如此。青少年皮膚上的生物多樣性，也應該是在俄國卡瑞利亞較高，這點也沒錯。最後，青少年皮膚上的不動桿菌屬細菌多樣性，也應該是在俄國卡瑞利亞更高，這個猜測同樣獲得了證實[23]。

漢斯基、哈赫帖拉和馮・赫爾岑的研究結果告訴我們：隨著人們與多樣的本地植物接觸，這些植物多樣性會直接對於皮膚上的γ-變形菌（以及其他有類似效果、在肺裡面和腸道中的細菌）造成影響，進而促發緩和免疫系統的路徑，讓發炎反應不至於太過火[24]。數千萬年以來，我們的祖先一直自然而然地跟周遭的生物多樣性有所接觸。不僅在野外植物身上，在食用植物身上同樣有十分多樣的γ-變形菌，它們跟植物的種子、果實、莖等維持著共生的關係。這些細菌，我們呼吸時會吸進去、吃飯時會吃進去、走路時也會踩過去。但後來，我們的生活空間漸漸移到γ-變形菌少之又少的室內，在冷藏的食用植物上面似乎很難找到它們，在經過加工處理後的食物上面，這些細菌也都消失無蹤了。在國際太空站裡完全沒有這些細菌的蹤跡，而大多數我們調查過的都會公寓裡也是一樣。也許，不僅是花園裡的γ-變形菌多樣性，在室內的植物盆栽和新鮮蔬果上的γ-變形菌多樣性，也會有同樣的助益[25]。要測試γ-變形菌的特定功效，科學需要操控住家後院裡的植物多樣性，將多樣的植物引進家中，並提供一家人有經殺菌或未經殺菌的蔬果作為食物來源，然後再觀察經年累月下來，這些調整有沒有影響到人們的免疫系統及健康狀態。這有點像是斯諾當時決定把水井把手拆掉一樣，只是方向正好相反——把生物多樣性加回人們的生活中。這計畫理論上可行，但從來沒有人實行過[26]。不過，有個概念上很接近的研究，建立在針對艾美許人（Amish）和胡特爾人（Hutterite）的孩童，以及小鼠的研究之上。

艾美許人以及胡特爾人，都是在十八、十九世紀左右移民到美國的族群。這兩群人的遺傳背景很相似，特別是那些影響人們容不容易得氣喘的基因。文化上，他們通常也過著差不多的生活：他們吃德式農家食物、生活在大家庭裡、接受疫苗接種、生飲牛奶，其他方面的生活樣貌也極為相似。這兩群人都不看電視、不使用任何電力、也不養寵物，在這兩種族群中，所有飼養的動物都是勞役用的家畜。且在兩者的文化中，只要跟社群外的人結婚，就得離開那個社群。乍看之下，這兩群人的遺傳因素和生活經驗都一模一樣，但艾美許人跟胡特爾人在生活環境上最大的差別，在於胡特爾人實行工業化農業：他們開拖拉機、灑農藥、集中種植少數幾種作物。跟他們相反，艾美許人的農耕仍然維持傳統古法：用馬來耕作。跟胡特爾人的小孩比起來，艾美許人的小孩跟農地、動物以及土壤有更直接的身體接觸。此外，通常艾美許人的家門五十英呎（約十五公尺）之外，就是他們的穀倉馬房大門，胡特爾人的住家跟農舍之間，通常隔著一段很遠的距離。而就跟漢斯基、哈赫帖拉和馮．赫爾岑可能會預測的一樣，因為這樣的差異，艾美許人很少得氣喘，但是胡特爾人得氣喘的比例，幾乎比美國所有其他族群都還要高。百分之二十三的胡特爾人小孩都有氣喘，而且就像住家後院裡很少野生植物的那些芬蘭青少年一樣，胡特爾人小孩的血液中也有很高含量的 IgE 抗體，會對常見的過敏原起反應。而且他們的免疫系統之間的差別，還不只如此而已。

最近，有個由芝加哥大學（University of Chicago）以及亞利桑那大學（University of Arizona）的科學家和臨床醫師共同領軍的龐大研究團隊，對艾美許人孩童跟胡特爾人孩童的免疫系統狀況進行了比較。芝加哥大學團隊在仔細分析兩個族群孩童的血液樣本後，發現在當接觸到一種來自細菌細胞壁的化合物時，艾美許人孩童的血液中被釋放的細胞激素（cytokine）量較少。這是一種負責傳達警訊的化合物。不只如此，艾美許人孩童血液中白血球的組成和數量也與眾不同：他們的嗜酸性球（主要跟發炎反應有關的白血球）含量比較少，而且他們血液中的嗜中性球（neutrophil），主要由一種較不會無差別亂攻擊的嗜中性球所組成。最後，艾美許人孩童血液中的單核球（monocyte，另一種白血球）主要是由一種會協助抑制免疫反應的單核球所組成。簡單來說，胡特爾人孩童的血液像是個校園小霸王，而艾美許人孩童的血液比較和平主義。

這個來自芝加哥及亞利桑那的研究團隊認為，要個別挑出艾美許人家裡的灰塵，以及其中所含有的微生物分別會給免疫系統帶來哪些影響，必須要透過實驗操作，讓人接觸到足以引發發炎性疾病的灰塵劑量。因為實驗倫理的關係，他們沒辦法在人身上做這種實驗，可是在小鼠身上的話就沒問題。科學家繁殖出了一種特別品系的小鼠，全都患有一種類似過敏性氣喘的慢性發炎性疾病。一旦接觸到蛋的蛋白質，這些小鼠就會出現氣喘症狀，蛋就是牠們的剋星。研究團隊將這些氣喘小鼠分成三組，分別進行不同的操作。在第一組中，他們每隔兩到三天就會在小鼠鼻腔內噴灑蛋的蛋白質，並持續一個月。第二組的小鼠鼻腔內除了噴灑蛋的蛋白質之外，還加了胡特爾人臥室中所蒐集到的灰塵樣本，但噴灑的頻率和期間相同。第三組的小鼠鼻腔內噴灑的，則是蛋的蛋白質加上艾美許人臥室中的灰塵樣本（之前有別的實驗顯示，這種灰塵裡的細菌多樣性比胡特爾人家中的灰塵來得高）。毫不意外地，接觸到蛋的蛋白質的第一組小鼠，全都出現了類似氣喘的過敏反應。接觸到蛋的蛋白質加上胡特爾人家中灰塵的第二組小鼠，過敏反應甚至比第一組小鼠還要嚴重。但是，接觸到蛋的蛋白質加上艾美許人家中灰塵的第三組小鼠呢？有了艾美許人家中的灰塵，這一組小鼠幾乎完全沒有出現對蛋的蛋白質的過敏反應。艾美許人家中那物種豐富的灰塵，不只讓小鼠不會得病，甚至讓牠們變得更健康了，即使牠們每天都接觸平常會讓牠們受不了的蛋的蛋白質[27]。有個芬蘭的研究團隊證實：芬蘭鄉村地區的穀倉中的灰塵也有相似的效果（但芬蘭首都赫爾辛基的都會住宅裡的灰塵就不行了）[28]這並不代表如果你有過敏，只要去艾美許人家裡的床邊蹓躂蹓躂，或是到芬蘭的住家後院裡吸一吸灰塵就沒事了（尤其千萬不要未經別人允許就做這種事），但這很可能代表你需要多碰碰、多聞聞野外大自然中多樣的生物。

艾美許人家裡的灰塵特別之處，可能跟漢斯基及其同事所預測的一樣，是能夠啟動肺部（而非皮膚上）緩和免疫路徑的γ-變形菌。但就算不是這樣，就算在肺部和腸道裡扮演關鍵角色的是其他種類的細菌，例如厚壁菌（*Firmicutes*）和擬桿菌（*Bacteroidetes*），或甚至是某種特殊的真菌，這些科學家的研究結果還是讓我們對這個現象了解得更加透澈。這要歸功於他們所問的問題，以及他們所觀察到的細節：當我們越來越少接觸到這些多樣的生物，不論是植物、動物或其他生物，我們也就越來越不容易接觸到γ-變形菌等對我們有益的細菌。這可以想成是個機率的問題。假設你需要接觸到一定數量的細菌種類才能維持健康（而且大部分種類的細菌我們甚至不知道要上哪裡找），在這種情況下，你接觸越多種類的動植物，就越有機會碰到那些有關鍵作用的細菌；你接觸的細菌種類越少，接觸到那些能正確調節免疫系統的關鍵種類的機率也就越低。但既然這是機率問題，你當然也有可能在接觸到很高的生物多樣性後，還是沒碰到那些你所需要的細菌，即使是艾美許人的小孩或俄國卡瑞利亞地區的小孩，也一樣有一些人會得過敏，只是比例比較低而已。

當然，更令人滿意的解決辦法，是找出我們到底需要哪幾種細菌、確保我們能接觸到它們，就萬事大吉了。但是目前為止，我們對於慢性發炎性疾病的了解才剛跨出新的一步，大概才像是離開了「瘴氣」的階段一樣，要突破下一個關卡，可能還得等上一陣子。想想糞便移植的例子吧。當有病人的腸道菌群被困難梭狀桿菌（*Clostridium difficile*）這種難纏的病原菌大舉入侵的時候，最好的治療方法就是進行糞便移植：先給病人一劑高量的抗生素，再把另一個健康人體的糞便、以及糞便內含的微生物放到病人體內，好讓病人的腸道菌群可以回復原樣。這還真的有效，糞便移植可以回復夠多的腸道菌群，讓它們去壓制困難梭狀桿菌的生長，這技術因此成功地拯救了許多人的生命。糞便移植對於醫生來說是一大福音，可以治療那些走投無路的病人，微生物學家也稱讚這是邁向未來的創新一步。但這也反映了我們還不知道哪些物種的細菌是我們絕對需要的，因此在缺乏這些資訊的情況下，最好的選擇是整個重新開機，讓腸道完全回復為原始狀態。

科學家最愛做的事，就是提出和驗證預測。而科學這領域中，最好預測的事情之一，就是它的社會政治動向。我的猜測是：在接下來的十年之中，會開始有人發明出各種藥丸及療程，宣稱可以治癒慢性發炎性疾病。有些科學家會繼續主張人們缺乏接觸的關鍵之物，是某種條蟲、某種鉤蟲，或是其他的蟲蟲。另外一些人會認為是γ-變形菌，還有些人會覺得是某個特定物種的細菌，但每個實驗室又會各自覺得是不同物種。有些人會覺得那些細菌應該要出現在食物裡，有些人會覺得它們應該要出現在水裡。在此同時，還會有一些人找出一組人類基因，似乎可以決定哪些人比較容易受到這類疾病的影響。大家會開始發現：遺傳背景不同的人需要接觸不同的微生物。但是遺傳學家同時會（後知後覺地）發現他們那些研究之中的樣本，大部分是白人男性大學生，而如果將研究對象涵蓋了真正多樣的群體之後，故事又會變得更加複雜。最終，人們需要哪些微生物——或者起碼說需要接觸到哪些微生物——才能保持健康，似乎是依各自住在哪裡、身處什麼樣的文化之中而定。也許會有人算出一個完美的機制，可以做出判斷，向每個人建議他們應該怎麼生活才好。我不覺得這件事發生機率很高，但我們還是需要持續往這個方向努力。斯諾發現霍亂傳播的模式，對我們的幫助很大，而發現造成霍亂的罪魁禍首是霍亂弧菌，這幫助又更大了，因為這讓人們可以檢查飲用水系統是否遭到這種細菌汙染、喝起來還安不安全。

在我們等待真相逐漸明朗的同時，我們也應該承認：維持現狀會有很大的問題，應該想辦法選擇另一條路，即使不是完美的，但起碼總比現狀好。現狀就是：如今我們所接觸到的生物，跟過去相比非常不同、數量也少很多，因為人們已經把生活環境中豐富多樣的生物給消滅了一大半，而且幾乎成天都待在生物多樣性更加貧乏的室內環境裡，結果讓克隆氏症、氣喘、過敏、多發性硬化等疾病越來越常見。那麼我們可以怎麼做，讓下一代能過得更好呢？我們需要提供他們機會去跟各式各樣的微生物為伍，讓他們更有機會接觸到那些對維持健康必要的微生物。這是一場生態樂透，玩越多次就越有機會中頭彩。

在你家外面種上各式各樣的植物吧，多跟它們互動，照顧它們、觀察它們，偶爾躺在它們身上打個盹。在室內多養些不同的植物，可能也會有一樣的幫助。開闢一片花圃，讓手沾沾泥土吧。要不然，也可以試試全面走艾美許人風格的生活，在後院養頭牛。這很可能有所幫助，起碼沒什麼害處。同時，我們也需要確保我們最需要的那些物種在未來依然得以存活。就像哈赫帖拉在二〇〇九年說的，我們必須「好好照顧蝴蝶」。也就是說，在還不確定你我身邊到底有哪些生物不可或缺之前，整個生物多樣性都應該要保護。為了自己好，我們應該好好保護蝴蝶，因為多樣的野生蝴蝶大量出沒的地方，也就是微生物豐富多樣的地方，其中很可能有對我們不可或缺，但至今還沒人研究的物種。我們應該好好保護蝴蝶，也是為了紀念伊爾卡・漢斯基的貢獻。漢斯基於二〇一六年五月十日過世。他直到生命的最後，都依然鍾愛著蝴蝶，依然為了自然世界的運作而著迷。他離世時已了然於心：雖然蝴蝶拍動翅膀不一定會改變天氣，但是蝴蝶物種的滅絕，或是蝴蝶以及微生物所仰賴的植物的滅絕，卻都有可能讓我們生病。我們需要生物多樣性才能永保健康，在後院裡要有、在屋子裡要有，而且我們很快會看到，甚至在浴室的蓮蓬頭裡都要有。

5 沐浴在盎然生機中

海中的原生動物或微小的魚比我們想像中的更多。

——雷文霍克

不管是否有必要，我每個月都會泡一次澡。

——英國女王伊莉莎白一世

紅酒蘊涵智慧，啤酒充滿自由，水中則充斥細菌。

——蘇格蘭鄧弗里斯市（Dumfries, Scotland）某家酒吧牆上的標誌

一六五四年在阿姆斯特丹，畫家林布蘭（Rembrandt）描繪了一幅在河邊沐浴的女子畫像。她將一件優雅的紅袍掛在石頭上，將睡袍裙擺拉高至膝上，以免深入河中時沾濕了。

夜幕低垂，她凝脂般的肌膚沒入水中閃閃發光。這幅畫作讓人聯想到希臘羅馬時期的作品，畫中女子踏入河中的同時，也踏入了另一個世界。對藝術史學家而言，畫中女子的行為充滿象徵意義[1]，而對於生物學家如我，其生態意義也不言而喻，因為當她踏入河水，她就接觸到了一個全然不同的生物群，包含微生物、魚類等等。我們常以為水是乾淨的，並以為乾淨的定義就是沒有任何生物存在，但我們用來沐浴、游泳，或喝進口中的任何一滴水，其實都充滿生命。

林布蘭畫中的河流，看起來像是阿姆斯特丹附近的運河或溪流，而畫中女子很可能是林布蘭的情婦韓德瑞克．斯托芬（Hendrickje Stoffels）。即便林布蘭並未特別描繪某條特定河流，他參考的來源與靈感，應也來自其所見所聞。因此，我們可以假設畫中的河水，應該與再十年後尼德蘭代爾夫特市附近的水相當接近，而存在其中的微生物，可能也與雷文霍克從他家前面那條運河採集並觀察到的微生物相去不遠。當然，今日我們接觸到的水，跟林布蘭情婦所接觸到的水應該是大相逕庭，這不是因為現代的水中缺乏微生物，而是因為我們現在泡澡或沐浴的水中所包含的微生物群，在畫作當時的代爾夫特市應該很難發現。這些生物不斷在我腦中縈繞著。

這一切的念頭，始自二〇一四年秋天，我在科羅拉多大學的合作人、也是最初與我一起研究居家灰塵的諾亞．菲耶寄來的一封電子郵件。信中提到他有個新的研究想法，是關於他偶然發現的一個蓮蓬頭的祕辛。「你要不要參一腳？」他劈頭就問，完全沒解釋我應該要做什麼。他說：「我最近逢人就提蓮蓬頭的事，我們應該要來研究蓮蓬頭，這個計畫一定會成功。」下面寫的則是相關研究的對話速記，在提供了這個計畫非常簡要的概述之後，諾亞就假定我會自己補足目前還沒提到的部分。他最後還補了一句「怎樣都好」，翻譯起來大概就是「如果你不加入那就錯失良機了，而且我會讓你永生難忘這個錯誤，不想合作就不要勉強喔。但如果你答應了，咱就快開始吧。」[2]

這個研究概念簡單來說就是：流進你家、最後再流過蓮蓬頭的自來水是活的。雷文霍克在雨水和他家的井水中，都發現了細菌與原生生物的存在。其他科學家後來也發現了同樣的事實：自來水就和雨水一樣，充滿勃勃生機。我一年中有一段時間會在丹麥工作，有時在丹麥的自來水中可以發現小型的甲殼類動物[3]，而在我其餘時間工作的美國羅利市，自來水中則有一種叫做食酸代爾夫特菌（*Delftia acidovorans*）的細菌，以正常穩定的生物量存在[4]。代爾夫特菌屬最早就是從雷文霍克居住的代爾夫特市土壤中分離出來，它能夠收集水中微量的金並使其結晶，這類細菌擁有特殊的基因，得以生存在漱口水（或是剛使用過漱口水的口腔）中。讓諾亞靈機一動的是：自來水會經過各種管道，尤其是蓮蓬頭，並在上面產生一層厚厚的「生物膜」——這是科學家用來描述「噁心黏稠物」的花俏詞藻。

生物膜由一種或多種細菌合力產生，為的是共同抵抗惡劣環境（例如一直威脅要沖走它們的水流）。細菌以自己的分泌物打造了生物膜的基礎結構[5]，白話來說，就是細菌們同心協力，以排泄物（難以分解的碳水化合物複合物）在你家的水管裡建造了一座堅固耐用的公寓大樓。諾亞想研究的就是蓮蓬頭裡生物膜的細菌物種，這些細菌平時受自來水滋養，而當水壓夠高，它們就會隨著蓮蓬頭噴嘴，乘著水滴灑在我們的頭髮、身體，噴進我們的鼻子、口腔[6]。他希望進一步了解這些細菌，不僅是因為有趣而已，更因為在某些地區，這些細菌可能會使人類生病。

生物膜中會致病的細菌屬於分枝桿菌屬，與多數水生的病原體（如霍亂弧菌）不同。分枝桿菌一般分布在自來水中，不是人體，而且它們喜歡水管的環境。這些有水管癖的分枝桿菌並非常見的病原體，它們只有在意外（對它們而言）進入人類肺部時才會造成問題。在這種狀況下，分枝桿菌與其他在新形態人類居家環境相關的病原體（例如軍團菌屬）造成的問題，與典型的病原體迥然不同，而且與人類的居家建設與城市發展有關。

住在蓮蓬頭中的分枝桿菌（*Mycobacterium*）通常被歸類為非結核性分枝桿菌，簡稱NTM，NT意即「非結核性」（nontuberculous），M則代表「分枝桿菌」。非結核性分枝桿菌的存在，意味著有另一類群的分枝桿菌具有結核性，也就是結核桿菌與其親戚。在我們的想像中，人類遇過最可怕的怪物需要用長劍與盾牌才能抵禦，類似北歐神話中擁有三頭六臂加上口臭的大怪獸，但其實歷史上真正的惡魔，應該更接近結核桿菌這類生物，即便肉眼看不見，它們仍能造成可怕的傷亡。

結核桿菌就是人類肺結核的病因。在十七到十九世紀期間，肺結核造成歐洲與北美洲地區五分之一的成人死亡[7]。這個細菌跟人類的緣分源遠流長，已經滅絕的人類祖先與近親物種似乎也曾與它相逢。致病型的結核桿菌約於現代人類離開非洲時出現（這時人類開始住在房屋內，並有更多機會因咳嗽而互相傳染疾病）。結核桿菌是跟著人類的腳步散播出去的，當我們開始圈養牛羊，也將結核桿菌傳到牛羊身上。結核桿菌進入這些非人類的宿主體內後，與獨特的免疫系統展開對抗戰，久而久之，結核桿菌在羊身上演化出山羊分枝桿菌（*Mycobacterium caprae*）、在牛身上演化出牛分枝桿菌（牛結核菌）（*Mycobacterium bovis*）。我們把它傳到老鼠身上，就演化出一種對老鼠免疫系統更具侵略性的新型病菌；我們把它傳到海豹身上，又演化出另一種新型，它在七世紀前跟著海豹傳到美洲，造成美洲原住民感染結核病（然後特化出新的人類型病菌）[8]。

在上述案例中，細菌快速演化出特殊的性狀，使其更容易在宿主體內存活，也能更有效地在不同個體之間傳播。因為海豹的免疫系統與身體構造不同於人類，所以在海豹體內的結核桿菌便需要具備不同的能力，在老鼠與牛羊身上也是一樣，每個結核桿菌支系都演化出特殊的招數，人類型病菌甚至可以適應不同類的人類宿主（而因為結核病對年輕族群也相當致命，年輕族群也因此發展出抵抗結核病的適應能力）。結核桿菌針對不同動物演化出不同型病菌，就如不同種達爾文雀隨著食性演化出不同形狀的嘴喙，精闢闡述了演化機制的奧妙。

一九四〇年代開始發展的抗生素，讓人類終於開始戰勝結核桿菌，但到了今天，許多菌株開始對它產生抗藥性。抗生素一度是金光閃閃的殺菌武器，如今卻敗退得像把無用的木劍，而具有抗藥性的結核桿菌，則開始擴張勢力範圍。這整個故事給我們的啟示是：我們應該對於結核桿菌所屬的分枝桿菌有更健全的認識，因為沒人能保證住在蓮蓬頭裡的非結核性桿菌，會不會有天像結核桿菌一樣入侵我們的生活，它們可能在自來水系統中安居樂業，或更令人毛骨悚然地，在我們的體內欣欣向榮。

目前，非結核性分枝桿菌僅對免疫系統失調、肺部結構不正常，或患有囊腫性纖維化的人較可能造成感染，進一步導致類似肺炎的症狀，以及皮膚與眼睛的感染。不幸的是，非結核性分枝桿菌造成的感染風險正在全美各地逐漸攀升，問題只是感染案例有多常見，以及在多大程度上因地而異。某些地區的感染案例明顯多於其他地方，例如在加州與佛羅里達州，這種感染相當常見，但在密西根州，這種案例則仍屬罕見。這樣的差異，可能與當地的分枝桿菌數量與菌相有關，例如佛羅里達州與俄亥俄州感染紀錄上的差距，可能肇因於兩地不同的菌相[9]。另外，會造成感染的非結核性分枝桿菌菌種，通常存在於蓮蓬頭中，與土壤或荒野中找到的分枝桿菌相去甚遠[10]。

根據這些關於分枝桿菌的基礎資訊，我大概可猜出諾亞對於即將進行的蓮蓬頭調查計畫有什麼盤算，以及他想用什麼方法栽入這堆黏稠噁心的物質。我之所以能猜到，是因為我跟諾亞在羅利市合作研究四十戶家庭的計畫時，就發展出良好的合作默契。而且其實在他說出「蓮蓬頭祕辛」時我就入坑了，隨後，我以短短一兩句的回信答應了這份邀約，加入了這個全球蓮蓬頭採樣的工作[11]，世上最

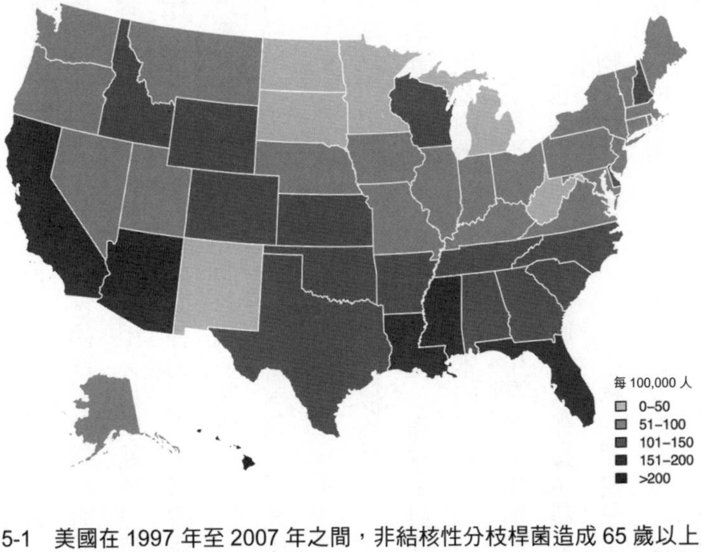

圖 5-1　美國在 1997 年至 2007 年之間，非結核性分枝桿菌造成 65 歲以上成人肺部感染案例的分布圖。夏威夷、佛羅里達與路易斯安那是分枝桿菌之人均感染案例最普遍的三個州。雖然史諾也曾將霍亂案例分布圖套上來，但要解開這宗分枝桿菌謎團，就需要把非結核性分枝桿菌感染案例的分布圖與分枝桿菌的物種分布圖疊在一起，找出兩者的重疊之處。（資料來源：J. Adjemian, K. N. Olivier, A. E. Seitz, S. M. Holland, and D. R. Prevots, "Prevalence of Nontuberculous Mycobacterial Lung Disease in U.S. Medicare Beneficiaries," American Journal of Respiratory and Critical Care Medicine 185 [2012]: 881–886.）

大規模的淋浴間與蓮蓬頭生態調查就此展開。這一切都建立在信任之上：我相信如果諾亞對哪個主題感到雀躍不已，十之八九這個研究會很有趣[12]。目前我還沒聽過哪個人討論信任關係對科學的影響，但信任確實影響了我每天在實驗室所做的一切。現代科學在很大程度上與社交有關，當研究者身處於他最信賴的團隊之中，科學就會飛速進展。反過來說，多數科學家都有他們較不信任、或是尚未建立信賴關係的同事，這會使合作的進展較慢，需要更多商榷與討論，也很難產生半夜飛來一筆的靈感。我信任諾亞，所以願意跟他投入這種靈機一動的計畫。我們目前已合作超過六個大型計畫（包括研究甲蟲、腋下、肚臍、四十戶家庭的微生物、千戶家庭的微生物、全球鑑識科學等），每次我們只要一起合作，研究成果總是信手捻來（雖然上述主題聽起來大多像是某種怪癖）。

二〇一四年初，我和丹麥的同事剛完成一個研究計畫，內容是與學童合作收集學校噴水池與水龍頭流水中的生物，因此我對於水生生物有基本的了解，但是蓮蓬頭生物相是很特殊的例子，需要再研究研究。我們發現丹麥的自來水中有上千種細菌，這跟美國與世界各地自來水生物調查的結果一樣。包括細菌、阿米巴原蟲、線蟲、甚至還有長著附肢的小型甲殼類。但雖然自來水中的生物多樣性很豐富，所有生物的總質量——即生物量——卻很低。自來水中沒有多少能當食物的東西（即使對細菌來說也是），以營養價值來說，根本是液態的養分沙漠，所以即使有很多種生物可以在裡頭存活，也無法大量繁殖。然而，生物膜的情形卻截然不同。

流經蓮蓬頭的水通常溫度較高，因此適合細菌繁殖，而且蓮蓬頭在每次使用之間，裡面仍然有積水（可防止細菌乾死）。這些條件使細菌與其他微生物在蓮蓬頭的管路中建造生物膜後，即可獲得舒適的生活環境，讓它們能像海綿一樣從任何流水中覓食。流經的水越多，能吃到的東西越多。一滴水能提供的資源少得可憐，但流經蓮蓬頭一加侖又一加侖的自來水，使累積的養分相當可觀。因此，蓮蓬頭中的生物量可達自來水的兩倍以上。除此之外，蓮蓬頭中的生物種類也沒有自來水中的那麼多，比起自來水中的上千種物種，蓮蓬頭中可能只有幾百或幾十種[13]，但這些物種依然建立起穩定的生態系，每個物種都有各自的棲位。在生物膜裡，還可發現掠食性細菌悠游其中，雷文霍克可能曾將其形容為「水中梭子」（pike[s] through water）。這些微小的「梭子魚」，現在可能正在你的蓮蓬頭裡捕食其他細菌，在受害者身上鑽孔、注入消化液。但此外，蓮蓬頭裡也有這些「小梭子魚」的原生生物掠食者、會吃原生生物的線蟲，還有正在分解有機質的真菌。這個熱鬧的食物網會在你洗澡時掉落到你身上。每天你只要一開蓮蓬頭，這些進食到一半（是它們吃到一半而不是你，雖然你進食時也有小生物掉下來）的生物，就會被這突如其來的干擾所震懾，不由自主、前翻後滾地朝你的裸體降落。

在美國，蓮蓬頭裡將近半公釐厚的生物膜，就可餵養幾億隻生物。而我們的蓮蓬頭祕辛，就是要研究為何有些蓮蓬頭長滿了分枝桿菌，有些蓮蓬頭則難以覓得其蹤跡。我們剛開始研究時，沒有人能解釋這樣的差異。而面對像蓮蓬頭這樣冷僻的生態系時，我踏出研究第一步的直覺通常都是一樣，每個科學家都有這種直覺，它是綜合了訓練、專長領域與學術興趣的結果。我首先想了解在不同地區中，蓮蓬頭生態系有什麼樣的差異（包含生物豐富度、多樣性、甚至演化結果），我想了解蓮蓬頭的物種多樣性可以到達什麼程度、蓮蓬頭的種類在哪個地區最複雜，以及不同地區的蓮蓬頭分枝桿菌屬，其菌相與不同物種的豐富度有何差異。我認為一定要先找出上述的變異型式，才會知道我們需要解釋什麼，才能進入下一階段（有些科學家不認為這個步驟稱得上科學研究，因為我們科學家的多樣性，可能就跟蓮蓬頭一樣吧）。

我們的第一步，是先號召各地民眾用棉花棒刮下裡面的黏稠物質，作為樣本寄給我們，實驗室裡的同事會整理取樣者的相關資訊，接著將樣本送到諾亞的實驗室，由技術人員或博士後研究員進行DNA序列分析，產出一份清單，大致羅列出每份樣本中的細菌與原生生物種類，包含分枝桿菌與其他可能致病的細菌，例如退伍軍人症的病原退伍軍人菌

（*Legionella pneumophila*）。諾亞的學生麥特・吉勃（Matt Gebert）利用一段特殊的基因序列（熱休克蛋白65）去分析樣本裡出現的分枝桿菌屬物種，這段基因序列在每種分枝桿菌都不一樣。然後，樣本會繼續送到其他合作夥伴的實驗室，從不同角度探究蓮蓬頭祕辛，例如某實驗室會培養蓮蓬頭裡的微生物，然後將這些微生物的基因體一個鹼基一個鹼基定序出來。我們的計畫是做出全世界蓮蓬頭生態系的全分類群生物清單，不過呢，我們要先說服民眾幫忙從家裡的蓮蓬頭取樣。

我們利用自己的人脈，從全球各地找尋志願者來參與這個研究。我們發推特、寫部落格文章、聯絡朋友與過去的合作對象，然後繼續發推特。很多人興致勃勃地報了名。而在我們準備寄出取樣工具箱之前，很多人已經上網看過實驗步驟並提出各種問題。像這樣接觸上千名志願者，其實是種很好的方式，可以幫助我們馬上看清自己在特定主題的知識極限，以及公告的實驗步驟是否清楚。上千名民眾就此開始關注他們過去並不太在意的現象。在徵件初期，我們學到了很多，雖然不見得都是我們原本預期學到的那種。就拿蓮蓬頭來說吧，我們很快就發現自己對於各地的蓮蓬頭構造所知有限。之前我們在美國採樣的蓮蓬頭，只要旋開噴頭螺絲、卸下噴水面蓋，就能直接看到蓮蓬頭的眼睛（如果蓮蓬頭也有眼睛就會在的那個位置），然後輕鬆採樣。我們原本以為這在歐洲也會一樣容易，但我們忽略了各國民眾偏愛使用的蓮蓬頭的多樣化程度。我們開始接獲心生不滿的德國人來信抱怨我們根本不懂德國的淋浴間，在德國的浴室裡，蓮蓬頭是釘死在一個可彎曲的軟管上（後來我發現歐洲的蓮蓬頭幾乎都是這樣，不過只有德國人寫信抱怨）。這樣一來，先前公布的採樣方式就不能用了。德國人在電子郵件上如是說。這封郵件寄到了我的信箱，也寄到了實驗室幾位同仁的信箱，我們還來不及回信，就又寄到了系辦行政助理蘇珊・馬歇克（Susan Marschalk）那裡。而要不是蘇珊趕緊回信澄清（她並非處理這件事的正確窗口）的話，這些信件還會寄給其他更不相干的人，例如所長，甚至院長[14]。抱怨信無孔不入。因此我們馬上修改了採樣方法，但後來卻又發現美國與歐洲蓮蓬頭的差異，並不只有那條軟管而已，事實上差得可遠了。

淋浴是一個非常、非常現代的發明，當人類第一次站到蓮蓬頭下時，完全沒想到它將會為我們的身體帶來複雜的影響。將哺乳類的演化史攤開來看，人類祖先並不會淋浴或泡澡，可能也不常游泳，或許只能笨拙的清潔身體。貓可以用舌頭清潔身體，狗也會，雖然不如貓那麼徹底。但只要你覺得有點難想像人類在演化過程中清潔身體的樣子（試著舔舔看你的下背吧），就代表這件事花了我們很久的時間。許多非人的靈長類會與同類互相理毛，但這僅能挑掉蝨子之類肉眼可見的小東西。有些哺乳類會在土壤或泥巴裡打滾[15]，但這可能是抑制寄生蟲（像蝨子）的方法，而不是為了控制微生物或體味。有些日本獼猴會在溫泉泡澡，但目的是為了取暖[16]。生存在莽原的黑猩猩偶爾也會碰碰水，但只在天氣很熱的時候才這麼做，大概是為了消暑。至於生活在雨林中的黑猩猩，牠們甚至連沾濕都不肯[17]。簡言之，如果用野生動物的行為當作指標，洗澡大概不太可能是人類祖先的大事。

綜觀現代人的歷史，在水中真正洗上一次澡，不僅在歷史上是最近才發生的事，在各個文化與年代也有不同的脈絡。從洗澡就可以看出，人類文明的演進不盡然總是朝向進步，或至少不總是如我們想像的那般，是從過去的生活形態一點一滴往當今的生活模式接近[18]。美索不達米亞人不太洗澡，古埃及人也是，印度

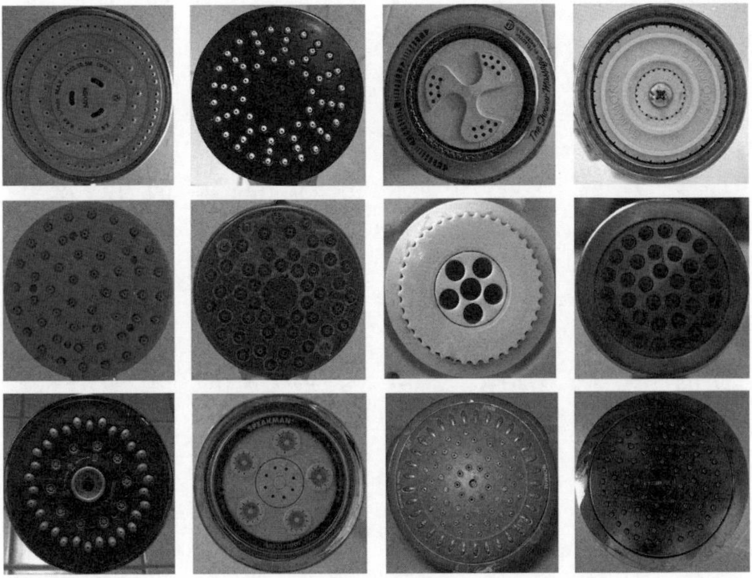

圖 5-2　蓮蓬頭多樣性。我們的微生物取樣來源，從此圖可見一斑。不論蓮蓬頭噴口的孔徑大小為何，都能噴灑出盎然的生機。（圖片來源／湯姆·馬格利瑞 *flickr.com/mag3737*）

河流域文明的人們有所謂的「大浴池」（great bath）建築，但我們並不確定它的用途，它可能是用來洗澡，也可能是用來進行宗教性的淨體儀式[19]，甚至也可能是宰殺牛隻的屠宰場。考古學就是這麼難搞的學問。西方文化中最早出現洗澡行為的是希臘，後來又進一步又被羅馬發揚光大。看起來，希臘與羅馬愛好洗澡的文化影響了現代文明，洗澡不僅是為了保持個人清潔，更是優美、神聖的事務。一看到羅馬浴池，你馬上就能聯想到自己家裡的澡堂，我們似乎與羅馬人並無二致（除了我們用足球運動取代競技表演，以及他們的皇帝還會在眾人圍觀下，赤身裸體跟鴕鳥打鬥之外）[20]。潔淨的生活，就是美好的生活，是自雅典時期的西方文化就開始崇尚的生活，洗澡把現代文明與古文明連結在一起。好好洗澡的生活就是好的生活，這是我們在潛意識裡深信不疑，每天一起床就衝到蓮蓬頭下擁抱的信念。

然而，儘管希臘與羅馬文化都推崇裸身入水的洗澡文化，但他們的洗澡水可能就不比今天的乾淨了。在威爾斯新港（Newport）北區的可爾里昂（Caerleon），考古學家發現了一處羅馬浴場的考古遺址，下水道全被雞骨頭、豬蹄、豬肋骨及羊排骨堵塞了，這些骨頭可都是當時在浴池邊享用的「輕食」。而雖然羅馬人大多認為洗澡可以促進健康，甚至可以做為某種療法[21]，但身上有外傷的人就不建議洗澡了，因為骯髒的水質可能會導致疾病。由此看來，比起預防疾病，羅馬時期的洗澡水致病的可能大概更高一些[22]。

羅馬人比起其後繼者，更可能不顧水質也要維持洗澡的習慣。在西羅馬帝國與羅馬時期衰落後，揚著閃亮腰扣與小鬍子接踵而至的西哥德人，對洗澡就沒有這麼大的興趣了。羅馬的衰落不僅造成閱讀寫作風氣的衰退，基礎建設也減少了，包含水管系統，這使當時的人更鮮少洗澡。即便有些零星短暫的例外，但這樣的風氣仍從西元三五〇年左右的西羅馬帝國，一路持續至十九世紀，也就是差不多一千五百年之久[23]。在這段期間，歐洲人不僅不常洗澡，甚至忘記了要怎麼洗。羅馬人會製作洗澡用的肥皂，但這本屬日常的製皂知識卻在許多地區失傳了，沒有多少人會用肥皂。一七九一年，法國化學家尼古拉斯·勒布朗（Nicholas LeBlanc）發明了製作蘇打粉（碳酸氫鈉）的低成本方法，蘇打粉再與脂肪反應就能產生硬質肥皂。但即便製造了效果如此好的肥皂，它仍被視為奢侈品。而不論有沒有使用肥皂，洗澡總歸還是一個月或往往更久才會做一次的事。這並不限於庶民，當時的皇室貴族談到洗澡，同樣把它視為一件年度大事[24]。

西羅馬帝國的殞落影響深遠，甚至持續到文藝復興時期之後，雖然文藝復興帶回了藝術與科學，卻沒帶回洗澡的習慣。就連林布蘭心愛的情婦——那位將腳踝涉入河水中的女子，都可能只是偶一為之，而且她的涉水深度，可能也僅止於洗洗手腳，不見得會全身沐浴。而且，因為她當時接觸的水質跟尿壺倒掉的水差不多髒，所以她沒有洗到的部位可能還比洗過的乾淨呢。這麼浪漫的一幅畫竟被講得如此掃興，就怪一位生態學家吧。

總的來說，在洗澡文化的漫長歷史中，關鍵的問題就是為什麼有些人後來重拾了洗澡的習慣，而非完全摒棄它？大部分的人類直到最近才又開始洗澡，在此之前，人們會聞到皮膚上共生菌產生的氣味，例如腋下細菌棒狀桿菌屬的味道。在城市生活中，揮之不去的強烈腋味造成的恐懼，恐怕只有在其他身體部位散發出更惡臭的味道時才能望其項背，而且當時人們不常洗衣服，使體味更顯刺鼻。以現代角度來看，我們可能認為當時人們會想要洗個澡或站在水柱下沖個水，但他們並不會。雷文霍克不會，林布蘭也不會。直到十九世紀時，才有人重新開始規律地洗澡。我們可以在尼德蘭歷史中清楚看見這個轉變，因為其來龍去脈都被詳細記載下來了。不過，這轉變跟衛生觀念的進步沒什麼關係，而更關乎人均財富與基礎建設的進展。

在十九世紀早期，尼德蘭都市人使用的水，大多來自運河、集雨，也有少數是使用井水。在當時，都市與許多鄉村的地表水都被人類與工業廢棄物所汙染，這些汙染物往往也影響了淺層井的水質（甚至造成後來倫敦蘇活地區的霍亂弧菌大爆發），以致於井水臭到無法飲用（當時的倫敦也一樣）。而即便雨水充足，集雨通常還是不夠供應生活所需。後來，有些尼德蘭城市開始建設水管系統，從都市外圍的湖水與地下水層抽水至市中心。最早開始這項工程的，就是鹿特丹與地下水層稀薄的阿姆斯特丹。阿姆斯特丹亟需從外部抽水，一方面供市民使用，一方面供來自港口的船隻停泊；鹿特丹本身的地下水充足，但在低潮位時，運河的水壓不足以沖走人畜排泄物。由此可見，當時的城市需要引水，是為了將排泄物沖入海中，而非作為飲用水或生活用水。

當水被引進城市，它馬上變成了一種商品，有錢人付得起建造管線的錢，可以將水直接抽到他們的土地上，中產階級則退求其次購買集水桶。沒多久，水與相關產業就成了富裕的象徵，能付錢沖走廁所臭味的人備受崇敬，能將身上氣味洗掉的人也是尊爵不凡。這些裝設在家中沖走髒汙的洗手間，後來逐漸變成浴室。此風一發不可收拾，席捲了歐洲各地的城市：能使用洗手間就是富有、能洗澡就是富有，而無法常常洗澡就直接變成了貧窮、或缺乏乾淨水源的指標[25]。後來，淋浴間做為一種創新的清潔方法被發明出來。數年之間，這種清潔觀念也與「疾病生源說」結合，由於發現某些微生物會致病，人們開始對所有微生物敬而遠之。從此之後，人們對於清潔的執念與開銷逐年增長，相關業者則處心積慮說服我們，讓我們覺得自己很髒。我們先是搓澡，再買了蓮蓬頭，虔誠地站在浴室灑落的水下，最後還得在身體抹上各種膏劑。我們花費上億鉅額，不只要創新洗澡的方式，洗澡後還要使用更多產品讓身體聞起來像花、水果或是麝香。

不過，很少人討論到底是什麼使我們的身體或水質「變乾淨」了。在十九世紀晚期的尼德蘭或倫敦，「乾淨」的意思是水沒有臭味，當你用乾淨的水和肥皂洗身體，你就不會臭，代表你也變乾淨了。而在人們發現霍亂弧菌這類病原體會致病後，乾淨的定義就變成水中沒有病原體（或含量很少），再後來，乾淨也代表水中的某些毒素未達危險濃度。儘管如此，**乾淨**從來不曾、也絕對不可能等於**無菌**。那些從蓮蓬頭噴到你身上的水，在你身邊濺起的水、從玻璃杯或密封罐倒入口中的水，每一滴都生機盎然[26]。在居家生態系裡，家戶之間、甚至不同水龍頭之間，差別往往不是生物的有無，只是生物多樣性的不同而已，生物多樣性包含物種的組成及個別物種的行為，它們取決於你家的水源來自何處。

水與水中生物落腳在我們家中的故事，可說是既簡單又極其複雜。水管系統算是簡單的部分：進入你家的水管會先一分為二，一支經過熱水器，讓水被加熱之後，再與另一支未加熱的水管一起延伸，而後兩條水管繼續分支，最後以串聯方式到達家中的每一個水龍頭與蓮蓬頭。

但故事複雜的部分，在於水到達你家之前發生的事情，水的路徑很大程度取決於你居住的環境。在世界上的許多地方，居家用水來自一個深入房屋下含水層的水井，或者是一個擷取含水層的都市行政區集水系統。「含水層」這花俏的名詞，指的是岩層中保存地下水的空間（而**地下水**就真的只是地下的水）[27]。含水層的地下水來自雨水，雨水落在森林、草皮上的草和田間的作物上，經過幾小時、幾天或幾年（依各地地理條件而異），一尺一尺地滲入土壤。雨水滲入地表的速度，會隨著深度增加而逐漸變慢。在地下極深處，其速度緩慢到含水層的水可能已經存在了上百年、甚至上千年。當你挖到一口很深的井，那裡面就是古老而未經處理的水。這種未經加工的水會直接流入家庭中，或者流進一座給水廠。許多地區的給水廠會將水中的大顆粒物質（細枝、泥土之類）過濾掉，稍加工後，再經由地下水管送到你家，也就是自來水。

飲用水的水質條件是不含病原體（或是含量非常少），以及毒素濃度在不影響人體健康的範圍內（其範圍隨毒素種類而有差異）。含水層越古老、深度越深，當中的水就越不容易有病原體，生物學上來說可安心飲用。世界上大部分的地下水，都不須經過任何處理就能飲用，這是因其時間、地質與生物多樣性的原因：地質方面，有些種類的岩石或土壤可以有效阻止地表的病原體擴散至含水層。生物多樣性方面，地下水中既有的生物相會抑制病原體孳生，當其中的生物種類越豐富，病原體就越不容易存活。如果病原體是細菌，它就必須與其他微生物競爭食物、能量與生存空間，還要抵抗地下水中其他細菌產生的抗生素，以及避免被掠食性細菌（例如布德樓弧菌屬〔*Bdellovibrio*〕的細菌）或原生生物給吞食。光是雷文霍克觀察到的纖毛蟲，一天內就能吃掉周遭百分之八的細菌。領鞭毛蟲甚至一天可以吃掉百分之五十。此外，病原菌還必須避免被噬菌體這種專門攻擊細菌的病毒給感染[28]。這些在生態系中位於食物鏈頂端的，通常是小型節肢動物，例如端足目或等足目，牠們有如穴居生物，身上已沒有色素，視力也退化了，完全依賴觸覺與嗅覺在這萬千世界遊走。這群生物也包含所謂的活化石（孑遺生物），牠們在百萬年與世隔絕之下沒有太多演化，而且只在該地特有。這些生物只會存在生物相豐富、各物種生態棲位穩定的地下水中，因此牠們可以說是水質的健康指標[29]。

地下水生態系中的生物看似遙遠、模糊，只能隔著一段距離觀察（科學家必須伸出長桿、鑽頭與採集網）。但根據估計，全球百分之四十的細菌生物量，可能都包含在地下水中，百分之四十！在某些區域，地下水生態系連通了包含集水區、河流與地下水庫的龐大網路；而在另一些地區，地下水生態系也可以是與世隔絕的地底孤島。因此，地下水的生物相取決於水層的位置、年齡，以及是否與其他地下水系統連通。就如同每座海島都會出現與眾不同的生物，每個地下水系統也蘊含著獨一無二的物種。美國內陸內布拉斯加州（Nebraska）的地下水，之所以與冰島的地下水不同，部分原因就是：這兩處含水層中生存的生物，已經各自在其獨立系統中演化了數百萬年。

飲用未殺菌過的地下水，聽起來似乎有點奇怪，但其實很多人都喝過。大部分井水都沒有經過殺菌劑處理，丹麥、比利時、奧地利或德國的市區自來水也沒有使用殺菌劑，尤其德國慕尼黑的自來水，是從附近河谷下多孔的含水層中抽到水管系統，再直接流出水龍

圖 5-3　一種可在德國地區的地下水發現的端腳類 *Niphargus bajuvaricus*。這個標本是在德國紐賀堡（Neuherberg）所採集與拍攝的。如果你喝的水裡面出現這隻生物，那表示你這個自來水來源的含水層非常健康、生物多樣性豐富，它是一隻「多腳」的吉兆。（圖片來源：Gunter Teichmann ／德國亥姆霍慕尼黑研究中心地下水生態學研究所）

頭的。由此可見，生物與時間所構成的大自然過濾系統為人類帶來極大的福祉，關鍵是要給地下水足夠大的靜置空間，讓大自然發揮功能，因此我們需要保護分水嶺；它也需要時間淨化，因此我們也要避免排放會汙染它的病原體與毒素。不幸的是，不少荒野地區已經被我們開發，使大自然沒有空間能發揮過濾地下水的功能，有些地下水已經被我們汙染了，也有些地方的地下水無法供養過於龐大的人口。因此，我們發揮人類的創造力，從水庫、河流或各種安全的源頭取得所需用水，但是人類的創意儘管實用，卻終究比不上大自然的渾然天成。

人類創造的取水建設非常依賴殺菌劑。二十世紀初，有些淨水場為了抑制病原體，開始在水中加入氯或氯胺來殺菌，在地下含水層受汙染的區域尤其是必要之務。有些地區則因為地下水不敷急速成長的人口使用，只好改從較淺層的河川（例如倫敦的泰晤士河）、湖泊或水庫抽水，也因此必須使用殺菌劑。在美國，所有城市中的用水都需要在淨水場中經過殺菌劑處理[30]，除此之外，因為美國自來水系統中的管線往往比歐洲地區的還要老舊，常出現水管漏水與汙水淤積的情形[31]。在大自然的含水層中，越古老的水品質越好，但在我們的人造水管裡，情況完全相反。水管裡若有水持續積存，病原體就容易滋生。為了解決積水造成的衛生問題，美國的水在流出淨水場前都會用加倍的殺菌劑處理，遠高於歐洲淨水場的用量。殺菌劑或者是氯、或者是氯胺、或者是兩種的混合。淨水處理場使用的技術其實是很複雜的，但原理則非常單純，不外乎是藉由一連串的過濾系統去除各種水中生物（過濾介質包含砂石、活性碳、或半透膜），或者用臭氧曝氣後再以殺菌劑去除微生物[32]。然而，即便自來水經過殺菌劑消毒後離開淨水廠，卻仍稱不上是無菌的，事實上，裡頭滿滿都是無法抵抗殺菌劑的微生物屍體、殺不死的頑強微生物，以及後者的食物殘骸。

如果生態學家在過去一百年來學到了一些教訓，那就是：當你企圖殺死某些生物，卻留下了牠們仰賴的生存資源，那麼存活下來的物種就會因為競爭者消失，而更加茁壯，這就是所謂的「競爭釋放」（competitive release）。牠們不僅不用再背負競爭壓力，也往往免除了被寄生或掠食的危機。以自來水系統為例，可以推測受惠於競爭釋放的，就是那些不受殺菌劑如氯或氯胺影響、或者比其他物種多了些耐受性的那一群。而分枝桿菌屬下的物種，通常很能忍受氯和氯胺。

諾亞、我和其他研究夥伴開始分析從蓮蓬頭收集到的資料，我們特別注意未經殺菌的地下水、處理過的美國市區用水及處理過的歐洲市區用水三者間的差異。醫學研究人員曾預測：分枝桿菌在井水裡可能較常見，因為井水較少經過人為控制、更容易受到反覆無常的自然事件影響。但身為生態學家的我們，則抱持完全相反的看法：我們認為都市用水流過的蓮蓬頭裡，應該更容易找到分枝桿菌，尤其是在那些使用氯或氯胺消毒的淨水場或國家，特別是美國淨水場出來的水。分枝桿菌對於氯或氯胺相當耐受，所以當自來水使用足量殺菌劑殺死大部分的物種時，分枝桿菌必然是存活的那一群。這樣的情形是有先例的，曾有一份關於蓮蓬頭細菌的研究指出：丹佛（Denver）某個地區的蓮蓬頭以漂白水消毒後，反而使某分枝桿菌屬的生物量成長了三倍[33]，雖然這只是個別案例，卻相當值得參考。

當我們檢視數據時，原本預期大概只會找到六種分枝桿菌，而且可能需要透過醫學實驗培養出來。沒想到我們竟然發現了數十種分枝桿菌，當中還不乏新發表種。不同地區會有不同的分枝桿菌多樣性，歐洲地區優勢的分枝桿菌類群跟北美的就頗為不同（不只是因為蓮蓬頭不一樣）。就連在美國，密西根的優勢物種就不同於俄亥俄州，跟佛羅里達的或夏威夷的又不一樣。這些差異可能是源頭的含水層造成的，或者取決於它們來自含水層或表層水，甚至氣候或古地質學的因子也可能造成影響。

儘管我們很難完全辨識出一支蓮蓬頭中所發現的分枝桿菌屬下確切的物種，但其中分枝桿菌的豐富度卻是不難預測的。我們測量了受試者家中的自來水，發現使用都市用水的家庭，和使用井水的家庭相比，其氯含量高出了十五倍！這個變因應該足夠造成影響了吧，我們想。但我們原本只預期出現些微影響，但結果證明：影響非常顯著。在美國，自來水中分枝桿菌出現的頻率是在井水中的兩倍。而在某些都市用水流過的蓮蓬頭中，百分之九十的細菌都是特定一兩種分枝桿菌；相反地，許多井水流過的蓮蓬頭中，幾乎找不到分枝桿菌，其生物膜中取而代之的是更高的細菌多樣性。在歐洲，井水流過的蓮蓬頭中，分枝桿菌的數量就跟美國一樣低；但即使是都市用水流過的蓮蓬頭，裡頭的分枝桿菌也很少（只有美國數據的一半）。這結果其實並不意外，因為歐洲都市的淨水系統不使用殺菌劑。在我們收集的樣本中，歐洲自來水中氯的殘留量，比美國的自來水少了十一倍。正當我們在檢視這些結果時，瑞士聯邦水生科學與技術研究所（Institute of Aquatic Science and Technology）的凱特琳．普克特（Caitlin Proctor）發表了新的研究成果，跟我們的發現一致。普克特團隊收集並比較了來自全球七十六個家庭裡蓮蓬頭軟管中生物膜的內容，他們發現從未消毒自來水的城市中採集的樣本（包含丹麥、德國、南非、西班牙與瑞士），其生物膜比較厚（比較多黏稠物）；但從有消毒自來水的都市中（包含拉脫維亞、葡萄牙、塞爾維亞、英國與美國）所獲得的樣本，生物多樣性卻較低，而且分枝桿菌容易成為當中的優勢物種。

目前為止，我們的研究結果與凱特琳．普克特的發現相符，並且同樣符合我們的預測：當淨水廠使用殺菌劑殺死許多生物，便同時製造了適合分枝桿菌發展的環境。如果此事為真，代表我們強大的淨水科技，其實製造了比自然界原始含水層中更多有害人體健康的微生物（至少與那些我們認為安全的原始含水層相比是如此）。我們尚無法解釋居家分枝桿菌在數量上的各種變異，不過我們假設：在自來水中使用氯與氯胺，一般而言會增加蓮蓬頭中分枝桿菌的數量，進而使人們更可能被分枝桿菌所感染。在我們的分析中，在特定某州的蓮蓬頭中最具致病性的分枝桿菌，其菌株與物種之平均豐富度，會與當地分枝桿菌的感染案例數量相關，預測模式可見圖 5-1。但這個故事又出現了新的轉折，其中一個轉折就是克里斯多福．洛瑞（Christopher Lowry）。

洛瑞花了二十年時間研究一種分枝桿菌——牝牛分枝桿菌（*Mycobacterium vaccae*）。他與團隊發現：人與老鼠的大腦在接觸牝牛分枝桿菌後，會產生更多血清素。這種神經傳導物質的增加，通常會帶來強烈的幸福感與減少壓力。而洛瑞確實發現：在老鼠身上接種牝牛分枝桿菌，會使牠們更有能力抗壓。洛瑞在德國與一位同事史提芬．瑞伯（Stefan Reber）合作，嘗試將普通體型的公鼠接種牝牛分枝桿菌後，使牠們與體型呈相撲等級、且具攻擊性的公鼠同處一籠，然後再化驗其血液中與壓力反應相關的化學物質；對照組則是未接種細菌且體型一般的公鼠，同樣須與上述凶猛的大公鼠同處一籠。實驗結果發現：對照組的公鼠簡直嚇尿了，哭著躲進他們的木造小窩中，而且其血液中各項壓力物質的濃度都急速飆高；但接種了牝牛分枝桿菌的公鼠，卻沒有表現出壓力反應。

這樣的實驗結果讓大家開始討論：是不是能讓士兵在上戰場前也接種牝牛分枝桿菌，

以降低他們發生創傷後壓力症候群（posttraumatic stress disorder）的風險（畢竟上戰場一定會遭受創傷壓力）。雖然這聽起來有點瘋狂，但洛瑞的同事很早就相當重視這件事。二〇一六年，腦與行為研究基金會（Brain and Behavior Research Foundation）評選洛瑞團隊的發現為全球五百件基金會補助研究中最有貢獻的前十名[34]。而洛瑞懷疑：分枝桿菌屬下，或許還有很多物種與牝牛分枝桿菌有類似功能，但若要確認，就必須對每個物種分別做實驗測試，而這正是洛瑞現在在做的事。他目前正從我們的蓮蓬頭採集物中，尋找與牝牛分枝桿菌有類似效果的物種。如果洛瑞找到了，就表示從蓮蓬頭噴到你身上的某些分枝桿菌，或許有助於你減輕壓力。

蓮蓬頭是居家環境中最單純的生態系之一，一般只包含幾十種、最多幾百種物種，不會超過一千。即便如此，洛瑞的研究仍提醒我們：要找出哪些是好的微生物、哪些是壞的微生物，是深具挑戰性、盤根錯節且困難的事。有些分枝桿菌的菌株可能會使你生病，也有些可能讓你心情愉快。在我們有能力進行分類前，實驗參與者（或許也包括你）可能對我們目前的研究成果不盡滿意，其實我們也不滿意，科學就是這麼一回事。有人可能以為我們在做科學都是出自喜悅與好奇心，但那只是一部分事實，很多時候，我們做科學其實是出於沮喪，找不到答案的感覺實在太令人沮喪了，即便是像蓮蓬頭這樣日常的主題，我們都會不斷想回實驗室繼續研究，因為沒被解答的問題在晚上睡覺時會一直縈繞在床頭。

話說回來，所以大家應該要拿蓮蓬頭怎麼辦呢？我們不知道，但我願意分享我的看法，你可以在一年後驗證看看我說的是否正確。我認為：雖然我們已知有些分枝桿菌物種是有益的，但一般來說，分枝桿菌還是比較容易造成危害，特別是對於天生免疫不全的人。而且我們越努力消滅水裡的生物，致病的分枝桿菌就會越多，因為我們可能消滅了它們的競爭者。我們的研究發現：塑膠蓮蓬頭中的分枝桿菌數量比金屬蓮蓬頭少，也許是因為在塑膠蓮蓬頭中，可以分解代謝塑膠的細菌能夠在競爭中勝出（凱特琳．普克特曾在蓮蓬頭軟管中發現類似現象）。最後，我認為最健康的洗澡水，是來自生物多樣性豐富的地下含水層，可作為水質純淨度與健康程度指標的甲殼類都可以從中找到。關鍵在於：好的含水層需要時間、空間與生物多樣性來維持其淨水功能。它們也必須不受任何汙染。然而我不認為大都市會將這件事放在心上，因此人類在未來幾年，可能只會更盡力殺死自來水系統中的所有生物。可惜這麼做只會讓某些有害生物（例如分枝桿菌或退伍軍人菌屬）更茁壯地繁衍下去，而這些都不是你洗澡時會想淋到的東西。同時，我們也將深入研究天然的含水層，觀察它們在抑制地下水中毒素與病原體滋生時，其機制與效率有何不同之處。一旦我們釐清此事，將可嘗試複製這些含水層。我們當然無法做到一模一樣，但至少可以從中找到改善現有自來水系統的關鍵，且將會證實其中關鍵，就如同許多往例一樣，就是重視生物多樣性，大自然的效率實在比人類高出太多了。不過，至於我們是否應該頻繁地更換蓮蓬頭，這點還不得而知，但不管怎樣，我想你讀完這章後，應該會想回家換個新的蓮蓬頭。

6 欣欣向榮的麻煩

沒有怪獸在暗處潛伏的海洋，還稱得上海洋嗎？

——韋納・荷索（Werner Herzog）

一般來說，我們不大喜歡繁殖很成功的生物，除非它們是可以拿來吃的。我們現在在地球上掌控了那麼多的空間，所以其他的成功物種，幾乎總是會侵犯到我們的地盤。它們不是吃掉我們的食物、就是吃掉我們製造的各種東西，例如房屋。打從人類開始蓋房子以來，就一直有各式各樣的物種在不斷蠶食並摧毀我們的房屋。在三隻小豬的故事中，狼為了想吃掉小豬而把他們的房子給弄垮；而在現實生活中，會弄垮我們的房子的生物通常比狼微小很多，但這不代表它們比較不危險。哪些生物會威脅我們的家園，取決於房子是怎麼蓋的、又是蓋在哪裡。石造房屋可以維持上千年，這也是為什麼很多遠古文明的建築至今都還屹立不搖。泥製房屋如果維持乾燥，也可以撐上很久。但我們大部分的房子都是用死去的樹木建造的，很多生物愛吃這種材料。白蟻當然有辦法一路啃進木頭裡，靠牠們腸子裡專門的細菌來消化木質；但是說到破壞之王，還是非真菌莫屬。

在保持乾燥的房子裡，真菌通常非常不起眼。但是一旦水潑到了牆上或是地板上，真菌就會開始生長，一邊爬向濕度高的地方一邊進食。如果你聽得到它們的話，聽著菌絲在古老的木材細胞上一個一個鑽洞、擊碎的聲音，肯定是恐怖至極。真菌是利用菌絲來進食並爬行的，它們的菌絲先在一地縮回，然後在另一地伸展，就有辦法以慢動作爬行，並且真的從一處移動到另一處。對真菌來說，你的房屋牆壁是營養豐富的佳餚，只要水分充足，假以時日，它們就能把木造房屋幾乎整個吃乾抹淨。真菌能吃木材，也能吃茅草（也跟細菌競爭灰塵之中那一丁點食物來源）。只要幾百年的時間，真菌甚至可以釋放化學物質，把磚塊和石頭都給分解。隨著真菌的成長，它們所造成的一切後果也都會爆炸性增長：它們分解越來越多的木材和紙、產生越來越多的孢子、越來越多的毒素，什麼都越來越多。只要有夠多真菌，甚至有可能讓整棟房子都化為塵土。但遠遠在那之前，真菌就有可能帶來其他麻煩了。它們如果不小心被吃下肚或吸進去的話，可能會對人造成危險。有些真菌會促發過敏及氣喘。還有一種真菌叫做紙葡萄穗黴孢菌（*Stachybotrys chartarum*），又稱為有毒黑黴菌，有時會在住家裡達到很高的含量，而這種情況對我們似乎通常是有百害而無一利。

如果要說我們對於哪一種室內真菌有所了解的話，這個形態明顯的黴菌絕對是榜上有名。看見有毒黑黴菌對人們來說，可不算是中了什麼大獎，如果你在家中發現了這種黴菌，大部分房屋管理專家都會叫你去找家除黴公司，請他們把所有看得到的有毒黑黴菌都除掉。你的書籍可能會被反覆洗刷（甚至被丟掉）；你的衣物會被用藥物處理過，而且也同樣可能被丟掉。這樣的戲碼一次又一次地上演，只是細節和主角可能不同：我們所認定的壞蛋總是同一位，但同時我們也總是同樣地茫然無知，從來沒搞清楚實際上到底發生了什麼事。

即使花了好多年閱讀真菌的相關文獻、想真菌的事想破了頭，在遇見比爾姬・安德森（Birgitte Andersen）之前，我都沒有完全搞懂有毒黑黴菌到底在耍什麼花樣。比爾姬是室內真菌的專家，她研究兩件事：一、是什麼生物在啃食室內建材。二、那些多數人覺得陰險、但她卻深深著迷的生物，一開始是怎麼進到屋子裡的。比爾姬花了很多時間研究有毒黑黴菌。

我發了封電子郵件，希望能跟比爾姬見上一面，於是她邀請我從哥本哈根市中心前往她所工作的丹麥技術大學（Technical University of Denmark）找她。我騎了腳踏車過去。當天的天氣，大概可以算是個丹麥式的晴天。這個意思是：當我到達研究大樓並將車停好時，全身已經被雨淋得濕透。濕答答的衣服，讓我感覺好像要發霉了一樣。畢竟我們要談的剛好就是黴菌，所以氣氛頗為貼切，雖然還是讓人心情亂糟糟的。

比爾姬的辦公室在二樓，位於一棟主要負責技術科學的大樓中。技術科學指的就是用新奇的設備去解決實際應用上的問題。在這棟大樓中，比爾姬是個異類。她**熱愛**真菌、全心奉獻給真菌研究。上班期間，她培養真菌，然後在顯微鏡下不厭其煩地仔細將各種真菌辨認出來、拍照，並加入她所整理的「丹麥常見及罕見真菌指南」之中。下班後，她的嗜好其實也差不多，只是沒人付薪水給她而已。對她來說，每一種真菌都有其獨特之美。有足夠的執著與能力去培養並辨認真菌的人，已經一年比一年更少，但她是能力和執著兼具的人。過去，她曾經有許多同事具備相同熱忱，她隨時都可以穿過走廊，跑去跟那些同事報告：「你絕對不會**相信**我發現了什麼樣的真菌！」但這些熱愛真菌的同事一個個退休了，而且比爾姬所在的大學跟很多其他大學一樣，越來越少聘請能夠培養、辨認並調查生物——例如目前所講的真菌——的生物學家。《科學家》（*The Scientist*）雜誌甚至刊出了一篇文章，質問現在有能力命名、分類以及培養野生生物的科學家，是否已經瀕臨絕種（結論是肯定的）[1]。但這樣的工作無比重要，因為絕大多數的真菌物種至今都尚未命名。但是為物種分類建檔並且調查它們的基本特性，並不是光鮮亮麗的工作，也較不容易受到招聘委員和經費提供者的青睞。比爾姬現在獨自一人在走廊一角的辦公室中，她是這棟大樓裡最後一位、在丹麥全國上下也所剩無幾的真菌辨識專家。

在我去拜訪比爾姬前，我和諾亞・菲耶以及其他合作夥伴，已經在民眾的協助下採樣了一千多棟房屋門檻上的灰塵。我們透過DNA定序，辨識出了每份灰塵樣本中所含有的細菌物種。後來，我們也針對真菌進行了同樣的調查，結果發現這些在屋內採到的樣本中，有高得不可思議的真菌多樣性：四萬多種真菌[2]。從數字上來看，這比細菌的種類少，但是對我們來說是件更加驚奇的事。在北美洲，目前已經命名的真菌——包含蘑菇、馬勃菌、黴菌等——不到兩萬五千種。而我們在家中所發現的真菌（或起碼是來自真菌的DNA）多樣性，已經遠比在整個北美洲（包括室內和室外）目前已經命名的真菌還要高。在家中發現的真菌，很可能有上千種都還未被命名。這些無名真菌反映出了我們對於居家環境——以及很多事情——都還是相當無知。至於那些已經有名字的真菌，每一種都有其獨特的故事。因為真菌的生活史通常得仰賴其他生物，因此一種真菌的出現，也代表了它所仰賴的生物在場。有些真菌會感染葡萄，所以它們出現代表附近可能有葡萄園；另外一些真菌會感染特定種類的蜜蜂（表示這些蜜蜂有可能在附近）；還有一些是寄生性的真菌，會控制某些特定（不是所有的）螞蟻物種的腦部[3]。在北卡羅萊納州東部，我們發現了一種塊菌屬（*Tuber*）的真菌，會跟樹根形成共生關係，而且為了要有效散布到別的地方，還會長出能夠模仿公豬費洛蒙並吸引母豬的松露。松露被聞香而來的母豬挖起來、吃下肚後，幸運的話，會在森林中的另一個地方，一棵還沒有生長松露菌的樹旁邊被排泄出來。

對於家中的細菌，我們逐漸明白的是：過去人類把太多自然環境中的細菌都拒於門外，反而造成了負面後果，導致身邊只剩下能夠適應極端環境的細菌——像是在蓮蓬頭裡面、或是我們的食物和排泄物中的那些。而因為真菌和細菌常常跟其他體型微小的生物一起被統稱為「微生物」，因此乍看之下，人們可能會覺得真菌的情況跟細菌一樣。但事實上，真菌跟動物的親緣關係比跟細菌還要近很多，以致於控制真菌生長有個額外的大挑戰：拿來殺死真菌細胞的化學物質，常常也同樣會殺掉人類細胞。真菌跟細菌的另一個不同之處是：不論是有共生關係的或是會致病的，很少有真菌會直接生長在人體上。人體的體溫對真菌來說太熱了（有人認為溫血動物會演化出恆定的較高體溫，就是因為這能夠抑制真菌的生長）[4]。既然如此，屋內真菌的故事，跟細菌的故事可能完全不同。實際上也確實如此。

大多數在屋子裡的真菌，似乎都只是剛好從室外飄進室內而已。室內跟室外可以找到的真菌種類相當類似。不同地區的房子裡會找到不同種類的真菌，主是因為那些地區的室外環境也存在著不同種類的真菌[5]。室外的真菌組成對於室內的真菌組成影響極大，大到我們只要有一份美國的灰塵樣本裡有哪些真菌，就可以辨識出這份樣本是來自哪個方圓五十到一百公里內的地區[6]。把你家打掃一下，把掃下來的灰塵樣本寄給我們，我們就可以猜出你住在哪裡（不過你要這樣做的話，麻煩請順便附上個幾百塊美金：這把戲真要玩起來還挺貴的）。因此，考慮到有上千種不同的真菌種類存在，如果你想要接觸到一些不同種真菌的話，最好的方式——大概也是唯一的方式——就是搬家。

除了偶然跑進家門的情形之外，我們也發現了一些似乎專精於適應室內環境的物種，它們在室內比在室外還要常見。但是這樣的真菌我們實在找到太多種了，很難決定要集中精神在哪一種上面，也很難判斷哪些最有辦法跟著我們四處移動，在我們身邊欣欣向榮。為了獲得更多資訊，我再次把目光放到了國際太空站以及俄羅斯的和平號太空站（Mir）上。我們知道任何在太空站裡面發現的真菌，一定都是一直存活於室內環境之中，絕對不可能是從太空站某扇打開的窗戶或艙門外飄進來的。因為即使頑強如真菌，也沒有辦法在太空站外的環境中存活太久[7]。

我們對和平號太空站上面的真菌生態了解得最多。自從它在一九八六年首次發射升空後，人們在上面反覆進行了好幾次採樣：有五百份空氣樣本被拿來檢查裡面有沒有真菌，另外還有六百份在太空站上各種物體表面採的樣本。這些樣本後來被拿去在太空站上或地表上進行培養。對這些樣本進行的培養試驗並沒有那麼全面[8]，但即使如此，培養結果也再清楚不過了：和平號太空站根本是個真菌叢林，人們在上面發現了超過一百種真菌。和平號上採到的上千份樣本之中，只有極少數樣本裡沒有真菌的蹤影[9]。而且它們還是活跳跳的、持續進行新陳代謝的真菌。這樣的後果是：某個太空人曾經形容和平號上聞起來就像是一顆爛蘋果（這可能還是比國際太空站上的太空人體臭來得好聞）。彷彿這還不夠似的，和平號太空站曾經一度跟地球喪失聯絡，原因是有個溝通設備故障了。後來發現：原來是真菌腐蝕掉了電線周圍的絕緣材質，才導致電線短路[10]。簡單來說，真菌在太空中成家立業、交配並不斷繁衍下一代，遠比人類還要成功。這個故事對於人類移居火星的計畫有個重大的警惕：真菌絕對會搶先人類很多步占領火星，並在那裡定居下來、代代繁盛。

一開始，大家都說國際太空站比和平號太空站的真菌更少，甚至是根本無菌的。確實，和平號是有許多真菌沒錯，但畢竟那個太空站可是號稱用膠帶和夢想給拼貼起來的，所以這也許還不算太令人意外。但隨著時間過去，在國際太空站上的真菌生態也越來越多樣、越來越繁盛。到了二〇〇四年，在國際太空站上已經可以找到三十八種常見真菌。這三十八個物種，大多是在和平號太空站中發現的真菌的一小部分，而在和平號中的真菌，又是平常在家中可以找到的真菌的一小部分。

很多在這些太空船上所找到的真菌，被研究它們的生物學家描述為「嗜科技菌」（technophile），因為它們有辦法分解用來打造太空梭和太空站的金屬和塑膠等材質[11]。「嗜科技菌」在我聽來就像是個彈奏合成器的男孩團體的團名，但它的意思是這些物種喜歡（phile）科技：喜歡到要把它給吃下肚[12]。目前已知在慢慢啃食國際太空站的真菌，包含了櫟生青黴（*Penicillium glandicola*，麵包上的黴菌的近親）、一些麴菌屬（*Aspergillus*）的真菌（用來釀造日本清酒的物種的近親），還有一種分枝孢子菌（*Cladosporium*）。不過，並不是所有在太空船裡的真菌都是嗜科技者：在和平號太空站上（但在國際太空站上沒有）可以發現啤酒酵母（brewer's yeast, *Saccharomyces cerevisiae*），這也許暗示著俄羅斯人在太空站裡過得快活多了[13]。科學家也發現了紅酵母屬（*Rhodotorula*）的真菌，這類真菌在地球上一般長在水泥漿裡或是淋浴間的牆上，偶爾也會跑到牙刷上、甚至人的身上[14]。我們可以肯定，這些在太空人周遭生活的真菌，完全能夠在室內環境中欣欣向榮[15]。

在太空站中發現的真菌，我們全部可以在家裡找到。事實上，幾乎在我們採樣過的每一棟房子裡都可以發現這些真菌。哪一些物種最常出現，就要看是什麼樣的房子了。越多人住的房子裡，通常就會有越多跟人體和食物相關的真菌[16]。我們調節住家溫度的方式，也會影響到有哪一些真菌會出現，特別是有開冷氣的房屋，裡面通常比較容易出現分枝孢子菌以及青黴菌。這些真菌（有些人會對它們起過敏反應）會在冷氣機裡面生長，然後人們一打開冷氣，就會在房子或是辦公室裡散播得到處都是[17]。當你在家或是在車上打開冷氣時會聞到的特殊味道，就是這些真菌所呼出的氣味[18]。

我們在未來數十年間，一定會慢慢地解開家居真菌之謎，但是其中有個謎題特別亟需我們的關注。這個謎題的主角，是一種沒有出現在太空站上、在住家樣本裡也很少找到的真菌——有毒黑黴菌。有毒黑黴菌造成的麻煩顯而易見，但是它在我們採的樣本之中，所占的分量卻微不足道。在太空站中找不到有毒黑黴菌，可能跟它的食性有關。就我所知，國際太空站上頭沒有任何木材或是纖維素為主的材質，雖然我們或許會覺得它也能分解一些塑膠[19]。但這沒辦法解釋為什麼我們在家中也很少找到它[20]。

我向比爾姬問起這個謎題，並且說明了我們所做的調查。我沒有特別提起國際太空站，不過我一直在想著它，這個飄浮在我們頭上如此遙遠，卻還是長滿了真菌的地方。比爾姬一點也不意外：「這種真菌的孢子又重、又成團黏在孢子柄上，怎麼可能在灰塵裡找到？」這意思就是：不會飄的孢子，不會出現在灰塵裡。她又強調了一次：「你們怎麼會覺得有可能找得到？」比爾姬講話還真直接。確實，我們沒什麼理由這樣覺得。不過我接著就問她：如果這種真菌孢子不會飄的話，是怎麼進到屋子裡的？它要怎麼樣才能既跑進屋子裡，卻又跑不進太空站裡（既然有那麼多其他種真菌都可以輕鬆登上太空站）？她回答：「我們做過一個實驗，你也許會覺得很有趣。」

我們一邊吃著從抽屜裡翻出的餅乾及堅果當點心（那上面一定無意間被灑了一層隱形而多樣的真菌，來源就是我們倆都在呼吸的空氣），比爾姬一邊跟我描述她的研究內容。這項研究主旨，在於用來蓋現代房屋的各種建材：石膏牆板、壁紙、木材和水泥。比爾姬不怎麼在乎屋子裡的空氣，而對於那些組成房屋的材料比較有興趣：磚塊、石頭、樑柱，特別是石膏牆板。

比爾姬發現：在家中的每種建材，似乎都各自有不同種的真菌棲息於上——如果對太空站裡的不同材料進行詳細檢查，很可能也會得到相同的結果。在水泥表面上，比爾姬發現了跟室外地表土壤中同樣的一群真菌，其中包含了某些科學家們最早開始研究的物種[21]。科學家會最先開始研究這些真菌，正是因為它們就在科學家的家中，很容易就能找到。舉例來說，她找到的毛黴屬的真菌，虎克在《顯微圖譜》中就曾經描述過，很可能就是這本書給了雷文霍克啟發。她也找到了青黴菌，也就是亞歷山大·佛萊明（Alexander Fleming）在他的實驗室裡（不過是另一棟建築物嘛）意外發現、並成為發現抗生素的契機的青黴菌。青黴菌用抗生素來削弱跟它競爭食物來源的細菌的細胞壁，讓生長中的細菌整個爆開。我們也一樣，用這些抗生素來驅逐如結核桿菌等跟我們競爭生存空間的病原菌。

毛黴菌、青黴菌等真菌都跑上了太空站[22]。既然這些真菌從水泥地板上到太空站內都能夠生存，代表我們大概必須想法子跟它們和平共處。如果它們能視美國航太暨太空總署的管制措施如無物、一路搭便車上太空的話，大概沒什麼地方是它們去不了的[23]。搞不好在我們祖先居住的洞穴牆上，也同樣有這些真菌的蹤跡。如果是這樣的話，代表不管我們祖先離開洞穴後到過哪裡，它們就也一路跟到了哪裡。就是這些真菌，只要給它們夠長的時間，它們連磚塊或甚至石頭都有辦法一點一滴地蠶食掉。在人們房屋中的地板上，它們也可能正在慢慢啃食著水泥，或者是住在水泥表面（菌絲像手指般牢牢抓著水泥），並取食水泥上那些細小、沒人注意到的塵埃、泥土、膠質等[24]。這些真菌對於想要保存古蹟上百年的人來說是個大麻煩，但在你家地下室，它們不過是個有趣的景象，顯示了真菌隨著時間幾乎能夠吞噬一切的能力。

在木材上一樣也找得到真菌。自古以來，我們就用木頭蓋過無數房子。但是木材是可被生物分解的，它的組成物是纖維素（cellulose）和木質素（lignin）。纖維素就是紙的主成分，而木質素則是讓屋頂挺立的堅韌物質。有很多微生菌能夠分解纖維素，但是只有真菌和一小部分的細菌能夠分解木質素[25]。比爾姬在人們家中的木材表面找到的真菌，就包括了會分泌酵素分解纖維素、有時也會分解木質素的物種[26]。令人驚訝的並不是這些真菌出現在我們使用的木板木樑上，而是我們竟然有辦法維持木材不被真菌分解這麼久。許多能分解木材的室內真菌，不過是從外面不小心飄了進來，所以這些真菌的組成就取決於房子的木材是用什麼樹種製成，以及外頭附近的森林組成。另外一些物種，像是會造成乾腐病的伏果乾腐菌（*Serpula lacrymans*），我們已經知道它會透過船運跟著人類被載到世界各地[27]

。這些真菌跟著我們四處跑，看著我們不斷用它們的食物來蓋房子，它們可是心懷感激呢。

當比爾姬開始關注石膏牆板、壁紙，以及貼上壁紙（再塗上油漆）的灰泥時，事情就更有趣了：這些材質在潮濕的時候充滿了真菌[28]。不只如此，有四分之一的樣本裡還包含了有毒黑黴菌，而這還可能是低估了有毒黑黴菌可能在潮濕的房屋中出現的比例。畢竟，比爾姬每次取的樣本量都非常小。也就是說，有毒黑黴菌在潮濕的石膏牆板上並不罕見，甚至可以說是極為常見、完全可以預期找到的一種真菌。在石膏牆板和壁紙中共存的水和纖維素，似乎對有毒黑黴菌來說是個完美的基質。這是個大發現，但是比爾姬仍然需要解釋有毒黑黴菌一開始是怎麼跑進石膏牆板裡的。

有毒黑黴菌並不會在空氣中飄散，而且就目前所知，它也不會附著在白蟻或其他家居昆蟲身上。理論上，這種真菌有可能黏在衣服被帶進室內。加州大學柏克萊分校的瑞秋·亞當斯（Rachel Adams）是研究室內真菌的專家，而她親身見識到了人身上的衣服究竟可以帶有多少種類的真菌。在一項有史以來最詳細的、關於大樓中的真菌的研究中，瑞秋發現了她在某棟校園大樓的會議室中找到的其中一種真菌，是實驗室有個同事最近在參加採菇活動過後，不小心帶回來的馬勃菌[29]。真菌搭了那個同事的便車。但比爾姬並沒有真的很在乎衣服，她在乎的是建材的供應鏈。

有沒有可能，這種黴菌一開始就在石膏牆板裡？有沒有可能，從一開始在裝設石膏牆板的時候，它就跑了進去、並一直乖乖地靜靜待在那裡，直到石膏牆板被弄濕為止？比爾姬馬上就測試了這個大膽的想法。如果這個假說為真，她可能就要跟營收上數十億的石膏牆板業者為敵了。在她進一步調查後，發現她並不是第一個有過這種想法的人，先前已經有過一篇研究文獻提出這個可能性，只是他們那時還沒有進行驗證[30]。那就讓她來吧。

在美國，學者還是擁有一定程度的研究自由，但是近年來，這份自由似乎越來越受到限制，其中一項不可忽視的原因，就是企業的強大力量。這並不代表研究人員不會發表對於政府或是企業造成威脅的想法，這代表的是：很多美國學者看了夠多的好萊塢電影後會開始顧慮，一旦進行跟勢力龐大的業界龍頭的經濟利益相衝突的研究，會帶來什麼後果[31]。比爾姬的許多丹麥同事在進行有挑戰性的研究工作時，很可能腦中也縈繞著同樣的顧慮。但當我向她問起這風險時，比爾姬表示她一點都不擔心研究石膏牆板中的生物會造成什麼負面後果，即使生產石膏牆板的那些大公司出於經濟考量，一定會希望維持現狀（起碼是石膏牆板方面的現狀）。但她就只是想知道裡頭有什麼生物而已，沒有什麼複雜的情感或考量。她好奇，所以她就去做實驗。

首先，比爾姬拿了十三片丹麥四家不同建材行所販賣的全新石膏牆板，調查裡面有什麼真菌物種。那十三片石膏牆板包含了兩種不同品牌，每種品牌各有三種類型（防火型、防潮型和一般型）。然後，她在每一片石膏牆板上面剪出好幾個圓盤，泡進乙醇裡消毒圓盤表面（她也測試了漂白水或是西他氯銨等不同的消毒法，以確保消毒確實）。接下來，她將這些表面消毒過的樣品用無菌水沾濕，好讓樣品內可能存在的真菌可以開始生長。在全新乾燥的石膏牆板內，感覺不大可能還有東西能夠存活。這個研究想達到的目標遙遠、過程耗神，需要每天不厭其煩地重覆簡單但枯燥的工作：一個個檢查所有的圓盤、看有沒有真菌生長的跡象。

終於有一天，她看到了真菌生長，而且一天一天下來越長越多。比爾姬發現：在全新的石膏牆板中，躲著一種叫做平塚新薩托菌（*Neosartorya hiratsukae*）的真菌。最近有人指出：這種真菌可能是造成帕金森氏症的眾多複雜成因之一。它不太可能是這種疾病的唯一成因，但無論如何，它的出沒並不是件好消息。在每一片石膏牆板上都找得到平塚新薩托菌，不管是哪種類型、在哪家商店買的，或是哪個品牌製造的。比爾姬也發現了球毛殼菌（*Chaetomium globosum*），這種真菌會引起過敏，或是造成伺機性感染[32]。在百分之八十五的石膏牆板中都找得到它的蹤跡。而最後，主角總算現身了：一身漆黑、威力驚人的有毒黑黴菌，出現在一半的石膏牆板樣品中[33]。它開始生長後，就會將石膏牆板圓盤漸漸佈滿，染上一片黑色的生機。還不只這些而已，在石膏牆板中，還可以發現另外八種真菌在蠢蠢欲動。

現在，對比爾姬來說才是真正考驗的開始：她是否比表面上承認的還要害怕石膏牆板製造公司？她會不會發表這些研究結果，即使它們暗示著石膏牆板製造商在某種程度上，影響了哪一些真菌會跑進人們家中，還可能影響了人們的健康狀況？有毒黑黴菌常常跟人的健康問題扯上關係。平塚新薩托菌也可能導致人們生病，很少有人在家中的潮濕石膏牆板上發現這種真菌的存在，不過它本來就不起眼，製造的細小白色子實體的顏色，還會跟石膏牆板本身融為一體。這些真菌在每一家商店所賣的每個樣品裡都會出現，這代表比爾姬的研究結果，將問題源頭清楚地指向石膏牆板製造商。她當然會發表這些研究結果，她這麼表示。「他們能拿我怎麼辦？」她問我，「讓我被炒魷魚嗎？那樣的話要找誰來辨識這些真菌？」也因此，我們如今才得以確知有真菌會隨著全新的石膏牆板被運進人們家中。現在，比爾姬正在努力找出能夠在石膏牆板被裝進房子之前，就把這些真菌殺死的方法。至於已經裝設好的石膏牆板裡的真菌，大概很難有簡單的方法除掉，因為能夠殺掉真菌的處理過程，也很可能同時會破壞裝設好的石膏牆板本身，對人們造成危害。於是直到如今，那些真菌都還在靜靜等候濕氣到來，它們的耐心可是無與倫比的。

我們並不清楚這些真菌到底是用什麼方式進入石膏牆板的，但有可能是因為生產石膏牆板的過程中會用到的回收硬紙板的存放處，成了真菌大肆生長的樂園所致。當那些硬紙板被磨碎、混入石膏牆板時，那些真菌的孢子存活下來，也一起混了進去。比爾姬在想：也許有辦法先行消毒那些硬紙板。只是目前還沒人這樣做。也就是說，如果比爾姬想的沒錯，如今你家蓋房子時用到的石膏牆板裡，還是一樣有著預先附贈的真菌。這倒也沒關係，比爾姬說，只要你不要讓那些石膏牆板濕掉就沒事了。

光是知道有毒黑黴菌和其他孢子重量較重的真菌如何跑進人們的家裡，還不足以讓我們全面理解家居真菌的來龍去脈。雖然比爾姬看似已經找出了這些真菌如何進入室內的答案，但她還是不知道這些真菌是在哪裡演化出來、它們的原生區域和自然棲地又在哪裡。有毒黑黴菌所屬的葡萄穗黴孢菌屬真菌，似乎跟熱帶地區的漆斑菌屬（*Myrothecium*）真菌是近親，但是我們對於這屬的真菌所知甚少，連它們是否會出現在熱帶地區的房屋內也不知道。人們推測：還有很多真菌是漆斑菌跟葡萄穗黴孢菌的近親，而且至今尚未被命名。在鄉村地區中，也曾經在草堆中找到過有毒黑黴菌，但是這也許只是說明了我們曾經找過哪些地方，而沒有反映出它們真正的生態習性。也有人說：土壤裡也可能是有毒黑黴菌的原生棲地，但這個推測也是籠統到沒什麼意義。而且除此之外，還有有毒黑黴菌在野外如何傳播孢子的問題。也許甲蟲或螞蟻會幫忙，但這只是臆測。從來沒有研究去測試過這些昆蟲——或任何其他昆蟲——是否能攜帶有毒黑黴菌的孢子。我們也不知道，有毒黑黴菌出現在住家已經有多久（如果能夠知道世界各地的傳統房屋、或考古遺跡的房屋殘骸之中有什麼樣的真菌，那會是很棒的資訊，但同樣地，還沒有人做過類似的研究）。此外，我們還得面對一個問題：這些家居真菌對人們究竟造成什麼危險。畢竟，我們花了數十億元想方設法要除掉這些真菌，有時甚至把整棟房子都給拆了。過去一度身體健康的人，如今絕望地拚命想找到藥方，治癒那些人們說是因為接觸到了有毒黑黴菌才引起的各種疾病，但通常是徒勞無功。時至今日，關於這些真菌的危害還是眾說紛紜。

不用說，至今還沒有人進行過實驗，在屋內刻意散播有毒黑黴菌後，再觀察住在房子裡的人會受到什麼影響。也沒有人故意把房子弄得濕答答的，再去看看有毒黑黴菌是否會現身、或會花多久時間現身、裡頭的住戶是否會生病等等。但這種真菌要讓人們生病，只有兩種可能的管道：釋放毒素讓人中毒，或是促發過敏及氣喘的發作，並讓症狀更加嚴重。

首先來看看毒素：我們知道有毒黑黴菌和很多真菌一樣，會製造像是大環單端孢黴毒素（macrocyclic trichothecene）以及亞特拉酮（atranone）[34]等這些可怕的化合物。另外，有毒黑黴菌也會產生溶血性蛋白質。一旦綿羊、馬、兔子等動物把這類化合物或蛋白質——尤其是蛋白質——吃下肚，便會引發白血球減少症（leukopenia）。據推測，這些蛋白質也會導致人類嬰兒發生肺部出血的狀況。一旦在實驗室小鼠的鼻腔內注入葡萄穗黴孢菌屬的真菌孢子的話，便會造成痛苦不適的症狀，程度依注射的品系不一：產生較多毒素的品系，會導致老鼠「肺泡內、支氣管、間質嚴重發炎，伴隨出血及滲液現象」。簡單地說，牠們的肺會開始發炎、流血[35]。

但即使葡萄穗黴孢菌屬的真菌有能力製造毒素，也並不必然代表它們在人們的屋子裡也會製造這些毒素。最近，比爾姬和她的同事發展了一套新的方法，可以偵測灰塵中是否存在毒黑黴菌所製造的毒素。結果顯示：在丹麥的幼稚園室內，有毒黑黴菌的含量越高，灰塵中的毒素含量也越高。目前還不清楚在其他地方是否普遍可以觀察到一樣的結果，有可能真的是這樣[36]。但是要因為這些毒素而生病，必須要吃下（或是像實驗室小鼠一般，從鼻孔吸入）大量的真菌才行。如果嬰兒待的房間裡有有毒黑黴菌大量生長並製造毒素的話，是有可能不經意地攝取到大量的真菌，並因此跟實驗室小鼠和其他家畜一樣生病。但到目前為止，還沒有任何這樣的案例記載。平塚新薩托菌的毒素所造成的健康危害，可能比有毒黑黴菌還要嚴重，但對於這種真菌的研究又更少了（它並沒有比較罕見，只是外觀不起眼得多）。正是因為有這麼多複雜的因素交織，所以雖然比爾姬研究有毒黑黴菌及其對人的影響有成，稱得上全球數一數二的專家，她還是很不喜歡人們一直問她「室內真菌所產生的毒素對我們的健康會造成什麼影響」。她說：「這其中的關聯實在是太複雜了，要證實任何一個都十分困難。」

但即使其毒素很少讓人生病，有毒黑黴菌還是有辦法用別的招數來影響我們：吸入有毒黑黴菌，可能引發過敏。經由驗血，可以發現不少人對有毒黑黴菌會產生過敏反應。有些案例是在室外接觸到有毒黑黴菌，但也有不少案例可能是在潮濕房屋裡的石膏牆板上生長的有毒黑黴菌害的。這種真菌並非唯一的罪魁禍首，還有其他許多真菌也會促發過敏及氣端，其中不乏在潮濕時生長特別旺盛的種類[37]。提出「生物多樣性假說」的作者漢斯基、哈赫帖拉及馮・赫爾岑大概會主張：是因為人類與環境中多樣的細菌缺乏接觸，才導致我們的免疫系統較易產生過敏反應，我想他們說的恐怕不無道理。如果他們是對的，那麼在屋子裡大量繁殖的真菌和其他生物（例如德國姬蠊或塵蟎）只是扮演促發機關的角色。我猜想多數時候它們並沒有任何害處，但如果人們跟環境中多樣的細菌缺乏接觸，或是有其他先決因素存在的話，就不是這麼一回事了。

如果生物多樣性假說正確的話，我們可能會預期：在家中的真菌多樣性與過敏的發生，兩者之間的關聯性既複雜、又受到隨機因素影響。確實，有些研究發現有較多真菌、或是會引發過敏的真菌存在的家中，人們比較容易得到過敏或氣喘，但大多數的研究沒有找到任何關聯[38]。然而，這也有可能只是因為人們覺得，比起去了解這些症狀一開始為什麼會發生、什麼時候會發生，直接想辦法消除氣喘和過敏等症狀要來得容易多了。實情似乎也是如此。在凱斯西儲大學（Case Western Reserve University）的卡洛琳・科茲瑪（Carolyn Kercsmar）的研究團隊找來了六十二個有氣喘症狀、家中有黴菌生長的小孩。接著，科茲瑪給這些小孩及其家人隨機指定了兩種不同的處理方式：有一半的家庭（控制組）只收到了如何管理氣喘症狀的資訊，僅此而已；另外一半的家庭（修復組）收到了同樣的資訊，但是研究團隊也去了他們家裡，把潮濕的木板以及石膏牆板都換上新的、乾燥的材料，阻絕家中的滲水，並改善了空調系統。在進行這些施工後，修復組家中空氣裡的真菌量馬上少了一半，但是控制組家中的空氣沒有變化。結果很顯著：修復組的孩童，氣喘症狀發作的天數比控制組的孩童少很多，不僅在研究期間如此，一直到研究結束後，這差異依然存在。在修復組的二十九個孩童中，只有一個在研究結束後氣喘症狀再度加遽，但在控制組的三十三個孩童中，有十一個發生症狀加重的情況。萬歲，這解答也太簡單了吧[39]！雖然這項研究的規模很小，而且只在一個城市中進行，但是它的結果依然有機會指引我們朝正確的方向前進。

目前我們唯一能確定的是：如果你的屋子裡面被弄濕了，最好趕快想辦法解決問題，讓房屋重返乾燥。如果你正在蓋新房子，你最好避免使用石膏牆板，特別如果你是住在容易受潮的地區，因為你無法確定你用的石膏牆板裡，是否已經藏著有毒黑黴菌的孢子。此外，如果你有機會支持對於家居真菌生物特性的研究，就別再猶豫了。此時此刻，國際太空站上的真菌還一直在旺盛繁殖中，提醒著我們不管用什麼方法管控家中的真菌，要徹底根除它們就跟要根除細菌一樣，幾乎是不可能的任務。美國航太暨太空總署的科學家、俄羅斯人和比爾姬，都會同意這一點。

至於那其他上萬種我們在家裡找到的真菌，每個都跟有毒黑黴菌一樣有著精采的故事等著被述說、被研究。你現在呼吸的空氣之中，就有那些不為人知的生物。有成千上萬的物種，對我們而言還是陌生到連個名字都沒有。能夠為它們命名的，也許就是你。你或許會懷疑：在我們身邊是否真的有成千上萬種的無名生物？但這是千真萬確的。從某種角度上來說，這只是反映出了我們對於整個地球整體，還是非常無知。我們才剛開始探索這顆星球而已，大部分的生物都還沒有被命名。以細菌來說，我們所碰觸到的僅僅是冰山一角。以真菌來說，我們也許已經命名了大約三分之一的物種，但是還需要詳細研究這些物種的生物習性才行，而確實做到這個地步的物種少之又少。以昆蟲來說，如果樂觀估計的話，我們可能已經做到了一半。但我認為家中的環境仍有特別值得注意的地方。在家中，我們通常傾向先研究那些會對人類造成危害的生物，但是沒有人被派去研究剩下來的那些物種。基礎生物學家也許會接下這項工作，但是如果有選擇的話，他們大多數還是寧可踏上林間小徑，去探索偏遠地區（像是哥斯大黎加的野外工作站周圍）。對於與人無害、唾手可得的那些「野生生物」，我們反而有很大的盲點。最近當我開始詢問人們：他們家地下室裡住著什麼樣的生物時，這件事實就變得再清楚不過了。

7 生態學家都得了遠視

在人類身邊生活的動物多到難以計數。

——古希臘作家希羅多德（HERODOTUS）

微風能駛船，蜜蜂能供蜜，螻蟻能搬運。

——節錄自古埃及《因辛埃蒲草紙》（INSINGER PAPYRUS）第15章第1至4節

一大群蒼蠅飛進了法老的宮殿和臣僕的房屋，接著蔓延至整個埃及；埃及大地就這麼被一群蒼蠅毀滅了。

——《出埃及記》（EXODUS）第8章第24節

我們常忽略家中細菌與真菌的存在，以及這些生物可能帶來的影響，因為它們很渺小。

但若換成動物就不是如此了。後來，我開始理解為什麼生態學家與演化生物學家經常忽視居家環境中的動物，即便牠們比細菌或真菌大得多。

生態學家的專長之一就是觀察遠方的生物，他們通常可以把遠處的動物看得比手上的動物更清楚。這種「遠視」聽起來好像很厲害，但其實意味著最迫切需要研究的現象，往往被他們忽視了。以紐約市為例，科學家做了很多城市周邊的動物調查，但關於城市裡的調查卻很少，住家裡面的又更少了。不過這都不意外，因為我們生態學家被訓練觀察「自然」的生態，而「自然」的定義就等於「沒有人的地方」。這樣的偏見深植在各種重要的動物調查之中，舉例來說，繁殖鳥類調查計畫，即北美規模最大的動物生態調查計畫，竟將都市化程度最高的區域排除在調查範圍之外，尤其排除了人類居住的地方。因此，生態學家雖然掌握了北美洲所有珍稀鳥類的出沒地點，但對於家麻雀、鴿子與烏鴉這類常見鳥類的族群豐富度卻所知有限。在昆蟲領域也是如此，尤其當我開始研究灶馬（camel cricket）之後，更加意識到科學家定義自然時的嚴重偏見。

人類跟灶馬共同相處的歷史非常長，畢竟自從人類祖先進駐洞穴以後，就無法避免與洞穴裡的其他動物相遇。我們之所以知道史前人類遇到過哪些動物，是依據洞穴遺址發現的考古證據，包含骨頭、壁上的爪印、洞穴壁畫等。有些穴居動物其實是危險的大型猛獸。想像一下：你拿著星火微弱的樹枝，步履維艱地在又暗又濕的隧道中爬行，然後你赫然看見（或是聞到）一隻洞熊（cave bear）。洞熊有多大？牠可能跟最大的灰熊體型差不多！如果我們的祖先運氣好，或許可能戰勝洞熊，但若運氣差，就是落得被殺害的命運[1]。不過除了洞熊這類龐然巨獸，我們祖先也會遇到一些比較小的動物，例如床蝨（床蝨）或頭蝨等等。而根據考古發現的一個雕塑證據，我們的祖先肯定也遇過灶馬。

這個雕塑所在的洞穴遺址，是由三個男孩發現的。一九一二年，住在法國庇里牛斯山的麥克斯．拜岡（Max Beégouën）與兩個兄弟傑克（Jacques）與路易（Louis），聽說他們家的土地內有條小溪會流到地底下，他們的鄰居馮索瓦．卡梅拉（Francois Camel）於是鼓吹男孩們跟著小溪到地心探險。男孩們照做了，結果在路上，他們發現了一間又一間地下密室，直到去路被密布的鐘乳石擋住為止。這當然是每一個小孩童年的夢幻場景，但也是這條路的盡頭了。其中一個男孩一抬頭，發現鐘乳石之間有一個窄窄的洞，正好是一般男孩體型的寬度，所以麥克斯與他的兄弟就擠進這個洞口，深入一條通道，接著爬上一個垂直高度約十二公尺的石頭豎井，並在石頭豎井的頂端發現了另一間密室。而這個密室，竟然是一個堆滿洞熊骨骼的房間，在骨頭堆裡，男孩們還找到了兩座精心製作的野牛陶土雕塑。

兩年後，男孩們在洞穴裡再度有了意外發現。一九一四年，他們在山腳的另一頭發現地面上有一個洞。他們潛入洞裡，找到了一個八百公尺長的大洞穴，他們爬入了其中一邊的狹窄通道，然後又發現了另一間密室。在這座密室裡，男孩們看見了世上最偉大的石洞藝術之一，石壁上畫著一位半人半獸裝扮的薩滿祭司，頭上裝飾著鹿角。而在密室裡的另一面牆上，一個獅子雕塑下方的陶土，被塞入疑似獻祭用的牙齒、木炭及骨頭。

為了表彰這幾名男孩，這座洞穴被命名為「三兄弟洞」（Trois-Frères），裡面其中一塊骨頭上的雕刻很有趣，是一隻歐洲穴螽屬（*Troglophilus*）的灶馬[2]。由此可見，我們的祖先（至少有一位祖先）曾注意到這種小動物。在接下來的一萬年間，許多人類在洞穴或家屋裡都會遇到灶馬[3]，尤其現代房屋的地下室或地窖，由於與洞穴的環境十分雷同，正好提供灶馬所需的生存條件。我們與灶馬斷斷續續的同居紀錄，比我們的農耕行為還要來得更早。但雖然我們與灶馬相處的歷史如此悠久，且在某些情況下灶馬可以達到驚人的族群量，我們對於灶馬的研究卻乏善可陳。在我研究了灶馬後，我覺得牠們就是那種明顯不過，卻被人類視而不見的代表。

我開始對灶馬感到興趣，始於大學時讀的一本《昆蟲之書》（*Broadsides from the Other Orders*）[4]，作者蘇．哈貝爾（Sue Hubbell）把灶馬養在飼養箱中進行生態觀察，雖然她沒受過科學訓練，但她過人的耐性與好奇心，足以讓她產出一則又一則精采發現。她的成果固然令我大開眼界，但更令我印象深刻的是：在她多年觀察後，仍有一大堆問題無法獲得解答，當中不乏非常基本的問題，例如灶馬到底吃什麼。

我的研究團隊決定要接手哈貝爾未竟的事業，就從一個非常單純的研究開始：戶口調查。由於前幾章提過的那些研究計畫，我們已經建立了與全國各地上千戶民眾的聯絡網。我們向這些民眾調查灶馬出現在自家地下室或地窖的情形，大約一年半後，我們共收到了兩千兩百六十九件回覆，於是我們進一步繪製一份地下室灶馬的地理分布圖，結果完全顛覆了我們原本對這種昆蟲的分布認知。

許多種原生的灶馬屬於北美穴螽屬，這個屬之下目前發表有四十八個物種（未來很可能持續發現新種）。同時，隨著西式房屋在北美地區逐漸普及，北美穴螽屬的灶馬也跟著在家中出現。野外的灶馬通常棲息在洞穴裡或森林陰暗處，例如落葉堆中，過著追趕跑跳碰的艱苦生活。頭上長長的觸角讓牠們能感知氣味、

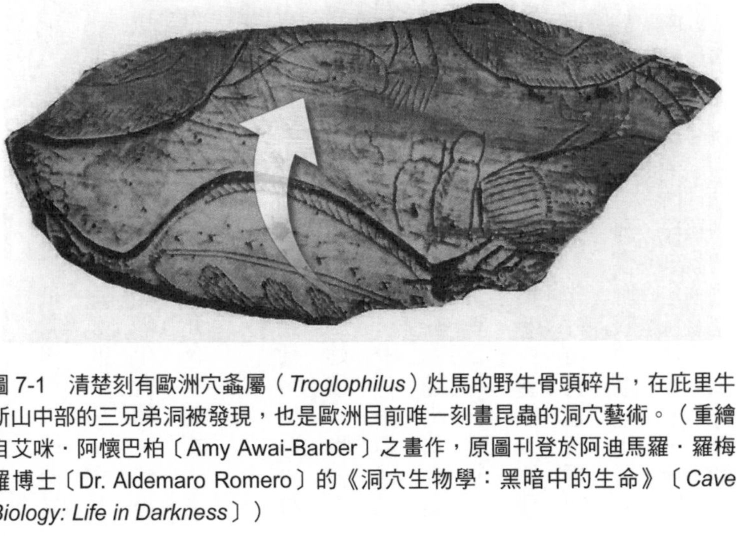

圖 7-1　清楚刻有歐洲穴螽屬（*Troglophilus*）灶馬的野牛骨頭碎片，在庇里牛斯山中部的三兄弟洞被發現，也是歐洲目前唯一刻畫昆蟲的洞穴藝術。（重繪自艾咪・阿懷巴柏〔Amy Awai-Barber〕之畫作，原圖刊登於阿迪馬羅・羅梅羅博士〔Dr. Aldemaro Romero〕的《洞穴生物學：黑暗中的生命》〔*Cave Biology: Life in Darkness*〕）

氣溫和濕度；牠們能適應黑暗環境，蘇・哈貝爾形容牠們的小眼睛看起來就像兩顆小鈕釦。一般認為（但不確定）野外的灶馬應該是依靠飄進洞穴、或掉落地上的低營養價值殘渣為生，比如屍體或凋枯已久的有機物，若此屬實，灶馬便扮演了食物網中重要的一環，尤其是那些穴居的灶馬，因為牠們可以靠著其他動物難以消化的食物維生，如碳化合物，然後自己再成為食物鏈中其他動物的食物[5]。家居中的灶馬應該也扮演類似的角色，簡單說就是將你家地下室無法食用的物質，轉化成蜘蛛與老鼠的營養來源。

雖然還是有一些穴居的灶馬對於棲地類型非常專一，甚至被列為瀕絕物種，但至少有六種灶馬住進了人類的家中。早在二十世紀初，密西根大學的西奧多・亨廷頓・哈伯爾（Theodore Huntington Hubbell）就已經研究了這六種居家灶馬的族群分布。哈伯爾與他的學生泰德・孔恩（Ted Cohn）是極少數研究灶馬的科學家，哈伯爾還出了一本論文集介紹這些善於跳躍的小動物。這本《北美穴螽屬修訂專論》（*The Monographic Revision of the Genus Ceuthophilus*）總共五百多頁，雖然內容專注在灶馬的演化學、地理學與自然史，但讀起來有點像《舊約聖經》，講的都是誰住在哪個地方、誰跟誰生了誰，非行內的讀者可能會覺得乏味，但對我們的研究卻至關重要。哈伯爾的書明確指出，我們應該預期灶馬可能在北美普遍分布，且除了極寒氣候的地區外，在室內外的環境都可找到。且基本上，灶馬應該沒有太明確的地域性，每一種物種都廣布各地。所以我們預期中的居家灶馬分布圖，應該是每個物種都幅跨北美，各地的家庭都可能找到或找不到某種灶馬。不過，結果顯然並非預期（詳圖 7-2）。灶馬在北美東部的家庭地下室十分常見，可是在西北地區卻很罕見，或幾乎沒有觀察紀錄，這當中一定有什麼蹊蹺。

我們原本想到一個可能的原因，那就是參與計畫的民眾可能不是很擅長觀察家裡的動物。或許他們分不清灶馬跟蟑螂之間的區別，或是住在北部的民眾根本連看都不敢看，又或是某些地區的房子少有地下室，因而缺乏灶馬適合的棲息環境，或也可能以上皆是。但結果是：這些臆測全都槓龜了。

就在這個節骨眼，一位博士後研究員 MJ．艾普斯（MJ Epps）加入了我

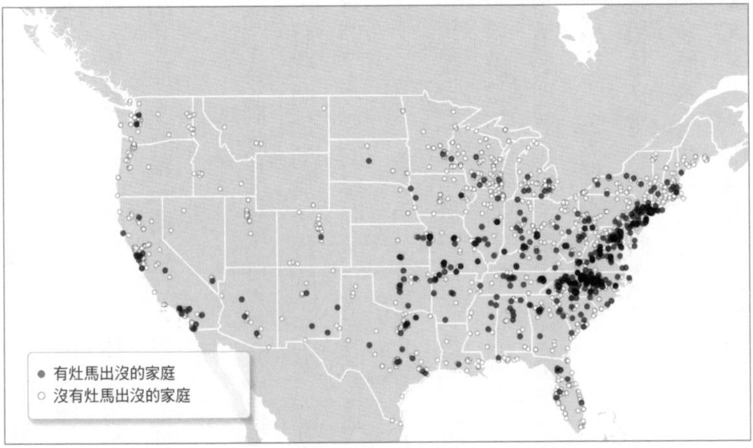

圖 7-2　這是根據電郵問卷調查結果，繪製出全美國有灶馬出沒的家庭分布圖。（圖片來自 Lauren M. Nichols，資料來自 MJ Epps, H. L. Menninger, N. LaSala, and R. R. Dunn, "Too Big to Be Noticed: Cryptic Invasion of Asian Camel Crickets in North American Houses," PeerJ [2014]: e523.）

的實驗室。ＭＪ的名字是瑪莉珍（Mary Jane），但可能只有在她被媽媽罵的時候才會被叫全名。她是一位才華洋溢的博物學家與生態學家，她懂甲蟲，她懂真菌，她也懂森林[6]，因此我們遭逢的灶馬之謎，正適合給她作為加入本實驗室的處女秀。我請她協助釐清影響灶馬分布的原因，於是ＭＪ與負責公關宣傳的莉亞・薛爾一同合作，請民眾把夜間地下室騷動的「灶馬」拍照記錄下來。

在二〇一二年一月至二〇一三年十月之間，我們收集到一百六十四個家庭提供的照片。有些照片裡的灶馬是集體死在黏鼠板上，有些照片則無法辨認，不過另外百分之八十八的照片則著實給了我們驚喜，出人意表地解開了我們的疑問。在這些照片裡，我們看到了一隻以上的溫室灶馬（*Tachycines asynamorus*）[7]（譯按：原文為 *Diestrammena asynamora*，但近年出現新研究，把D開頭的這隻灶馬分到了T開頭下面），這是一種原生於日本，但在美國也可見到的大型灶馬，而且先前未曾有過居家觀察紀錄。這解釋了我們做出的灶馬分布地圖之謎。原來，它之所以和我們對北美原生種灶馬的分布情形理解相異，是因為這份地圖還包含了外來種灶馬的分布。而這些外來種是在舊圖完成之後，才搬進人類家裡的！

根據博物館的標本典藏，以及過去的報告和論文發表，我們發現這種日本來的灶馬至少在一百年前就從亞洲遠渡重洋到了美國。許多原本生活在溫帶日本與中國地區的物種都有被引進美國，但牠們通常被命名為「日本×××」，因為日本對相關生物的研究比中國更多。要了解這些外來灶馬真正的原生地與引入史，可以進行基因研究，不過因為我們尚未走到這一步，因此目前還未能重建牠們在美國遷徙的路徑。這些灶馬自從到了美國後，似乎大多待在溫室（或在臨時性的外屋）裡，不過最近幾年牠們似乎也住進了人的房子。一旦住進了房屋裡，這些動物就會被許多人看見，其中當然也包含上千名科學家，只是大家都對這些顯而易見的傢伙視若無睹，甚至沒人知道這些日本來的灶馬是怎麼搬進美國人屋內的，有可能是牠們演化出適應室內更乾燥和更冷環境的能力，或也可能牠們只是需要時間，從一個地下室跳到另一個地下室，直到完成橫跨全國之旅。

圖 7-3　波士頓某家地下室的溫室灶馬（*Tachycines asynamorus*）。（攝影／皮歐．納斯奎奇〔Piotr Naskrecki〕）

我們後來發現溫室灶馬並不是唯一的「拓荒者」，因為把照片看仔細點，就能發現另一個物種：**日本突灶螽**（*Diestrammena japonica*），牠顯然也是來自日本的外來種。

掌握家庭內常見的灶馬物種後，MJ希望進一步了解族群量。於是她與當時還是高中生的奈森．勒薩拉（Nathan LaSala）針對我家社區裡的十個家庭進行灶馬的抽樣調查。奈森負責設置穿越線陷阱（使用大學生玩投杯球喝酒遊戲的塑膠杯），設置地點在那些已知室內有灶馬的房屋外圍，目的是希望推測灶馬移動至屋外的距離。我們只希望大學生不會把塑膠杯拿走，或是在杯子裡尿尿（我知道這些擔心有點離譜，但還真的被我們料中）。而因為我們要把杯子留在原地，另一個問題就是要如何將灶馬困在杯子裡，我對此毫無頭緒，但MJ自有辦法。她就像操著阿帕拉契山地口音的瑞典童書《長襪皮皮》（*Pippi Longstocking*）女主角，咧嘴大笑地說：「用糖蜜就能抓到灶馬呀！這個大家都知道吧？哈哈哈！」嗯，MJ所謂的「大家」一定不包括我吧。MJ確實是對的，她讓奈森在塑膠杯陷阱裡放糖蜜當餌，順利地抓到了灶馬，我們發現越遠離房屋的塑膠杯，抓到的灶馬越少。現在他們有了穿越線的抽樣結果，再估算出家中有灶馬的家庭比例，就能以外推法算出可能住在北美東部的溫室灶馬（*Tachycines asynamorus*）的族群量了。假如我們所掌握的灶馬普通生物學，還能適用於這種溫室灶馬，我們就能得出一個我認為應該還算保守估計的族群量數據——高達七億隻！也就是說，有近十億隻大拇指大小的動物正在當你的室友，但你完全沒有發現。

這實在是不可思議。想想：有兩種、而不是一種相對大型的昆蟲，就在我們的眼皮底下登堂入室，那是否代表我們可能沒有能力留意那些數量更龐大，但體型比灶馬更小的動物在我們周遭的活動？我不敢斷定，但很可能我們是忽略牠們了。MJ將灶馬的研究結果寫成了論文，這次的發現對我們來說是件大事，因為它代表我們未曾意識到自己多年（可能幾十年）以來，都跟一種鮮少被研究但數量超龐大的生物共處一室。現在我們感覺自己就像是拜岡三兄弟，只是我們的大發現發生在地下室而非史前洞穴。而也如同拜岡兄弟一樣，我們繼續往前探索。

不過，我實在對於這次發現感到太傻眼，近十億隻拇指大的來自日本的灶馬生活在我們家中，大家卻沒有注意過！但我完全可以想像這是怎麼發生的：不是科學家的民眾在家裡看到灶馬後，心想「反正科學家應該會知道這是啥」於是不理牠；不是昆蟲學家的科學家在家裡看到灶馬後，心想「反正昆蟲學家應該會知道這是啥」於是不理牠；而昆蟲學家在家裡看到灶馬後，又想「專門研究灶馬的昆蟲學家應該會知道這是啥」，於是連昆蟲學家也不理牠。結果，現在世界上專門研究灶馬的兩個人，家裡卻都找不到外來種灶馬。於是我開始懷疑：比起其他生態棲地，這種「別人應該會知道吧」的症頭，更普遍存在居家環境的研究，因為我們更容易認為家庭環境一定被徹底研究過、而且多少都在人類的控制中。如果我的懷疑屬實，那代表居家環境不僅蘊含許多未知的生態現象，更是適合發展生態研究的領域，因為當中的任何新發現，都與許多人息息相關。

關鍵在於：要怎麼測試這個「生態學家型遠視症」的現象？首先我可以去看看博物館裡面的標本館藏，大多是從什麼地方採集來的。我看完後發現昆蟲學家確實鮮少從人類居住的空間收集標本，即便有，也只收集特定一兩種動物。就以曼哈頓這二十年來的昆蟲館藏來說，大多來自紐約中央公園，而且也只涵括少數幾類物種，主要有蜜蜂、蚜蟲、土壤蟎蜱，但這也可能是因為人口擁擠的曼哈頓本來就沒有太多種昆蟲。有天晚上我跟朋友米雪兒・吐瓦懷恩（Michelle Trautwein）與她丈夫阿利・立（Ari Lit）談起這件事。當時我到他們家共進晚餐，兩位都是我的密友，而米雪兒正好是蠅類演化研究的國際權威。我和他們分享了灶馬研究的故事，然後米雪兒跟我突發奇想：要是我們極盡所能在家中進行節肢動物的普查，可以發現哪些動物呢？於是我們手上拿著紅酒，掃視一道道窗台，看到了幾種蜘蛛、一些蛾蚋、還有幾隻甲蟲。嗯，我們兩人連一隻動物的物種名都說不出來，但很自然地認為一定有人知道。所以，也許我們根本也患了「生態學家型遠視症」！其實我們應該去查看這些動物的分類，甚至對更多家庭進行這樣的普查，看看我們還遺漏了哪些物種。我們都覺得一定很多，說不定高達上百種。夜深了，這些蟲子彷彿我們的靈感繆斯，引領我們翩然遙想宇宙奧妙，以及新的研究計畫可能。當時剛好是絕佳的時機，因為米雪兒即將在北卡羅萊納自然史博物館（North Carolina Museum of Natural Science）開始一個新的研究計畫，也許正好可以進行居家節肢動物的普查。我們向昆蟲舉杯致敬後，便回到餐桌上的另一半身旁，繼續談論世界上的其他議題。

隔天一覺醒來，小酌歡愉依舊，但有些事似乎不再那樣夢幻，尤其是昨晚靈光乍現的研究計畫。雖然整體來說仍是個不錯的主意，但是我們發現了一些問題。首先，和我們談過這事的每一位昆蟲學家，似乎都覺得這個題目很無聊。我們試圖推坑的研究生大都婉拒了這項邀請，因為他們比較想去研究遙遠的森林生態系。有位朋友還在電話上建議我不如去熱帶雨林挑一塊木頭，從中找點樂子，「老兄，別浪費你的時間在窗框上或是廚房裡，我們再到玻利維亞闖闖吧！」當米雪兒和我處在樂觀積極的狀態時，我們會覺得世人真是大錯特錯，但有時我們也擔心錯的可能是我們，會不會灶馬研究帶來的驚喜只是難得的例外？無論如何，我們還是鼓勇前衝。

這個研究計畫在操作上的挑戰，就是要能辨認所有的物種。我會認螞蟻，米雪兒是蒼蠅專家（她目前還是加州科學院的蒼蠅研究員），而且能辨認不少相近的蒼蠅物種，我們需要找到人幫忙辨認這些以外的物種，但是其他物種會有多少呢？首先以防我們找到超難辨認的動物，我們招募了一位江湖人稱昆蟲學家中的昆蟲學家——馬修．伯通（Matthew Bertone）。他在辨認昆蟲方面有著非凡的天賦，只要能按照自己的步調從容、謹慎地工作，他通常都很樂意接下任務。雖然他先聲明合作前提是需要辨認的樣本數不會太多，但他至少是答應了我們的邀約。隨著籌備持續進行，各種不同專長的人一一受邀加入了我們的研究團隊，也因為我們知道這次的任務不可能藉由志工達成，所以我們支薪給整個團隊去家家戶戶進行蟲子的捕捉、分類、計數，以及辨識。我們似乎殺雞用牛刀，高估了這個計畫的難度，畢竟在家裡是能找到多少物種呢？我還做了一個夢，在夢裡我們調查了十個家庭，結果只找到六隻蟑螂「的腳」、一隻被孩子寵物追殺的螳螂、一隻跟兔子一樣大且沒人能抓到的蝨子，真是個怪異又不祥的夢啊。

終於，調查團隊全副武裝進入家戶，帶了集蟲器具、罐子、網子、記錄本、抽濾管、頭燈、攜帶型顯微鏡和相機，看起來簡直是昆蟲系馬戲團，只差沒有吞火秀演員跟自帶打擊音樂製造氣氛[8]。如果我們成功找到什麼有趣的物種，那我們這幫馬戲團的華麗初登場也值得了，但如果失敗，我們就會像個大笑話。

調查團隊工作的期間，我跟家人待在丹麥，我也試著說服丹麥自然史博物館進行類似的調查，但徒勞無功，沒有人覺得這種研究會獲得什麼驚人發現。而由於我當時不在羅利市，因此我的報應就是大家第一個就選我家進行調查。馬修、米雪兒和其餘成員踏上了我曾走過的路徑，在調查完我家之後，他們還要在羅利市調查四十五戶人家，接著則是全球其他的家庭。

包含我家在內，調查團對房子裡頭的每個角落都不放過。有時候光是單點的採樣就要耗上七個小時。看似昆蟲寥寥無幾的房子，其中每個房間都找得到生物，角落有、排水溝也有，大家只差沒把屋內藏書一頁頁翻開來找蟲了。窗框與燈罩可說是昆蟲停屍間，床底下跟馬桶後面的空隙也都有些收穫（但可能是不太受歡迎的生物）。我們發現的每一隻節肢動物，無論死活，都會被儲存在一只小瓶子或罐子裡。屋主則是一臉

圖 7-4　正在某個家庭一隅採集節肢動物的馬修・伯通，他是一位昆蟲學家與昆蟲鑑識大師。（圖片提供／馬修・A・伯通）

驚異地目睹瓶中透明無色的酒精被集滿的蟲腳、翅膀或屍體漸漸染成棕色。收集瓶呈現棕色代表好徵兆（至少對我們來說是，不過屋主的心情想必會更複雜一些）。後續的清點與鑑種工作將回到實驗室裡進行，並將費時好幾個月。因為每個人都在不同的房間進行採集，沒人完整看到一間房子所找出的全部生物，所以很難馬上拼湊出居家昆蟲生態系的全貌。

每次我從丹麥寫信問米雪兒研究進度時，她就會提醒我鑑種的過程是很費時的，而且鑑種王牌馬修需要在仔細工作的狀態下，才能將任務圓滿達成。她要我多點耐心（雖然知道我真的沒什麼耐心），她也告訴我：找到的物種比我們預期的更多（當時還不知道其實有超過一萬種）。收集瓶裡，哪怕只是隻小蟲或殘肢，都必須一個個撈出來上標籤、鑑定。馬修在鑑種時不會把整隻蟲都看過，他只注意物種或屬才有的形態特徵，例如有些螞蟻要看頭上觸角的節數，但叩頭蟲就要仔細看牠們短毛的濃密程度以及生殖器的形狀[9]。有時候連馬修都無法鑑定，他就會把標本寄給相關的分類學專家，例如鑽研蛾蚋的專家，而這位專家可能住在俄亥俄州、斯洛伐克或紐西蘭，那麼標本就要遠渡重洋才能到達專家手上，使鑑定工作花費更多時間。也有很多種昆蟲在全球也只有少數幾位科學家在鑽研，因此馬修需要小心貼好標籤、層層包裝，然後千里迢迢寄到世界另一頭鑑種，這個過程至少要花上幾週。而萬一那個專家很忙，等上幾年都有可能（目前還有一些專家尚未完成這項任務）。很多分類學家可能都害怕自己遲遲未完成這些鑑種作業，直到死前仍被一盒盒堆疊的標本包圍[10]。

好不容易，我家的昆蟲調查完成了，結果發現了一百種以上的節肢動物。我說「以上」是因為有些標本還無法被鑑定，有些是因為找不到相關專家幫忙，有些是因為狀態欠佳（像是乾枯已久的翅膀、殘破不堪的附肢、只剩一顆的複眼等）。總之有一百種，這比許多昆蟲學家預期的還多十幾二十倍呢！更棒的消息是，我家雖然是首例，但並非特例，幾乎所有被調查的家庭裡面都找到至少一百種節肢動物（分屬在超過六十個節肢動物的科之下），有些屋子裡甚至高達兩百種。而羅利市的情形也不是例外，因為在接下來一年，我們從舊金山與瑞典的家庭中收集灰塵並進行DNA定序後，也發現了同樣驚人的節肢動物多樣性[11]，而祕魯、日本與澳洲的家庭裡，甚至發現了更多的物種，最終我們總共從家庭裡發現了上千種節肢動物。羅利市的家庭中有來自三百零四科的節肢動物。科就是比屬更高層級，且演化歷史更早的分類單位（屬比種更高層、更古老，而亞科更勝於屬，科又更勝於亞科），例如不管哪種螞蟻都屬於蟻科這個科大家庭，而居家中可發現超過三百科跟螞蟻一樣獨特，且演化史古老的節肢動物，可見每天在我們眼前的萬千動物世界幾乎沒被我們發現，不是因為牠們尺寸太小，而是因為我們視若無睹。所以，看看四周吧！不論你家門窗封得多緊密，室內一定會有節肢動物。仔細看看，我保證牠們就在你身旁。你現在就可以先放下書，然後在家裡四處搜索。建議你可以從窗框與燈罩開始下手。

普查結束後，大家最好奇的就是我們到底找了哪些節肢動物物種，答案是很多蠅（雙翅目），上百種的蠅，有些還可能是新種。我們找到家蠅、果蠅、蚤蠅、搖蚊、蠓、蚊、廁蠅、幽蚊、稗稈蠅、以及水蠅，這還不包括蕈蚋、蛾蚋、肉蠅，或是大蚊、冬大蚊、偽毛蚋，還有長足虻和擬花蠅。如果你在家裡看到兩隻飛蠅，牠們十之八九是不同的物種。我的天！那如果看到十隻呢？牠們很可能來自五種不同的物種。多樣性第二名的類群則是蜘蛛（姬蛛、狼蛛、近管蛛、蠅虎，還有對獵物噴毒液的蜘蛛等等），接下來幾名，分別是甲蟲、螞蟻、蜂類、蜜蜂還有牠們的親戚。甚至連馬陸都有物種多樣性，我們在室內找到的馬陸分屬五個科。蚜蟲在羅利市家庭中也屬於常見的類別，因此在蚜蟲體內產卵的蚜蟲寄生蜂也十分常見，連同在蚜蟲寄生蜂體內產卵的寄生蜂也很常見[12]。同理，蟑螂的寄生蜂也是常見的動物，雖然牠們小到無法叮人類，但其針狀的產卵管足以深入蟑螂的卵鞘中，將自己的卵產在蟑螂卵旁，孵化完成的寄生蜂幼蟲便會把身旁的蟑螂卵吃掉。居家中豐富的動物多樣性，令我想起美國作家安妮・迪拉德（Annie Dillard）所寫的「蛋白質塑造出各種精妙的形體」。呼應著我們所發現的一切，我不禁「讚嘆於大自然演化的創作，並向其致意」，向你我的小小室友們。

起初昆蟲學家們斷定我們不會在家庭裡發現太多動物，等我們發現了上千種動物後，他們又說這些動物只是剛好從外面飄進屋裡，因為人類的房子就像是巨大的誘捕燈，恰好吸引周遭的生物。在我們某一次的演講中，台下某位同事表示：「這些居家動物的存在有什麼意義？牠們又沒有用。」學者其實都很擅長被動攻擊技的忍術呢。接下來的問題是：要如何找出哪些物種不只是路過，而是真正常駐在家中的居民，所以我們的第一步，就是先看這上千種的動物中，哪些有經年累月的出沒紀錄，而非只是偶爾發現。於是，我們加倍努力地比較其他地區的研究案例。第一個案例是在烏克蘭的雞舍中可發現的蜘蛛與蜘蛛網上的物種，其中最常見的七種蜘蛛裡，有四種在羅利市的家庭中也可見到（至於蜘蛛網上的昆蟲因為找不到鑑種人員，目前物種未知），可能代表這四種蜘蛛屬於容易預期的、全球廣泛分布的室內型節肢動物。我們比較的第二個案例，則是考古學家艾娃・潘納吉歐塔古普魯（Eva Panagiotakopulu）的研究。

艾娃的專長屬於考古學中相當特殊的領域，她專門研究古代時居住在屋裡的昆蟲。有些人可能嚮往當一隻牆上的飛蟲（編按：a fly on the wall，意指隱蔽的旁觀者），但艾娃和她的同事感興趣的是：這道牆上真的曾經有飛蟲嗎？艾娃研究過古文明時家庭裡的節肢動物，包括古埃及、古希臘、古英國與格陵蘭島，從她的研究可得知過去人類曾與哪些動物共處一室，以及這些動物如何在全球遷徙。她沒辦法研究所有過去家裡會出現的節肢動物，只能針對標本保存良好的某幾個科，如成蟲良好保存的（像甲蟲）或蛹良好保存的（像蒼蠅）那幾個。她沒辦法像我們研究當今居家環境那樣進行大規模普查，但她所能掌握的線索也足以帶她穿越時空，探索宇宙奧祕。

艾娃與同事在世界各地房屋遺址中可找到的動物，通常跟以下因素脫離不了關係：食物（吃穀物的甲蟲、吃麵粉的甲蟲、或吃穀物與麵粉上真菌的甲蟲）、排泄物或廢棄物（糞金龜與埋葬蟲），以及人類日常生活中會接觸的各種角落。艾娃在古代房子（西元前一三五〇年的埃及阿瑪納古都〔Amarna〕的房子）內找到的幾十種穀物或食物相關的節肢動物，也都能在羅利市找到；與廢物或與人體相關的物種亦然。每個物種都有自己的獨特之

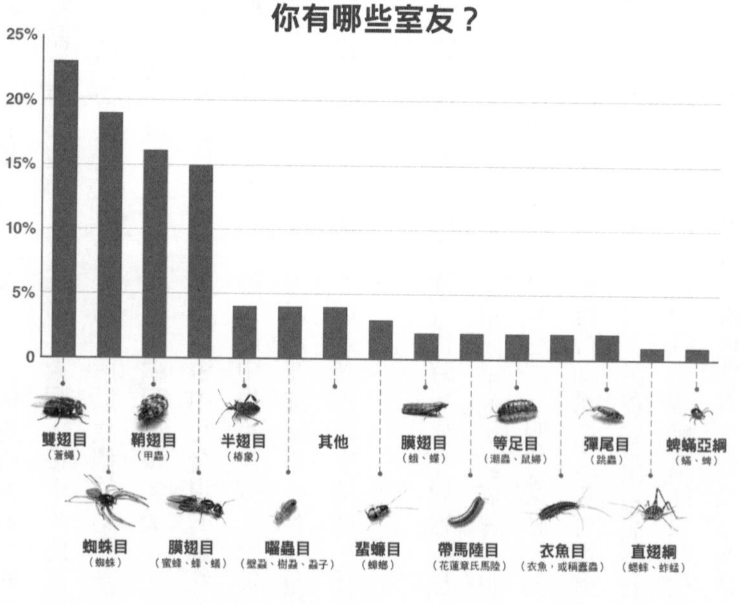

圖 7-5　在羅利市的家庭中，不同節肢動物目之物種所占的比例。（修改自馬修・伯通的作圖）

處，但與居家環境的脈絡大致類似，都是在覓食的過程中，從野外環境遷入人類的居所。然後牠們又隨著人類的食物、建材或人體，再被帶到更多地方。家蠅、果蠅、印度穀蛾、某些鰹節蟲，甚至某些種蟑螂，都是這樣進入我們的生活當中。聖經故事裡，諾亞打造的方舟裡有獅子、老虎之類的大型脊椎動物，但在人類歷史上的兩次主要移動事件中，我們帶上方舟的其實是種類繁多的昆蟲。昆蟲很快就隨著人類的足跡遍布全球各大陸[13]。在波士頓的一棟一六五〇年建的小外屋，裡頭除了保齡球、瓷器、鞋子，還有至少十九種已經在歐洲著陸的居家甲蟲[14]。

在比較過艾娃與我們兩個團隊的研究後，我們估計至少有一百種至三百種的節肢動物，是從地中海東部沿岸地區或非洲大陸，千里迢迢遷徙至羅利市（以及北美洲各地）。其他在羅利市的家庭中發現的物種，可能在歐洲殖民者到達美洲以前就存在北美原住民家中了，當中包含一些地毯甲蟲。還有一些物種是以非常奇特的旅遊方式抵達，例如原本演化上是寄生在天竺鼠身上的人蚤，也許是利用毛皮交易時偷渡在皮毛上，不知為何開始在人群之間傳播，最後竟一路從安地斯山脈擴張至地中海東部沿岸與歐洲[15]。簡言之，現代家庭中可找到的上百種動物，都已經是長期演化後適應居家環境的物種，不論我們有沒有注意到牠們，牠們早已是人類歷史中的常態，遠比民主、自來水系統或文學都來得更為明確。

除了特化適應於居家環境的物種（可能在不同的地區和時期搬進）以外，我們還發現許多家裡的物種其實都是來自戶外。有些是進門來找吃的，像竊葉火蟻（*Solenopsis molesta*）；有些則是跟著房東進屋的，例如世界上最小、屬於蟻蟋屬（*Myrmecophilus*）的蟋蟀物種，牠們通常寄居在蟻窩裡，也在某些家中被目睹與螞蟻一同出現。馬修．伯通也發現一個類似的案例，他在一個有白蟻出沒的家庭中發現了毛蛉的幼蟲，這種罕見的毛蛉通常都寄居在白蟻的巢穴，並會對從肛門對白蟻噴射「有毒蒸氣」使其震懾，再吃掉牠們[16]。沒錯，自然界就是有這麼荒謬的故事。其他在屋內發現的室外物種，大多只是迷路了，包含不少種蚜蟲、在蚜蟲體內產卵的蚜蟲寄生蜂，或是在蚜蟲寄生蜂體內產卵的寄生蜂的寄生蜂。我們在室內還找到蜜蜂、熊蜂、獨居蜂，牠們飛進屋內雖屬意外，卻依舊提供了我們有關居家生態系與生活的重要啟示。因為牠們是後院的生物多樣性指標，包括當中的昆蟲生物相、昆蟲所依賴的植物，以及其他物種的多樣性。不然，如果這些家庭的後院缺乏生物多樣性，這些蜂類就沒什麼機會從庭院飛入屋內。

在家中發現的大部分節肢動物，我們都不知道牠們吃什麼，也不知道牠們的原產地，更不知道牠們的近親包含哪些動物。當你在廚房看到這些動物，跟我二十歲在哥斯大黎加的熱帶雨林看到落葉下的昆蟲，其實是差不多的意思。在哥斯大黎加豐富的生態中，你大概可以假設在落葉下翻找到的生物很可能根本沒有被記錄過，你觀察到的一切都可能是科學界的新發現；而在居家環境，這種假設現在也越來越適用了。唯一的不同是，上千位科學家或數百萬名民眾，通常都看過你在家裡看到的生物，只是他們完全視而不見罷了。最近有個研究又在美國西岸的洛杉磯市區中發現了三十種蚤蠅的新種[17]，作者繼續研究一陣子後，又在洛杉磯發現另外十二種新種[18]。在東岸的紐約，也是新種不斷，包含在城市裡發現的一種豹蛙（*Rana kauffeldi*），之後又發現了一種高譚隧（*Lasioglossum gotham*），以及一種侏儒蜈蚣（*Nannarrup hoffmani*）[19]，也有蒼蠅的新種[20]。雖然牠們都是在室外發現的，但與我的室內研究不謀而合。我們每天從充滿未知的生態環境醒來，但即便是家中看得見的生物，或者說，特別是看得見的生物，我們反而所知無幾。我強烈懷疑我們的採集結果中就有不少新種，但要確認的話，相關鑑種工作就不能只依賴馬修·伯通，我們必須每個標本都找相對應分類的專家來幫忙——比如蛾蚋專家或石蜈蚣專家。然而現實往往事與願違，很多居家的小動物是沒有人在研究的。

我從這項研究計畫中學到了一課，那就是當你在家中看到任何一隻節肢動物時，你都應該去研究牠、去關注牠，千萬不要以為有哪個科學家已經把牠研究透澈了。你可以拍照、繪圖，拿出你的放大鏡與筆記本，記錄下你的觀察。要是你發現了什麼有趣的事，就學習雷文霍克吧！使用你熟悉的工具去研究這隻動物的種類與可能的行為，然後寫成一封信寄給科學家。你家裡有的觀察工具已經比以前好上太多。想想雷文霍克，他獨自一個人進行研究，結果幾乎每天都能發現新物種或新現象，那再想想如果我們能通力合作，可以有多少發現？我們目前連最基本的生態問題都不清楚，例如家裡哪個動物會吃掉哪個動物。記錄一下你家角落的蜘蛛都抓了些什麼，或是抓一隻節肢動物養在飼養箱裡，看看牠都吃些什麼或怎麼交配（科普作家蘇・哈伯爾就是這樣記錄下盲蛛的情愛生活，這是科學史上的首次發現。）現在的我比以前更加堅信：居家動物生態中蘊含著科學未知的現象，我甚至覺得未知的科學現象特別容易在家中出現。不過即便在完成了這麼大的研究計畫、獲得了許多新發現後，當我跟米雪兒分享這份心得，她卻表示：「你確定這不是因為我們的研究主題就是居家環境的原因嗎？搞不好未知的自然現象俯拾即是。」我確實不能確定，但這也許就是我想說的重點，我們對於周遭的動物實在太無知了，以致我們無法確定目前未知的那些重大發現，究竟是不是藏諸我們每日作息之處。

許多昆蟲學家以為我們的家只有寥寥幾種昆蟲，而且當中多為害蟲。但其實真正的害蟲，例如攜帶手足口相關病原體的病媒蒼蠅、引發過敏的德國姬蠊、吃房子的白蟻、造成肌膚搔癢的床蝨等，在我們的研究個案裡都極少出現。相反地，我們就像拜岡三兄弟一樣，跌進一間充滿驚喜的小密室，發現了這些小動物的多樣性，並深深讚嘆於這動物自然史的美麗與精巧。

沒錯，我覺得這些存在於家中的動物非常美麗。你不需要同意我，因為我也不能強迫你。而且為什麼你一定要同意我呢？尤其當我們所談論的這些動物，正好就是許多成人覺得厭煩而且低級的物種。這不禁讓我想起蛇類專家兼博物學家哈里・格林（Harry Greene）在某書中寫的一篇文章[21]。該文中，格林也對蛇類有類似的討論，他根據哲學家康德（Immanuel Kant）的論述[22]，試圖區別自然界所存在的兩種審美觀（自然界泛指蛇、蜘蛛等生物）：自然可以是美麗、崇高（sublime）的。美的感受可能發生於我們看見一隻紅衣鳳頭鳥、聽見一隻山雀鳴唱，或目睹一隻鯨魚躍出水面的時候。美的感受，來自我們的感官刺激與我們的文化背景，但不屬於知識理解的層面。某天我使用顯微鏡觀察印度穀蛾時，發現它翅膀上的鱗片很美，我也覺得姬蛛在我家前門上結的網很美，甚至蚊子頭上的觸角也可以很美。至於崇高的感受則不同，這種在審美上的欣賞，不是建立在對一隻昆蟲或一隻鳥的觀察，而是在對某種生物有了透澈而廣泛的認識後，進而感動與讚嘆。天空是美麗的，因為夜星的排列在視覺上充滿魅力，但我們感到讚嘆，是因為我們知道宇宙是多麼浩瀚無垠，而每道微弱的星光，都是來自一顆顆耀眼可比太陽的恆星。所以，拜岡三兄弟第一次發現史前洞穴時，固然驚覺了大自然的美，但他們願意為考古研究奉獻餘生的原因，是在他們體認到這些岩畫在早期人類藝術史上的地位後，深受感動之故，尤其是三兄弟中的路易。同理，印度穀蛾的翅膀，在視覺上對我來說很美麗，但這種動物令人讚嘆之處，在於牠可能曾待在哥倫布的遠航船上，牠可能曾從古羅馬的穀作中飛揚而起、也曾與古埃及人共處過。想到家中的小動物們背後可能都有這樣的故事，敬畏之心便油然而生，可惜我們尚未能解開大部分動物的身世之謎。牠們就如同無垠的宇宙，充滿新鮮又刺激的故事。在多年前走入哥斯大黎加的熱帶雨林小徑探險之後，我第一次又有了這種感受。對我來說，家中的節肢動物就如同其他棲地的節肢動物一樣，都是美麗而崇高的。這就足以構成我們關心牠們、關照他們、甚至保育牠們的理由。然而我可能還沒辦法說服你，你可能還在懷疑那些小蟲到底對你有什麼用處。而如果你真的這麼想，其實你並不孤單。

8 灶馬對我們有什麼用？

別擔心，蜘蛛，我也只是寄居一時。

——小林一茶，
《俳句精選：松尾芭蕉、與謝蕪村、小林一茶之俳句選集》
（*The Essential Haiku: Versions of Bashō, Buson, and Issa*）

當我和同事及實驗室成員開始寫文章，探討灶馬以及其他居住在人們家中的節肢動物時，我們興奮得不得了。我們發現了那麼多的物種，我們開始在腦海中想像接下來幾十年間，會有上百名學生繼續鑽研這個主題。我們熱切地期待著，當我們將這些發現寫成科學文獻，分享給一般大眾知道的時候，大家都會跟我們一樣興奮。我們夢想著為成千上萬的八歲小孩們帶來啟發，讓他們回去後也跟著開始研究他們家裡那些從來沒有人發現過的生物。某種程度上，這些情景的確實現了。我希望它們能夠繼續實現，而且在我的實驗室中，現在有很大一部分的工作就是在想辦法讓孩子們和他們的家人更容易去研究身邊的生物。但是對於我們的發現，興奮並不是唯一的反應。也有一些人問道：「好啊，那請問我要怎麼把牠們除掉？」或更常被問的是：「牠們有什麼用？」

生態學家每次被別人問起某個物種有什麼用的時候，總是會有點疙瘩。這種問題就像香港腳一樣惱人。生態學家很早就學會，任何一個物種本身都沒有好壞之分、也沒有價值高低的區別——牠們單純就是存活在這世界上而已。如果不以我們自身的信念和需求來判斷的話，藍鯨和藍鯨身上的條蟲、條蟲體內的細菌、細菌體內的病毒，彼此的價值都是相等的。牠們會存在，純粹就只是因為牠們在演化的過程中出現了而已。陰蝨和人膚蠅也是一樣，人膚蠅的幼蟲居住在人的皮下組織中，透過兩個像浮潛呼吸管的氣孔呼吸。但這既不是好，也不是壞，就只是存在而已。

但即使某個問題我們不會去問（或者說不會用那種方式問），不代表不能有別的有趣問法。我們大可不必直接對這個問題嗤之以鼻，而可以換個角度，改問道：「這個物種對於人類社會可能有什麼應用價值？你又要怎麼利用生態演化生物學的知識去找出答案呢？」這跟原本的的問法差異相當細微（而且冗長許多），但是這樣的問題，科學家就比較有辦法認真想了。實際上我們的確是發現了一系列的家居生物，對於人類來說十分實用。

我在前面已經談過，家裡的的生物可以直接為人類帶來健康及福祉。但還有很多物種可以透過在某些產業上的重要功能，間接為人們帶來好處。舉例來說，在廚房或麵包烘烤房裡可能為數眾多的地中海粉斑螟蛾（*Ephestia kuehniella*），會受到一種稱為蘇力菌（*Bacillus thuringiensis*）的病菌感染。這種病原菌最初是在德國（更精確地說，是在圖林根〔Thuringia〕地區）的地中海粉斑螟蛾身上找到的。後來人們發現：這種病原菌可以用來殺死農作物上的害蟲。活的蘇力菌可以灑在有機作物上。在那之後，又有人發現可以把蘇力菌的基因直接轉殖到玉米、棉花和黃豆的基因體之中，如此一來，這些基因轉殖作物就可以自己生產殺蟲劑了。穀蛾的有用之處，就在於以牠為宿主的一種細菌之中，有個基因最後促成了農業革新，創造了上億美元的商機。

我們也可以在住家內找到青黴菌的許多物種。抗生素最早就是在其中一種青黴菌身上找到的，這個發現最終拯救了上百萬人的性命。另外還有一種青黴菌，則是第一代的降膽固醇藥物（一種斯他汀〔statin〕類藥物）的來源。家鼠和褐鼠都是家居生物，占據了住家內的空間而使族群逐漸壯大。我們在研究人體及醫藥的過程中，如果不想進行人體實驗，就會拿家鼠和褐鼠來當作實驗的對象，就跟果蠅一樣。果蠅、家鼠和褐鼠對人類都有「好處」，因為牠們讓我們不必傷到人類就得以進行醫學研究，我們透過研究這些生物的特性來更加了解人類自己。

我還可以列出很多例子。但是，當我在想著在住家裡的動物有什麼應用價值的時候，我突然覺得：也許我能做的不只是列清單而已，也許我可以真的開始在實驗室中有系統地找出不同的家居生物的用途。我打算就從在地下室裡找到的外來灶馬開始。我的計畫是從灶馬的生物習性，來推敲牠們對人類可能有什麼用處。

灶馬跟衣魚等其他住在地下室的生物一樣，在搬進人的住家之後，都還是保留了適應穴居生活的各種特徵。牠們有辦法憑藉看起來完全難以下嚥的有機質填飽肚子。舉例來說，人們曾觀察到住在地下室裡的衣魚吃過植物組織、砂粒、花粉、細菌、真菌孢子、動物的毛髮、皮膚、紙、人造絲和棉花纖維——這可以稱得上是文明吃到飽自助餐了。一樣住在地下室的灶馬，食性大概也會很相似[1]。這些食物不僅相對缺乏氮和磷等元素——很多生態系裡的主要食物來源——它們很多時候甚至缺乏容易分解攝取的碳元素。植物和能行光合作用的微生物，可以從空氣中獲取碳元素，在大部分生態系中，這些被生物攝入的碳元素就成了接下來整張食物網的基石。但是洞穴和地下室環境裡都沒有光源，這代表固碳作用很少發生，因此可用的碳元素也很稀少（除非有蝙蝠在那裡排泄，有些洞穴是這樣沒錯，但希望你家的地下室裡並非如此）。在缺乏容易利用的碳元素、也缺乏其他養分的情況下，穴居動物演化出了營養需求較低的身體。這些動物一次又一次演化出的特徵包括：缺乏眼睛（要長出眼睛需要花費很多能量）、沒有色素（製造色素也通常很耗資源）、輕且多孔的骨頭（如果有骨頭的話），或是輕薄的外骨骼（如果沒有骨頭的話）。我在思索灶馬的應用潛力時，有個點子冒了出來。有沒有可能，灶馬和衣魚這些穴居動物不只丟掉了牠們用不到的構造，還獲得了一個技能：從牠們找得到的食物中有效榨取大部分能源的能力？比如說，牠們可能可以藉助特殊的腸道細菌，好分解自己的消化酵素沒辦法分解的成分。

假如灶馬的腸道內有特殊的細菌，可以幫牠們分解難以消化的物質的話，我們也許可以為那些細菌找到一些工業上的用途。也許我們可以把灶馬腸道內有用的細菌找出來，想辦法在實驗室裡培養，然後找找看產業界有沒有人有興趣利用這些細菌來幫助他們處理難以分解的廢棄物，例如塑膠，甚至把廢棄物轉換成能源。這不是件簡單的挑戰，不過管他的，試試也無妨，反正我已經有終身職了。

為了測試這個點子，我們需要調查地下室裡的昆蟲腸道中所有可以找到的細菌。這樣的研究應該會找出三類不同的細菌。在這些昆蟲的腸道裡或是外骨骼上，有一些細菌只是湊巧出現、跟著牠們四處跑，但是對牠們沒有什麼實質的幫助。當家蠅降落在任何物體表面上時，牠具有黏性的腳毛總是黏滿了細菌。當牠進食的時候，腸子裡也會湧進大量細菌。這些意外的訪客之後會繼續散播到每一個牠們降落、腳踩、大便、反芻的地方[2]。但我們並不想研究這些純粹只是搭家蠅便車的細菌物種。

第二類細菌高度特化並且仰賴昆蟲而活：它們跟這些昆蟲宿主經歷了久遠且緊密的共同演化之後，大多數情況下都已經沒有辦法離開昆蟲而活了[3]。它們的基因體極度簡化、被砍到只剩下那些對昆蟲宿主為言最為重要的基因，幾乎像是這些微生物已經變成了昆蟲的一部分一樣。像是巨山蟻屬（*Camponotus*）的螞蟻，便仰賴布拉曼氏屬（*Blochmannia*）的細菌以取得牠們在食物中無法獲取的維生素[4]。但是對我們而言，雖然這些住在昆蟲宿主（不管是象鼻蟲、蒼蠅或是螞蟻）的細胞裡的細菌十分迷人，但是對於產業界來說並沒有什麼吸引力，因為它們根本沒辦法培養或操作。

我們把重點放在第三類細菌身上。我們想要的，是某種程度上特化為跟昆蟲共同生活，但還是能夠獨自生存（比方說長在實驗室裡的培養基上、或是工業大桶之中）的那些細菌。在這類細菌中，我們會特別注意那些獨自生存時，仍有辦法分解頑強的碳化合物的細菌。我們認為這些細菌可能在昆蟲身上很多，但是在世界上其他地方相對罕見。可能其他研究者過去漏掉了這些既不太普遍也不太罕見、豐富度剛剛好、不多不少的細菌——像是《三隻小熊》故事中溫度剛剛好的粥一樣。

我們現在要做的，就是用那些難以分解的物質來培養灶馬腸道裡找到的細菌。人類製造了非常多不容易分解的工業化合物，有些化合物（包括塑膠）是刻意設計得難以分解的。但是當它們被丟棄時，這就成了問題：這就是為什麼現在海洋中會漂著好幾個像島嶼一樣大的垃圾帶。在另外一些例子中，那些長命的物質只是工業生產過程中的副產物。如果能夠幫忙分解這些汙染物的話，灶馬可就會變成一個非常有用的生物了。

身為生物學家，我受過的訓練是生態及演化等基礎科學（而非應用科學），所以我需要別人幫忙，才能搞懂到底該怎麼著手進行這個新的計畫。我寫了封電子郵件給艾米．葛倫登（Amy Grunden），她工作的地方就在我隔壁的大樓裡的植物與微生物學系。艾米的主要工作內容，是利用在自然界中找到的微生物來解決工業上的挑戰及需求。舉例來說，她曾研究過如何將深海熱泉中的微生物應用在工業上，來為農藥以及化學武器消除毒性[5]。我問她有沒有任何想法可以提供給我們做實驗。艾米說：「好啊，不如我們來看看灶馬裡有沒有細菌能夠分解『黑液』如何？」而我聽了這番回答後的反應，是趁四下無人的時候趕緊上谷歌搜尋，到底「黑液」是什麼玩意。

黑液是造紙工業會排放出來的一種黑色有毒液體，是你把樹木變成一張張可以放進印表機的白紙後所剩下來的東西。黑液的主要組成，是跟肥皂和溶劑混合在一起的木質素。木質素是種難搞的碳化合物，主要的功能是讓木材變堅硬（也讓你家不會才剛蓋好就開始腐爛）。因為有肥皂和其他溶劑混入的關係，黑液跟鹼液（lye，又名「灰汁」）一樣鹼（pH值12左右）。因為黑液有毒，在美國依法不能直接釋放到環境中，所以造紙廠會把它燒掉，這也就是為什麼造紙廠附近的空氣，聞起來總是像腐爛的蛋一樣臭。艾米覺得若是能找到有辦法分解黑液的細菌，幫助應該會很大，於是我們就開始了。史蒂芬妮．馬修斯（Stephanie Mathews）是那時在艾米的實驗室中的一名研究生（後來當過我們兩人的博士後研究員，現在在坎貝爾大學〔Campbell University〕當助理教授），她負責測試一些從灶馬以及白腹鰹節蟲（*Dermestes maculatus*）幼蟲身上取得的樣本。白腹鰹節蟲主要是吃腐肉，但也會吃另一些更難消化的食物。史蒂芬妮和ＭＪ．艾普斯一同工作。ＭＪ很懂昆蟲、史蒂芬妮很懂細菌，一切都十分完美——除了某個現實生物學上的難題之外。

我們剛踏上這趟尋菌之旅時，艾米沒告訴我的是：要找到有辦法分解黑液中的木質素的細菌，這件事究竟有多難。在當時已知的上千萬種細菌之中，只有大約六種可以分解木質素——光是兩隻手就數得出來的數目。

真菌有辦法把木質素分解為比較小、比較容易利用的含碳物質。科學家把真菌分解木質素的過程稱為「白腐病」，而可以造成這個現象的真菌就稱為「白腐菌」。木頭在森林中的分解過程都靠這些真菌，沒有它們，老樹死掉後會永遠留在那裡、永不消失。但儘管白腐菌在大自然中功用很大，它們卻很難應用在工業上。因為它們會長出蕈菇、長出一片密密麻麻的菌絲網，它們的生長速度超級慢，而且還長得亂七八糟的，所以每次有人嘗試想要培養真菌來分解木質素，不管是為了生產能源或是處理黑液之類的廢棄物，最後都不得不放棄。細菌比較容易操作，但是這六個可以分解木質素的細菌物種，因為各種不同的原因，實際上運用起來也都不大容易。而且不論在哪，都還沒有人（史蒂芬妮除外，我們接下來會讀到她在研究所期間的發現）[6]發現過任何一種細菌或真菌，是可以分解黑液裡頭的木質素的。

當史蒂芬妮和ＭＪ開始埋頭苦幹，我心裡滿懷期待會找到重大的發現。但假如當時我有稍微停下來算算我們成功的機會，肯定會發現那機率真是低得可憐。但因為我一刻都沒停下，所以我從來沒有意識到這個計畫有多麼不可能成功。ＭＪ也沒意識到，至於史蒂芬妮，她則是樂觀無極限，於是我們就這樣嘗試下去了。

史蒂芬妮的動作很快，她只花了幾個月的時間就得到結果了。她先用好幾種不同的物質培養昆蟲腸道內的細菌，然後再將要提供給細菌的關鍵食物混合進培養皿裡的洋菜膠中（跟在高中自然科學課堂上用的一樣）。第一組培養皿中含的是纖維素。第二組培養皿中含的是木質素、不含纖維素。其他的培養皿中，則有其他不同形式的微生物食物。每個培養皿中都接種了一滴——剛好一單位的量——磨成漿的灶馬組織樣本，或是白腹鰹節蟲組織樣本。

史蒂芬妮給我們看了這些培養皿上所培養出來的成果。許多物種的細菌都能夠在含有纖維素作為食物來源的培養皿中生長，並且能夠分解纖維素。纖維素是紙張、石膏牆板、玉米桿中都有的成分，既是廢棄物，也是用來生產生質燃料的關鍵物質。這些細菌能夠分解纖維素，代表它們有潛力將廢棄物中的纖維素轉換為生質能源，也就是把玉米穗軸和衛生紙這些東西變成能源。其他生物也能做到這件事，而且有一些已經應用在工業上了，不過也許這些細菌比目前所使用的生物速率更快、或產能更高也說不定。這項發現令人興奮，雖然並沒有太出乎意料，但還是很不錯。

從住家中發現的灶馬的生物習性來看[7]，我預期牠們腸道裡起碼會有一些也可能分解木質素的細菌。那個時候，我還不知道過去嘗試尋找分解木質素的細菌的人，已經有過那麼長的一段失敗史。忽視歷史的人，通常終將重蹈歷史覆轍，而歷史經驗告訴我們，我們大概沒辦法成功找到能分解木質素的細菌。但是，結果我們還真的在灶馬身上找到了一種細菌，能夠分解木質素。事實上，這種細菌在只有木質素作為食物來源的環境中還是有辦法存活。同樣地，在白腹鰹節蟲身上也找到了五種品系（屬於兩個物種）的細菌可以分解木質素。我一直到後來才意識到這項發現有多重大：就在一隻灶馬和一隻白腹鰹節蟲身上，我們的團隊就讓已知能夠分解木質素的細菌品系的數量翻倍，物種的數量也增加了百分之三十之多，而木質素可能是世界上幾乎最常見的有機化合物了。這其中起碼有兩種（其中一種我們將特別關注），跟一個新發現的物種拉氏西地西菌（*Cedecea lapagei*）是近親。簡單總結一下：我們在北美洲各地的住家地下室中發現了一種低調、外來的大型灶馬，在這種灶馬體內，我們發現了一種新的細菌，有辦法分解木質素。

史蒂芬妮也嘗試在含有木質素的鹼性溶液中培養這些細菌。想像一下自己泡在鹼水裡啃木屑的情景，你大概就會懂那是什麼樣的感覺了：不僅餐點難以下嚥，全身皮膚還會逐漸腐蝕溶解。那個溶液鹼到足以分解掉大部分的細菌，照理來說，沒有任何生物有辦法在裡頭生存，更別提生長繁殖了。但是，就是有些生物做得到。史蒂芬妮發現了一些能在這樣惡劣的環境中生存的生物。我們才第一次嘗試，竟然就達成了幾乎不可能達成的目標！這消息太令人振奮了。實際上，所有能夠分解木質素的細菌，包含拉氏西地西菌，也都有辦法在鹼性溶液之中分解木質素。拉氏西地西菌有辦法分解黑液中的木質素和纖維素，最後這就可以用來生產能源了。

藉由了解住家中灶馬的生物習性，我們找到了看起來很有機會能幫忙把工業廢棄物變成能源的細菌。白腹鰹節蟲也是一樣的情況。要找到一種能分解黑液的生物，機會非常非常低，可能只有十萬或甚至百萬分之一的機率吧，更別說是一次找到三種了。但這樣的算法，是假設我們的成功完全只是因為好運而已。我們當然是很幸運沒錯，但我們也充分運用了對於灶馬的認識，來預測哪裡可能找得到有應用價值的物種，最終努力獲得回報。博物學、生態學、對於穴居生物的演化趨勢的知識，這些通通派上了用場。

艾米、史蒂芬妮和我仍在繼續研究如何大量培養這些細菌，好應用在工業上。我們跟其他同事合作，分離出了其中一種細菌——西地西氏菌（*Cedecea*）——所分泌出來用以分解木質素的酵素。我們甚至找到了細菌中負責製造這種酵素的基因。我們離下一步已經越來越近了（雖然目前還有一段距離），那就是把這個基因放進實驗室常用的細菌裡，讓這些細菌有辦法在受嚴密控制的條件下，分解大量的木質素。請大家拭目以待，現在正是最令人振奮的時刻。所以說，我們家中的生物究竟有什麼用呢？答案是：不去研究牠們的話，就不可能會知道。

在灶馬和白腹鰹節蟲腸道中發現能分解木質素的細菌之後，我覺得我們對於「灶馬有什麼用？」這個問題給了一個很清楚的答案。這不代表在某個地下室裡的灶馬或白腹鰹節蟲，其身價突然就水漲船高；這代表的是整體來說，這些生物有機會對人類社會有所助益，前提是牠們能繼續存在、讓我們有機會進一步研究。但當我在演講中提到這些成果的時候，總有人會覺得：我們只是在住家中的上千種節肢動物裡，剛好選中了兩個對人類有用的物種罷了，也許我們只是把最低的水果給摘了而已。要確知真相是否如此，唯一的方法就只有去尋找，看看有沒有其他的節肢動物也有其各自用途了。這就是我們接下來所做的事。我們已開始關注那些在人類家中、生物習性較為人所知的物種，有系統地探索牠們可能會有什麼應用價值。

最理所當然的下一步，是繼續看看有沒有昆蟲身上存在可以分解產業廢棄物的細菌。舉例來說，嚙蟲目的書蝨蠹身上，或許可以找到能夠分解纖維素的全新酵素，對於生質能源的產業會有很大幫助。要確認這點再容易不過了[8]。同樣地，幼蟲生活在排水管內的蛾蚋，有辦法在排水管中的極端環境（一下子濕、一下子乾、一下子又濕）中，只靠食物殘渣就能生存。最近有個研究發現：衣魚目或石蛃目這類經常穴居、在住家中也常出現的古老昆蟲，體內也有可以分解纖維素的獨特酵素[9]。我們可以去研究衣魚和石蛃的昆蟲。或者我們也可以去研究各種甲蟲，畢竟我們在一隻白腹鰹節蟲身上就已經找到兩種有用的細菌了，也許我們可以更徹底地檢查這種甲蟲身上還有什麼東西。或者我們也可以研究這物種的近親：其他鰹節蟲科的甲蟲。光是在羅利市的家中就有十幾種鰹節蟲科甲蟲，每一種身上可能都有各自獨特的微生物，只是都還沒有人去檢查過任何一種！我敢保證，這些在住家裡的甲蟲之中，一定有些物種的腸道裡找得到實用的細菌，能夠為某些產業帶來

圖 8-1　蛾蚋是在家中很常見、但很少被科學家關注的昆蟲。蛾蚋的成蟲真的很漂亮，而儘管牠們的幼蟲沒那麼美，但身上很可能帶有能分解纖維素、甚至木質素的微生物。（相片修改自馬修．伯通的攝影作品）

革命性的發展。光是研究這些，就夠人花上全部（而且非常有意思）的研究生涯了。

但老實說，研究過這些家居節肢動物在某一方面能夠發揮的應用價值後，我就開始想要探索另一些完全不同方面的應用了。一無所知地埋頭亂闖會是很可笑的事，但我們已經不再一無所知了：我們學到了寶貴的三件事。

第一件事是，不要假設其他人已經研究過我們身邊的生物，不管那種生物有多常見。第二件事是，是要找出一種生物的可能應用價值，必須要對那種生物的特性有足夠的理解、知道牠可能具備的能力才行。這代表我們根本還沒辦法開始嘗試探索住家中大部分生物的用途，更別提在野外發現的生物了，因為我們連大部分的節肢動物吃什麼都不知道，對於其他習性所知甚至更少。第三件事是我非常想跟我的學生們分享的，這就是：如果生態學家和演化生物學家不去研究這些生物的潛在應用價值，就沒有別人會去研究了。這第三點也許只是我的猜想，但是長久以來跟生態學家合作的經驗，讓我對這個猜想還是十分有把握的。

現在，我在走路上班的途中，開始會注意路上遇見的各種生物，並不斷思考牠們可能會帶給我們什麼靈感。我的學生、博士後研究員，以及合作研究人員們，也都在想一樣的事。我們會一起探討，比如說，有沒有辦法參考節肢動物身上具有切割或洗刷功能的器官，藉此設計出新的切割工具或是刷子？舉例來說，鋸胸粉扁蟲的大顎強壯到足以壓碎以牠們的體型來說，看似無法壓碎的種子外殼。牠們做得到這點，一部分是因為牠們的大顎有金屬成分的加強，因此特別適合切割東西[10]。昆蟲大顎的形狀和組成材質提供了許多點子，可以幫助我們設計新的切割工具。我們可以推出新品牌的一系列產品，都是以昆蟲大顎為靈感的切割工具。或者是一系列的刷子也可以：大部分種類的節肢動物在腳上或別的地方，都有類似刷子的構造，可以用來清潔眼睛或身體的其他部位[11]。我們可以想像以昆蟲身上的刷子為靈感，設計出可以用在工業生產線、或者是單純拿來梳頭髮的工具。能夠拿一把以螞蟻的腳為靈感的梳子來梳頭一定很酷——假如我還有頭髮的話。

我們也開始在住家的節肢動物身上尋找新的抗生素。人類發掘新抗生素的速度，遠遠比不上細菌對現有的抗生素演化出抗藥性的速度。也許我們可以藉助節肢動物的力量來找到新的抗生素，例如家蠅。雌家蠅在產卵的時候，會同時在卵上沾上諸如產酸克雷伯氏菌（*Klebsiella oxytoca*）[12]之類的細菌。克雷伯氏菌會製造能殺死真菌的物質，讓剛孵化且飢腸轆轆的家蠅幼蟲有辦法贏過真菌的競爭，而取得食物。這類細菌很可能會製造一些人類可以用來控制真菌生長的抗生素。目前還沒有人朝這個方向研究[13]然而，在尋找新抗生素的路上，家蠅還只是個起點而已。很多螞蟻在牠們第一對肩膀上的毒液腺中，也會製造抗生素。數十年前，就有一系列的研究在探討如何將這些抗生素從幾種澳洲的巨型鬥牛犬蟻（*Myrmecia* spp.）身上萃取出來[14]；人們覺得這些鬥牛犬蟻所製造的物質很有機會成為能夠應用在臨床醫學上的抗生素。當我還是研究生的時候，我曾經很想繼續研究這個主題，但是我以為很快會有其他人接手、把這個主題挖掘透徹，所以最後還是沒有去研究。十五年過去了，這主題還是沒有挖掘透徹。於是現在，我跟北卡羅萊納州自然科學博物館（North Carolina Museum of Natural Sciences）的亞卓安．史密斯（Adrian Smith）和亞利桑那州立大學（Arizona State University）的克林特．佩尼克（Clint Penick）及其他人攜手合作，開始調查羅利市的螞蟻，嘗試找出有哪些物種會製造抗生素。我們一開始的假設是：巢穴中族群量很大、或是生活在土壤裡（土壤中很有可能碰到各式各樣的病菌）的物種最有可能會製造抗生素。結果並不是這樣，會製造最有效的抗生素的物種，很多都是火蟻屬（*Solenopsis*）的螞蟻。這屬包含了入侵紅火蟻，也包含了竊葉火蟻，後者是人們在廚房中常會見到的一種螞蟻。我們發現：竊葉火蟻所製造的抗生素，能夠有效對付抗甲氧西林金黃色葡萄球菌（*Staphylococcus aureus*, MRSA）[15]以及其他近似種的細菌[16]。也就是說，你家廚房裡的螞蟻，可能就是有一天能保護你最親愛的人不會被致命的皮膚感染奪去生命的救星。

在此同時，最新的研究也發現：雖然不住家裡、但在後院中很常見的某些昆蟲，牠們身上的物理構造，有辦法抑制或是促進某些特定種類的細菌生長。蟬和蜻蜓的翅膀上都有像刀子一樣的微細構造，可以把細菌剁成碎片。現在，有人開始嘗試把這樣的構造複製到建材上，讓這些材料既能夠抗菌，也能夠讓細菌無法演化出抵抗力（很難對微細的刀鋒演化出抵抗力吧）。我們也在思考能不能反其道而行，研究節肢動物並設計出能夠促進益菌繁殖的表面。很多螞蟻的外骨骼表面似乎就能做到這一點。利用這些螞蟻給的靈感，我們構想出了一件「益生衣」。目前是有了些進展，但離完成還是有段距離。畢竟我們實驗室裡才十幾個人——可能再加上幾個朋友——能做的還是有限。想像一下：如果有個龐大的團隊全心投入、為我們身邊可以發現的生物尋找應用價值，或甚至有一整間研究機構，全心為這個目標而努力，那該有多好。那是我最大的夢想。

圖 8-2　在北卡羅萊納州羅利市門框上的一種草蛛（American grass spider, *Agelenopsis* sp.），這是在北美洲住家附近很常見的蜘蛛，對人類無害。（攝影／馬修．伯通）

人們家中常見的節肢動物身上可以找到的實用價值，很多都是來自蜘蛛或蜂之類，這些大家討厭、甚至害怕的物種，但這些節肢動物在居家環境周圍所提供的生態系服務可是無比重要。蜘蛛和蜂都會吃害蟲，蜂同時也扮演授粉者的角色。同時，蜂和蜘蛛也是新的工業技術應用的絕佳參考。蜘蛛絲所提供的許多靈感，已經讓人們開始大規模生產類似的材質以供使用，人們也模仿蜘蛛建造卵鞘以及其他結構時，從內側開始一層一層興建的模式去蓋房子。還不只是蜘蛛絲而已，蜘蛛用來擠絲的吐絲管，也給3D列印的設計提供了新的構想，家居蜘蛛早在3D列印流行起來之前就在玩這技術了。我懷疑，如果我們把十幾位研究蜘蛛的生物學家和十幾位工程師及建築師關在同個房間裡一個禮拜（也許也丟幾隻蜘蛛進去好了），推出新發明的進展一定神速。

在我的實驗室裡，蜂成了眾多發現的泉源。跟灶馬一樣，我們也開始思索蜂是否可能為某個問題帶來答案。二〇一三年十月，北卡羅萊納州科學節（North Carolina Science Festival）的主辦人強納森．弗雷德瑞克（Jonathan Frederick）問我們有沒有辦法幫他們找到一種新的酵母，可以拿來釀造將在節慶期間提供的啤酒。當時在我實驗室當博士後研究員、專精於蜂鳥喙的生物力學的葛瑞戈爾．亞內加（Gregor Yanega）提議可以往蜂身上想想。

他會這樣想有兩點原因：他本身對於蜂的認識，以及最近有一篇文獻指出，在葡萄園中的蜂會把酵母菌帶到葡萄上面[17]。葡萄園裡的酵母菌在蜂的腸子裡過冬，然後葡萄藤上長出果實的時候，經過的蜂就會不經意地把酵母菌散播到一顆顆果實上。等到葡萄被採收，這些酵母菌就會幫忙啟動釀酒的過程。現在人們認為：在人類開始釀酒之前，啤酒酵母和葡萄酒酵母最初的棲地就是在蜂的肚子裡和身上，而至今我們還是可以看到這些蜂在葡萄園附近的房子或其他建築上築巢。過去我們就向牠們借用過這些酵母菌，於是葛瑞戈爾認為：不如我們再多借用一點吧。

在蜂身上尋找農人們當初可能漏掉的那些酵母菌是個好主意，但是也很難實行。我們連要找誰去蒐集那些蜂都不知道了，還想蒐集蜂身上的酵母菌？幸好那個時候，安・麥登（Anne Madden）剛好加入了我們的實驗室。安在讀博士班的時候花了好幾年的時間研究蜂：她曾經頭下腳上倒吊在穀倉裡或是屋簷房的樓梯上，一掛就是好幾小時，只為了切下還有蜂在四周嗡嗡盤旋的蜂巢，再把蜂巢（迅速地）丟進袋子裡、往背上一背就騎著機車回到她的實驗室去。在那之前，安也有過研究酵母菌的多年經驗，特別是那些對於產業具有應用價值的物種。如果有誰能夠在蜂巢中找到新種類酵母菌的話，那絕非安莫屬了。

安開始檢查蜂身上有沒有新種的酵母菌，結果果然找到了：她在蜂以及其他相近種的身上，發現了超過一百種酵母菌。其中有一種，是在安在波士頓的公寓門廊上築巢的蜂身上找到的。這種酵母菌的功效驚人，可以在幾個月內就釀成過去需要花上好幾年才能完成的獨特酸啤酒（sour beer）[18]。現在，你已經可以買得到用這種酵母釀出的啤酒了。也多虧了安的研究，我們還在其他蜂身上發現了一些相近種類的酵母，似乎很適合用來做出全新風味的麵包。安認為在蜂身上找尋酵母的成果之所以會如此豐碩，原因之一可能是因為蜂自己就會利用這些酵母菌所製造出的氣味，去尋找糖分來源[19]。蜂聞酵母的氣味以尋找甜的東西吃，我們跟著蜂以尋找酵母，這感覺是個很不錯的互助關係。我們希望在未來也能夠繼續維持下去。

到頭來，其實為這些家居生物找出應用方法還算滿容易的。詳實記錄這些用途、並想辦法把它們引入市場上，雖然比較困難一點，但也不是做不到。只要有夠多的耐心和經費，這些技術性門檻都能克服。這不禁讓人想問：為什麼在這個領域中，至今還沒能看到更多成果？為什麼至今還沒有一本型錄，一翻就可以知道我們一早醒來就會看到的那些生物有什麼樣的應用價值呢？我認為有三個原因。

第一個原因是，就如同我在上一章所提到的，人們似乎對於離我們最親近的那些生物，反而最常視而不見。我們必須要看得到一種生物，才有辦法去研究它、認識它可能的應用價值。第二個原因是，雖然生態學家和演化生物學家從一百年前就開始在講物種的「潛在經濟價值」，但他們並沒有花時間與精力去發掘這些價值，他們總是假設會有別人幫忙完成這項工作。而生態學家欣賞一個物種，通常是基於美學上的原因，或者更單純就只因為它存在。在這樣的心態之下，去思考一個物種可能對人類有什麼應用價值，就變得不那麼重要了。於是，我在產業界裡工作的朋友覺得我研究昆蟲很奇怪，而我那些研究昆蟲生態學的朋友，也覺得我跟產業界合作很奇怪（或甚至有更糟的評價）。當你做的工作，連朋友都不覺得有價值的時候，要繼續堅持下去真的很難。結果不論是生態學家或應用生物學家，都沒有促進生態學和產業界的跨領域合作，而這也導出了我們至今仍未徹底探索身旁的生物的應用價值的第三個原因：大部分人在尋找生物的潛在用途的時候，都是亂槍打鳥，隨機找不同的物種嘗試。這是個天大的錯誤，在某些情況下也被證實是個代價高昂的錯誤。我們已經花了上百萬美金，在哥斯大黎加的雨林裡一個物種又一個物種的身上尋找抗癌新藥——根本不應該是這樣的找法。我們應該讓生物學的知識指引我們該往哪裡找，利用所有我們已知的生態學及演化生物學的知識，來預測哪些物種最有可能有哪些用途。如果我們可以跨過這些障礙，我認為我們絕對有能力結合生態和演化生物學的知識，加速地系統性搜尋各個物種的應用價值，讓我們不僅更加受益於大自然的創新能力，也許也因此更能欣賞我們身邊隨時可見的這些生物的價值。現在，如果有人問我灶馬、胡蜂，或甚至是蚊子有什麼用，我會先停下來想一想這個物種的生物特性是什麼。好好思索一番之後，我會提出假說，然後等我回實驗室之後，就開始上工測試。

當然，這方法要能成功，我們就必須要知道身邊這些物種的生物習性，而這代表我們必須開始研究可以在住家中找到的上千種節肢動物（還不包括數萬或數十萬種更微小的生物）。有鑑於人類現在幾乎已經住進了世界上的所有角落，如果能夠詳細認識我們在住家中發現的生物，對於整個生物界的認識也會是非常重大的進展。不過，我們要做的工作可多了。我估計，我們現在認識得夠深、可以開始推測應用價值的家居節肢動物，才只有不到五十種而已（更別提細菌、原生生物、古菌、真菌等等了）。所以，下次你看到在蟲子在家裡飛來飛去的時候，多花點心思在牠們身上吧。別再只是問：「這生物到底有什麼用？」而要問：「我可以為這種生物找到些什麼用途？」充分發掘並利用演化所賜予的禮物，這是我們自己的責任，不是大自然理所當然該給我們的。同樣地，我們也有責任要去保護身邊這些生物的存續，如此，在我們終於找出牠們的用途時，牠們也才能真正派上用場。

如果你在即使聽了這麼多家居生物的潛在用途、了解到多虧了昆蟲我們才能暢飲啤酒和葡萄酒之後，一聽到自己家中有這麼多節肢動物，第一反應還是想知道如何殺死牠們的話，起碼你並不孤單。埃及法老圖坦卡門（King Tut）是跟著蒼蠅拍一起下葬的，顯然他的子民深信：不論他在死後世界裡會過著多麼奢華舒適的生活，家蠅一定還是會如影隨形[20]。古埃及人在世的時候，也一樣會使用蒼蠅拍，並用植物來製造殺蟲劑[21]。世界各地的不同文化，都各自找出了抵擋家中節肢動物入侵的方法。我們是打了幾場勝仗，特別是對抗一些曾造成嚴重問題的生物。垃圾處理場和遠離住家的汙水處理系統，的確讓會傳染疾病、喜歡與垃圾為伍的生物減少許多。蚊帳也擋掉了會傳染瘧疾的生物，拯救了無數性命。但是，事實上這場大戰有勝有敗，也充滿始料未及的後果。而一個重大的原因就是：人們處心積慮想要殺光的那些物種，演化適應的速度也奇快無比。

9 蟑螂的問題其實在我們身上

你要避免常常與同一個敵人對戰，不然他會摸清楚你的戰略

——拿破崙

我現在（可說是要推翻自己的成見）幾乎確信：物種並非一成不變（這就好像在自首殺人）。

——達爾文

如果你學著認識周遭的昆蟲，你會發現大部分的節肢動物其實都很有趣，卻很少人研究，而且牠們不僅不太可能是害蟲，還更可能幫我們防治害蟲。當然你也可以選擇與牠們對抗，現代方法就是使用化學武器。但請注意，如果你決定發動化學戰，你要知道這是一場實力懸殊，甚至可說是勝負已定的戰爭。每次我們使用新的化學藥劑作為武器，被攻擊

的昆蟲都能透過天擇機制演化出適應力；我們用的藥劑越毒，這個演化過程就會越快速。牠們演化的速度遠比我們研究牠們的速度更快，因此我們難以反擊。於是我們敗給害蟲的歷史不斷重演，尤其是那些最棘手的害蟲，例如德國姬蠊（*Blattella germanica*）。

一九四八年時，氯丹這種殺蟲劑第一次在家庭中使用，彷如殺蟲劑界的神丹，效果超強，似乎所向無敵。然而到了一九五一年時，美國德州聖體市（Corpus Christi, Texas）的德國姬蠊開始出現了抗藥性，而且是實驗室蟑螂抗藥性的一百倍[1]。到了一九六六年，有些德國姬蠊也出現對其他殺蟲劑的抗藥性，包括馬拉松（malathon）、大利松（diazinon）和芬殺松（fenthion）。很快地，人們發現連DDT都可能殺不死德國姬蠊了。每次有什麼新的殺蟲劑上市，德國姬蠊不出幾年、甚至只需幾個月的時間，就會產生具有抗藥性的族群，對既有殺蟲劑的抗藥性有時甚至可以直接用來對抗新的殺蟲劑。如果發生這樣的情況，戰爭還沒開始就可說已宣告結束了[2]。而一旦具有抗藥性的蟑螂族群形成後，就能在我們繼續使用殺蟲劑的期間，恣意繁衍、擴散[3]。

蟑螂為了對抗毒惡化學武器所演化的獨特適應機制，實在令人嘆為觀止。各種品系的蟑螂很快發展出完全不同的新方法，包括避開、消化，甚至利用這些毒物。不過這些比起最近在我辦公室隔壁大樓的現象，根本還只是雕蟲小技。這個現象其實老早在二十年前，就在美國另一端的加州發生了，主角有兩位，一位是昆蟲學家朱爾斯・西弗曼（Jules

Silverman），另一位則是一支叫「T164」的德國姬蠊品系。

朱爾斯當時的工作需要研究德國姬蠊，他在加州普萊森頓市（Pleasanton）的高樂氏公司科技中心（Clorox Company）上班[4]。這間公司跟其他科技產業沒什麼差別，只是他們的所生產的不是一條條巧克力，而是殺動物的工具與化學藥品。朱爾斯專門研究怎麼殺死蟑螂，特別是德國姬蠊。事實上，德國姬蠊不過是隨著人類搬到屋內生活的眾多種蟑螂之一，曾有位蟑螂專家在某個會議上滔滔不絕地跟我分享：「其實蟑螂的種類很多，有美洲家蠊、東方蜚蠊、日本家蠊、黑褐家蠊、棕色家蠊、澳洲家蠊、棕帶姬蠊，嗯，還有好多種。」[5]世界上高達上千種的蟑螂之中，大多數都無法在人類的居家環境中生活[6]，然而，還是有幾十種特別汙穢的蟑螂具備這種能力，當中甚至有好幾種能夠孤雌生殖[7]——也就是說，雌蟑螂不需要雄性的貢獻就能繁殖跟牠一樣的雌性後代[8]。儘管生活在室內的蟑螂，一般都具備某幾種適應人類居家環境的能力，不過德國姬蠊特別是箇中翹楚。

如果你把德國姬蠊放在野外，牠就成了弱雞，牠會被吃掉，或者餓死，而且牠的後代不易茁壯、難以自力更生，儼然註定失敗的魯蛇。因此放眼望去，我們幾乎找不到德國姬蠊的野外族群。德國姬蠊就是要跟我們一起生活在室內，才能茁壯且瓜瓞綿綿。可能正因如此，我們對德國姬蠊厭惡至極。牠們跟我們一樣喜歡溫暖、乾濕適中的環境；牠們喜歡跟我們一樣的食物[9]；牠們也跟我們一樣可以忍受孤寂[10]。無論我們不喜歡牠們的原因為何，我們並不需要太畏懼牠們。雖然德國姬蠊身上確實可能帶有病原體，但不會比你鄰居或你小孩身上的病原體多。而且目前還沒有紀錄顯示蟑螂會傳播什麼疾病，但人類卻時時刻刻因彼此接觸而傳染各種疾病。德國姬蠊最嚴重的問題，是當牠們數量變多時，會成為一種過敏原。基於這個真實罪狀和其他被強加的罪名，我們花費大把的力氣試圖殺死牠們。

人類跟德國姬蠊纏鬥的歷史究竟是從何時開始，沒有人說得清楚，因為蟑螂屍體在考古遺址中很難保存（至少跟甲蟲屍體比起來是如此）。而且比起什麼「蟑螂的自然史」，大家還是比較有興趣知道怎麼殺死德國姬蠊。與德國姬蠊親緣關係最接近的是生活在野外的兩種亞洲蟑螂，牠們很會飛，通常以落葉殘渣或其他昆蟲為食，甚至在某些地區，牠們還被農夫與科學家視為有益農業的物種[11]。原本德國姬蠊也很可能跟牠的野外親戚一樣，但自從牠們搬進屋內開始跟人類同居後[12]，就放棄了原本的飛行能力，開始繁衍更多後代，並變得更傾向群居，如此更能適應人類偏好的居住環境。德國姬蠊就這樣在人類世界開枝散葉。

德國姬蠊大概是趁著七年戰爭（Seven Years War，一七五六—一七六三）時從歐洲擴散出去的，當時人們橫貫歐洲大陸，身上帶的器皿都足夠藏著幾隻蟑螂，不過到底是誰被德國姬蠊搭了便車已不可考[13]。現代分類學之父林奈鐵口直斷是德國人，但要知道，林奈是瑞典人，而當時瑞典正在跟日耳曼普魯士（也就是後來的德國）打仗，所以林奈認為這名字很適合這種連他也不喜歡的生物[14]。到了一八五四年時，連美國紐約市都出現了德國姬蠊；而現在，德國姬蠊的蹤影從阿拉斯加到南極都有，牠們隨著人們搭乘船、車、飛機等而遍布全球[15]。目前在太空站上還沒發現德國姬蠊，倒是挺令人意外的。

在家裡與交通工具裡的溫度和濕度仍隨季節變化的地區，德國姬蠊會與其他種蟑螂共存[16]，當中不乏自史前就開始與我們祖先在洞穴內同居的物種（例如美洲佳蠊）[17]。不過在人類發明中央空調後，德國姬蠊在家中就變得更占優勢，其他蟑螂則越來越少。以最近的案例來說，中國本來很少見到德國姬蠊，但自從中國北方的運輸卡車開始使用暖氣後，不再被凍僵的德國姬蠊就開始搭便車往北移；而當中國南方的卡車開始使用冷氣後，德國姬蠊又能搭上涼爽舒適的便車並往南擴張。下車後，德國姬蠊也能在北方找到有暖氣的公寓、在南方找到有冷氣的房子，繼續過著舒適的生活。整個中國，乃至整個地球，因為越來越多室內空間安裝了中央空調，德國姬蠊得以持續擴張版圖並不斷繁殖[18]。

二十五年前，朱爾斯．西弗曼剛進入高樂氏公司時，德國姬蠊的族群就已經在成長了，而朱爾斯的工作就是要開發新的殺蟲劑消滅德國姬蠊。當時市面上最受歡迎的是蟑螂藥，你知道的，就是小小一顆包裹著糖衣的毒藥。使用蟑螂藥的好處是不需要在室內噴灑大量殺蟲劑。理論上，蟑螂藥的糖衣可以是任何蟑螂所喜歡的糖類，舉凡果糖、葡萄糖、麥芽糖、蔗糖或是麥芽三糖皆可成為誘餌。美國的蟑螂藥通常使用葡萄糖，因為它既便宜又有效。

美國的蟑螂也非常習慣攝取葡萄糖，因為牠們的食物中高達五成由碳水化合物組成，其中大部分的熱量就是來自葡萄糖，而我們人類大量攝取的玉米糖漿也是由葡萄糖組成的。我們用來騙小朋友吃正餐的甜點，跟我們騙蟑螂吃毒藥的糖衣，其實是一樣的東西。

就在朱爾斯進入高樂氏公司工作的頭幾年，他就發現公司負責的某間公寓事態不妙。他的一位朋友，野外昆蟲學家唐・畢曼（Don Bieman）就是在這間代號為 T164 的公寓裡放了蟑螂餌。唐在 T164 公寓放的蟑螂藥並沒有毒死德國姬蠊[19]，牠們存活下來了；即便唐放了更多的蟑螂藥，也依然徒勞無功。奇怪的是，T164 公寓裡的蟑螂若在實驗室裡吃到一樣的殺蟲劑（當時使用「愛美松」〔hydramethylnon〕）是會死亡的。所以毒藥在實驗室見效，在公寓裡卻毫無作用。唐告訴朱爾斯：在公寓裡的蟑螂好像對蟑螂藥很厭惡。於是，朱爾斯在實驗室裡測試 T164 公寓裡的蟑螂對蟑螂藥裡各個成分的喜好，最可能的猜測是蟑螂開始避開蟑螂藥了。然而，實驗結果顯示：蟑螂並沒有避開蟑螂藥裡的殺蟲劑、乳化劑、黏著劑或防腐劑，那麼需要測試的，就只剩下糖衣的部分，也就是葡萄糖，或我們所知曉的玉米糖漿。如果蟑螂真的避開葡萄糖，那真是破天荒了，畢竟糖分在這百萬年來，都深深吸引著蟑螂和地球上大部分的動物。結果，事實還真的如此！蟑螂避開的正是葡萄糖，而且不僅是沒興趣而已，牠們甚至排斥它、厭惡它。儘管如此，這些蟑螂依舊很喜歡果糖，因此朱爾斯猜測：也許只有這群蟑螂（後來被統稱 T164）學會了這種行為，牠們無形間獲得了某種超能力。地獄再可怕都比不上一隻聰明的德國姬蠊（或上千隻聰明的德國姬蠊）。

朱爾斯打算以實驗驗證這些蟑螂的學習行為。如果蟑螂因為後天學習而知道要躲避糖衣，那牠們的後代——每一隻膨皮、蒼白、柔弱無助、天真無知的蟑螂寶寶——應該都還是會受到葡萄糖糖衣的吸引，再生下來的後代也應該如此，因為第二代與第三代蟑螂寶寶剛出生時，應該還沒機會學習蟑螂藥的構造。朱爾斯於是測試了第二代與第三代的蟑螂寶寶是否會被葡萄糖吸引。結果牠們竟然不會！這些蟑螂寶寶根本不可能有機會學習，但牠們對葡萄糖的厭惡是與生俱來的。唯一能解釋此現象的假說，就是這種對葡萄糖的厭惡，因為演化而變成了一種遺傳性狀。朱爾斯也做了一些簡單的實驗證明這件事：他把一群討厭葡萄糖的蟑螂跟一群喜歡葡萄糖的蟑螂養在一起，然後使這群蟑螂的後代與喜歡葡萄糖的親代雜交。這個實驗是為了測試討厭葡萄糖的基因是否為顯性基因，結果並非顯性。

現在試想一下：有一窩蟑螂搬進一棟公寓大廈，一陣子後，幾隻蟑螂就會變成好多好多蟑螂。雌蟑螂每六週就能產下一顆含有四十八顆卵的卵鞘。在這種速度下（相較於人類當然很快，但對昆蟲來說頗為尋常），即便一隻雌蟑螂只產下兩次卵鞘就死了，牠在一年內還是能產生一萬隻後代[20]！如果除蟲專家在大樓各角落放了蟑螂藥就能把這上千隻蟑螂殺死，便不會有任何演化事件發生，沒有什麼特殊的基因能讓蟑螂逃過一劫，因此也沒有基因會被流傳。然而，要是當中有些蟑螂能躲過蟑螂藥，而且這個能力是來自那些被毒殺的蟑螂所沒有的基因，那麼使用蟑螂藥，反而有利於這些倖存蟑螂與牠們的特殊基因，讓牠們在這個族群裡不斷增加。這正是朱爾斯在實驗後得到的結論：T164型德國姬蠊因為擁有某些基因而對葡萄糖失去興趣，甚至開始躲避葡萄糖。而因為蟑螂藥殺死了其他蟑螂，牠們於是成為生存的適者，蟑螂藥也因為T164蟑螂而顯得一無是處。

接下來，朱爾斯進一步在世界各地尋找討厭葡萄糖的德國姬蠊，從美國的佛羅里達州到南韓，都有不少地方使用葡萄糖糖衣的蟑螂藥，而當地的蟑螂也

圖 9-1　朱爾斯．西弗曼飼養的 T164 型德國姬蠊，會避開富含葡萄糖的草莓果醬，選擇吃無糖的花生醬。（攝影／羅倫．尼可斯〔Lauren M. Nichols〕）

都演化出對葡萄糖的反感，此性狀在各地的演化發生，似乎皆為獨立事件。朱爾斯想試試是否能在實驗室重現這種演化過程，於是，他在實驗室中也對蟑螂投以葡萄糖糖衣的殺蟲劑，結果出現了與實驗室外的田野調查類似的結果：實驗室裡的蟑螂繁殖沒幾代，對葡萄糖的反感行為就出現了。朱爾斯根據這些研究結果寫了一系列的論文[21]，還發明了以果糖為糖衣的蟑螂藥並申請專利[22]。他以為他會掀起一波熱潮，讓演化生物學家開始研究德國姬蠊的快速演化現象。

然而只有害蟲防治公司對他的研究買帳，並且購買他獲得專利的果糖蟑螂藥，演化生物學家卻似乎對他的成果視而不見。朱爾斯後來安慰自己：這樣的差別對待可能是因為他無法具體解釋德國姬蠊躲避葡萄糖的行為演化機制，例如指出哪些基因出現變異、這些基因分別有什麼功能、為什麼這樣的演化現象可以如此快速等等。朱爾斯以為自己只是需要時間去解答這些問題，所以十年、二十年過去，他持續繁殖著最初研究的那一支系的德國姬蠊，就怕哪天有個實驗會再度用到牠們。每個人都有屬於自己的紀念品，有人會珍藏著聖誕節的雪花水晶球，也有人可能會一直養著同一窩蟑螂。

朱爾斯一方面期待著更多關於德國姬蠊的研究發表，同時也繼續研究其他害蟲與其演化生物學。千禧年時，他來到北卡羅萊納州立大學任教，直到二〇一〇年間，他都在研究阿根廷蟻（*Linepithema humile*）入侵到美國東南部的一個族群。他深入家家戶戶的庭院，進入一棟又一棟大樓。他也研究酸臭慌蟻（*Tapinoma sessile*）[23]。整整十年之久，朱爾斯都沒有再研究蟑螂，只繼續把當初那窩蟑螂，也就是T164型蟑螂的後代，當成寵物養著。而這些寶貝寵物，後來給了他意外的大發現。

德國姬蠊的故事就某種程度來說是獨一無二的，目前找不到其他生物可相比擬。不過從另一方面來看，牠的故事與其他家中生物的故事其實並無二致，只是更有張力。演化從來不乏驚人的創意，甚至可到荒誕離奇的地步，但它也不難預測。因為趨同演化的道理，演化讓相似的形態或功能，得以同時在親緣關係極遠的生物間出現。例如翅膀的演化分別出現在昆蟲、蝙蝠、鳥類與翼手龍身上。眼睛的發生，在我們脊椎動物的演化支系、及烏賊與章魚的演化支系各出現過一次。而在植物的各個支系中，喬木、針刺與果實等構造的演化也一再出現。即使是不尋常的特徵也會出現趨同演化，像是種子用來吸引螞蟻的小小果肉構造。螞蟻會把這些種子搬回巢內，吃掉外面的果肉，再把剩下的種子丟到巢內的垃圾堆，然後這些種子就會發芽茁壯。這種專為螞蟻設計的種子演化，發生在不同類群間已上百次[24]。只要能洞察生物發生演化的機會與其生存挑戰，就容易預測演化事件。在人類的居家環境中，生物演化的機會在於入侵人體、食用人類的食物、甚至房屋的能力；而其生存挑戰，則在於如何踏入家門以及抵禦人類的種種攻擊。

在某幾種情境下，殺生物劑產品會導致生物快速演化，比如我們想消滅的目標物種擁有豐富的基因多樣性（或是能直接從其他物種身上獲得新基因）；殺生物劑效果好到此物種的幾乎所有個體都被消滅（但依舊有倖存的個體）；目標物種多次或甚至長期暴露在同一種殺生物劑下；或目標物種的競爭者、寄生蟲和病原體都消失了。我德國姬蠊正好符合上述各種情形，不過放眼望去，凡出現在家中、且被我們長期狙殺的生物也大致都能對號入座。由此可知，家庭是生物有利快速演化的環境之一，只可惜其演化方向罕如我們所願。

殺蟲劑的抗藥性出現在床蝨、頭蝨、家蠅、蚊子，以及其他居家常見的昆蟲身上。其實天擇能夠帶給我們很大的益處，但前提是必須在知道天擇運作的方式後才決定下一步棋。但我們往往不會這麼做。於是，天擇在我們的生活中反而變成危險的來源，而且將我們人類調適的速度遠遠拋在後頭。簡言之，在害蟲與人類的對決中，害蟲屢戰屢勝，其出色表現讓演化生物學家怎麼都研究不完，所以在朱爾斯發現討厭葡萄糖的德國姬蠊的那些年，演化生物學家早有一堆未竟的研究，就算不理德國姬蠊的問題也做不完。

而害蟲抗藥性的問題就在於：抗藥性會不斷地演化下去，能抗藥的個體會不斷將無法抗藥的個體取而代之，於是又能成功的繁衍後代並擴散。如果這件事發生在一座遙遠的小島上，演化出新性狀的個體就只能待在上頭，例如加拉巴哥群島（Galapagos Islands）的吸血地雀出現後就再也沒有擴散至他處，科摩多巨蜥也只分布在印尼的五座小島上。但如果生物對居家使用的殺生物劑或化學藥劑產生抗性，這些生物便可以輕易擴張地盤至使用同種防治手段的家庭內，甚至入侵那些沒有採取該防治措施的家庭。在鄉村環境，抗藥性生物的入侵速度相對緩慢；但在都市裡，因為公寓與房屋都緊密相連，而且人、貨物、卡車、船與飛機的交通往來頻繁又迅速，加上許多交通工具的環境與屋內環境越來越相似，抗藥性生物擴散得非常快。都市化是未來的趨勢，這種擴散能力也是。儘管因為都市的社交網路四散各處，使人們越來越感到寂寞孤立，但抗藥性害蟲之間的聯繫，卻是超乎想像的緊密，牠們的移動就像滔滔不絕的河流，從窗戶與床底傾瀉，源頭正是我們下錯的那步棋[25]。

我們不喜歡的害蟲能快速演化出抗藥性，其他生物卻只能望其項背，這造成了兩個問題：第一，世界上的生物多樣性衰減，包含我們周遭的生物多樣性與野外的生物多樣性。近期研究發現這三十年來，德國原始林生態系的昆蟲生物量衰減了百分之七十五，雖然這背後的原因仍待調查，但許多科學家認為人類在農田與庭院使用的殺蟲劑難辭其咎。第二，許多被殺蟲劑消滅而無法回復的昆蟲族群，都是對人類有益的物種，包含授粉者或幫助抑制病害的害蟲天敵[26]。而家中常見的害蟲，其天敵經常是蜘蛛[27]，無論你喜不喜歡牠，要是你把牠殺了（人類施用各類殺蟲劑的時候常將蜘蛛一同殺死），那真是你的損失。

我小時候曾聽說：有一名老婦人在生吞一隻蒼蠅後，又吞下了一隻蜘蛛，結果下場很慘（爆雷一下，她死了），但也有比較幸運的故事。一九五九年，一名在南非的科學家斯泰恩（J. J. Steyn）正研究如何防治家庭或大樓裡的家蠅（*Musca domestica*）。這是一種自古就與人類同居的昆蟲，隨著西方文明的擴展環遊世界，幾乎擴散至人類居住的每個地區。但他們會造成人類的問題，在環境衛生堪慮時尤其嚴重。而且比德國姬蠊更糟糕的是，家蠅可能成為病媒，傳染許多有腹瀉症狀的疾病，每年還可能造成五十萬人死亡。他們跟德國姬蠊一樣能快速演化，到一九五九年時，南非的家蠅已經對許多殺蟲劑產生抗藥性，包含DDT、BHC、DDD、氯丹、飛布達（heptachlor）、地特靈（dieldrin）、異艾氏劑（isodrin）、硝滴涕（prolan）、蕭滴涕（dilan）、林丹（lindane）、馬拉松（malathion）、巴拉松（parathion）、大利松（diazinon）、毒殺芬（toxaphene）、除蟲菊素（pyrethrin）等，這些家蠅可說練就了對化學藥品的金剛不壞之身，但牠們在蜘蛛面前都不堪一擊。

斯泰恩也許是在唸書給他小孩聽的時候，從《南非小朋友的百科》一書獲得了靈感。書中提到：在非洲的某些地區，人們會特別將某些具社會性的蜘蛛（*Stegodyphus*）抓進家中，以防治蒼蠅與其他害蟲。這種方法最早出現在聰加族（Tsonga）與祖魯族（Zulu），祖魯族人家中甚至還會放置特殊的棒狀物，讓蜘蛛更容易織網結巢[28]。這種蜘蛛的巢通常都滿大的，往往差不多是一顆橄欖球或一顆足球的尺寸，也很方便讓人帶著搬到不同的房屋。

斯泰恩想知道：這些蜘蛛是否能在家裡再度派上用場，以及在房子外面、雞舍、羊舍是否也有效，因為這些地方的蒼蠅也很多，可能傳染疾病。於是他做了實驗，過程不會太困難，只是在廚房裡，蜘蛛網要用一條線垂掛在釘子上。這些實驗再次證實蜘蛛能有效防治蒼蠅。後來，蜘蛛網防治法也被引進醫院，同樣再度抑制了害蟲。斯泰恩在瘟疫研究實驗所（Plague Research Laboratory）的動物房裡（大膽地）又一次重複了實驗，結果實驗室裡蒼蠅的族群量在三天內減少了六成。而在冬天，儘管蜘蛛的行動會變慢，沒辦法捕捉那麼多蒼蠅，但其實冬天的蒼蠅本來也會變少。

斯泰恩從他的實驗結果得出以下結論：「為了防治蠅傳染病，建議公共場所應使用社會性蜘蛛，包含市場、餐廳、乳舍、酒吧、飯店廚房，還有屠房與酪農場，尤其是廚房與茅坑，上述場所皆應放置至少一巢蜘蛛。放在牛舍裡的話，甚至能幫助增加牛奶產量。」[29] 泰恩斯腦海中的理想世界，是家家戶戶都掛著一大球一大球的蜘蛛巢，蒼蠅與蠅傳染病非常少，祖魯族或聰加族關於蜘蛛的傳統智慧，又一次成為我們實用生活的一部分。

斯泰恩並非唯一如此幻想的人。有另一種社會性蜘蛛（*Mallos gregalis*）分布在墨西哥地區，牠的巢群規模相當大（可高達一萬隻蜘蛛），牠們也會被墨西哥的原住民帶回家裡吃蒼蠅[30]，跟在南非的情形一樣，這也屬於在地智慧的一環，後來被西方科學家發現。後來，這種 *Mallos gregalis* 蜘蛛被帶到法國協助蒼蠅防治，可惜第一次實驗失敗，因為負責實驗的科學家跑去度假，留下來照顧蜘蛛的人卻沒能讓牠們好好進食。把一巢巨大的社會性蜘蛛放在家裡，可能會引起許多人的反感，但別忘了我們先前在家庭裡的節肢動物普查結果：

無論在羅利市、舊金山、瑞典、澳洲或祕魯，每個家庭裡都一定有蜘蛛存在，所以重點在於：你家的那種蜘蛛是否有能力抑制害蟲，以及你家如果擁有了適合的蜘蛛，數量是否足以去進行害蟲防治[31]。

此外，蜘蛛也不是唯一能在家中進行生物防治的物種。很多種獨居蜂就只會吃某幾種特定蟑螂（具物種專一性），但牠們的手法跟蜘蛛非常不一樣。獨居蜂通常體型很小，也不會使用螯針，但牠們會專心尋找蟑螂卵鞘，牠們能夠聞得到這些卵鞘，一旦找到目標，雌蜂會先拍拍卵鞘確認裡面有活著的蟑螂卵，然後就把牠的產卵管扎進蟑螂卵鞘裡，把卵產在裡面。當獨居蜂的卵孵化後，牠的幼蟲就會把卵鞘裡的蟑螂卵吃掉，然後在卵鞘上鑿出一個洞，有如幼鳥離巢般振翅高飛。有個關於家庭生物的研究，發現在德州與路易斯安那州有百分之二十六的美洲家蠊卵鞘被哈氏嚙小蜂（*Aprostocetus hagenowii*）寄生，其他則被另一種蠊卵旗腹蜂（*Evania appendigaster*）寄生[32]。我們在羅利市並沒有發現任何瘦蜂屬（*Evania*）的物種，但哈氏嚙小蜂卻相當常見。如果你在家裡發現上面有個洞的蟑螂卵鞘，很可能就是這些獨居蜂的傑作。牠們現在可能就在你家飛來飛去，體型不大且但好處很大。不少科學家曾嘗試在家裡養這種寄生蜂來防治蟑螂，結果往往很成功（雖然都沒有留下完整的紀錄）。除了蜘蛛與小小寄生蜂可以幫助我們除去害蟲以外，還有一類研究專門測試巴氏蠶白僵菌（*Beauveria bassiana*）抑制床蝨的能力。科學家在一個接觸面上撒上白僵菌的孢子，當床蝨經過時，孢子會黏在床蝨外骨骼表面的油脂層，一旦成功沾黏上，白僵菌就會長穿床蝨的外骨骼，進到床蝨體腔內生長，最終將床蝨的臟器堵塞或毒害，使營養無法傳遍全身，床蝨也因此死亡[33]。

在許多人的惡夢裡，這些用來防治蟑螂的寄生蜂會在人類體內產卵，牠們的幼蟲會吃掉我們的臟器，大量繁殖後從我們的嘴巴冒出來（或是破體而出）。但這種事不可能發生，牠們又小又安全，而且與我們站在同一陣線。同樣地，很多

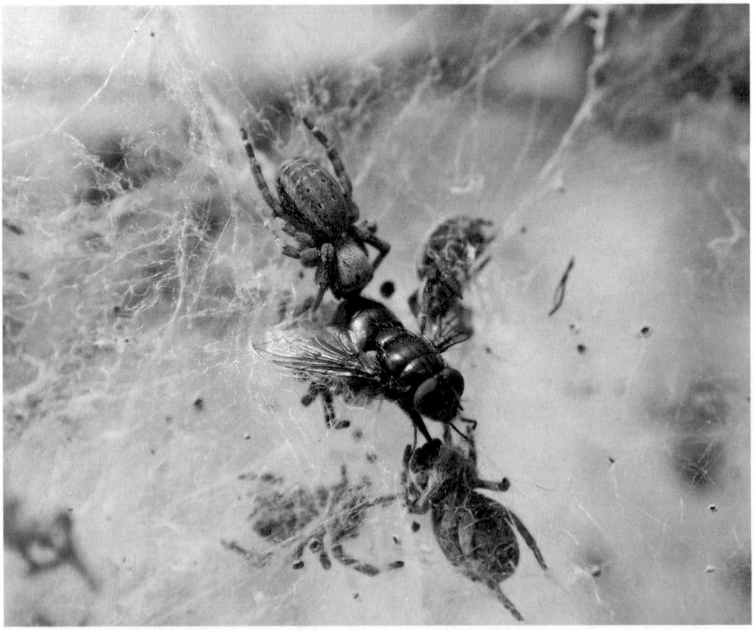

圖9-2　具有社會性的絲絨蜘蛛（*Stegodyphus mimosarum*）正在吃一隻蒼蠅。（攝影／奧胡斯大學〔Aarhus University〕的彼得．加梅爾比〔Peter F. Gammelby〕）

人以為家裡的蜘蛛會咬我們，甚至吃掉我們，但這也不會發生，蜘蛛幾乎永遠都是我們人類的盟軍。

每一年，全球都有高達上萬件「蜘蛛咬傷」通報，而且數量還不斷增加。但事實上蜘蛛幾乎不會咬人，幾乎所有這種「咬傷」事件，都是具有抗藥性的葡萄球菌屬（抗甲氧西林金黃色葡萄球菌）造成的，然後被患者或醫生錯怪到了蜘蛛頭上。要是你感覺好像被蜘蛛咬到，不妨在看診時讓醫生測試是不是葡萄球菌屬造成的，機率頗高。另一個蜘蛛不太可能咬人的原因是：大部分蜘蛛都很珍惜牠們的毒液，通常只會用在捕捉獵物，而非防禦，畢竟逃離現場比留下來跟你戰鬥顯然容易許多。甚至有個研究曾經測試到底要戳弄黑寡婦蜘蛛幾下，才會逼得受試的四十三隻黑寡婦蜘蛛在假手指（以凝固的吉利丁製作）上咬一口，結果蜘蛛根本不理科學家。用假手指戳一下，沒有任何蜘蛛想要開咬，就算連續戳牠們六十下也是一樣；黑寡婦蜘蛛唯一出現咬假手指的行為，是當牠被兩隻假手指捏住，還連續捏三下時，才會有六成蜘蛛出現咬手指的動作。而且即便咬了假手指，也只有一半蜘蛛會釋放毒液，且這個毒液量並不會造成大礙，只會有些疼痛而已[34]。畢竟毒液是很珍貴的，蜘蛛並不會想浪費毒液在你身上，牠們的毒液是要用來捕捉蚊子跟家蠅的[35]。

另一方面，我們使用化學物質殺害周遭生物的行為，總是回過頭來教訓了我們自己。當我們在家裡或庭院噴灑殺蟲劑，反而製造了提供能耐受殺蟲劑的生物一種生態學上稱為

「無敵區域」（enemy-free zone）的環境。這實在與我們的目標背道而馳，我們應該創造一個不利害蟲（而非讓牠們暢行無阻）的環境，不是嗎？我們投放蟑螂藥就是活生生的例子，我們想解決蟑螂造成的問題，是希望毒到蟑螂而非毒到蟑螂的天敵，誰能料到蟑螂竟然因為人類發明的毒藥而演化。到底蟑螂是如何演化出躲避毒藥的行為？到了二〇一一年，終於這個問題於有了答案。那年朱爾斯．西弗曼開始轉換學術跑道，從原本的蟑螂與螞蟻研究，轉而關注水生昆蟲生態學，實驗室也添購了許多大型水族箱，養滿石蠶蛾與藻類；他也開始在課堂上教授水生昆蟲學，就像是涉水走上了新的人生階段。不過，朱爾斯依然養著那窩蟑螂，也繼續尋找相關文獻，他沒有放棄解開關於蟑螂抗藥行為的謎題，而他即將發現志同道合的人。

朱爾斯的研究大樓，是北卡羅萊納州立大學裡相當老舊的建物，空調跟暖氣機都懸掛在窗戶上。這裡的空調不是給人吹的，而是為了讓昆蟲學家養的實驗昆蟲住得舒適，當中也包含朱爾斯的寵物蟑螂。因為這裡養的昆蟲通常是居家害蟲，所以實驗室必須很接近現代房屋室內恆溫恆濕的環境，這樣恆定的氣候都是為了實驗昆蟲。每個昆蟲學家養的動物都不太一樣。在擁有獸醫執照的昆蟲學家衛斯．華生（Wes Watson）的實驗室中，你會看到長在牛眼上的蒼蠅、或是在牛糞上漫步的甲蟲；蚊子生態學家麥可．萊斯金（Michael Reiskind）的實驗室就是養著嗜血的雌蚊，牆壁一震動（牆真的會震，尤其當火車經過時），牠們就會振翅起飛，等平靜後再緩緩降落；若是要比誰養了最多種害蟲，則非科比・沙爾（Coby Schal）的實驗室莫屬，科比的專長是研究居家害蟲之間的溝通方式，他的實驗室裡有攀在充血膜上的床蝨，以及六種左右的蟑螂，養得密密的，像是路障一樣互相疊在彼此身上。

科比・沙爾跟朱爾斯一樣，都有涉獵蟑螂的研究，尤其是德國姬蠊。科比是化學生態學家，所以他參透大自然的方式，就是追蹤個體與個體間溝通所使用的化學訊號。說得更明白點，他可說是蟑螂生化學與蟑螂溝通機制的專家，他還特別發現了一種野外雌蟑螂用來吸引雄性的費洛蒙。他只要將這種費洛蒙放在一片草地上（或甚至握在手上），雄蟑螂就會被吸引而朝他飛來，再敗興而歸[36]。朱爾斯到北卡羅萊納大學工作前，早已耳聞科比的研究，他甚至在第一篇蟑螂研究中引用了科比的著作。但在他們成為同事後，卻並沒有合作研究蟑螂，他們共同研究的主題包含阿根廷蟻與酸臭慌蟻，但就是沒有德國姬蠊。也許他們各自忙於其他合作案，也許朱爾斯不確定科比的專長能幫助他解開心中的謎題，總之因為種種因素，他們沒有產出關於蟑螂的合作研究成果。

接著在二〇〇九年時，一位日本的博士後研究員文子・瓦達—勝間田（Ayako Wada-Katsumata）也來到同一部門。博士後研究員通常都有老闆缺乏的技能，也比老闆更有時間做研究，因此可以藉由這段職涯在學術界有所建樹，文子就是最好的例子。她的技能恰好將科比與朱爾斯的研究串連起來，並因此成就了朱爾斯自認研究生涯中最重要的發現之一。

文子的特殊技能，是測量類似蟑螂這樣的昆蟲，其大腦如何對味覺與嗅覺反應。在文子到北卡羅萊納州立大學當博後之前，她曾研究螞蟻間分享食物的行為是否會觸發其大腦中與愉悅有關的化學物質（結果真是如此）。她過去也曾研究蟑螂在交配過程中的神經反應。德國姬蠊會在黑暗中發現異性，雌蟑螂會散發一種靠空氣傳播的化學訊號，擴散至整間屋子並吸引雄蟑螂。這種化學分子可能從廚房碗櫥飄出來，再沿著櫥櫃底部，在屋內各個角落繚繞，再爬上樓梯，即使燈都滅了，雄蟑螂只要靠著雌蟑螂發出的味道就能找到牠[37]。等到雌雄蟑螂彼此接觸，雄蟑螂會探測到雌蟑螂身上發出的其他味道，並接著給女方一份結婚禮物——一包好聞的糖，類似富含糖與油脂的情趣糖果。雌蟑螂會直接吃下這份禮物，再依據牠對禮物的滿意程度，來決定要不要跟這隻雄蟑螂交配。文子開始研究這個主題的時候，已知雄蟑螂提供的結婚禮物的化學成分，但是雌蟑螂接受禮物後大腦被觸發的反應仍屬未知。為了研究這點，文子將蟑螂的味覺神經元，也就是在舌狀感覺毛上面的神經元，與電腦接通後，再同時給雌雄蟑螂各種禮物。從這個實驗中，可以看出文子正在做雄蟑螂會做的事。她發現雌蟑螂和雄蟑螂都會把這份禮物當作美物的食物，但雌蟑螂的神經受到的刺激更大。如果一隻雄蟑螂感到失意落寞，他可能會享用自己的這份「禮物」，但遠遠不比雌蟑螂那麼享受。

在北卡羅萊納，文子想做的研究跟她過去在日本做的幾乎相反，她想研究 T164 型蟑螂閃避葡萄糖的反應，而非一般德國姬蠊在求愛時的反應。朱爾斯原本就相信、而科比經過討論後也開始懷疑：T164 型蟑螂可能已演化出對葡萄糖味道產生厭惡反應的機制。其中一個看似不可能的可能，就是天擇選出了吃到葡萄糖卻感覺到「苦味」的蟑螂，也許當牠們的感覺毛接觸到葡萄糖時，大腦的反應是「太苦啦！不要！」當時已知一般德國姬蠊（科學家稱「野生型」蟑螂）的甜味受器可與葡萄糖及果糖分子結合，那麼 T164 型蟑螂呢？文子就是要研究這件事，她要像讀取蟑螂的心思那般偵測蟑螂接觸的各種刺激。

這項研究可要花不少時間，日復一日，她早上起來就吃早餐、到實驗室，接著就要把實驗蟑螂像趕牛羊那樣集合起來，然後一隻隻地趕進一個迷你的錐狀裝置裡，讓蟑螂的頭卡在錐形尖端的小小開口，而牠們圓潤臃腫的身體則從錐形底部突出。

當蟑螂在錐狀裝置中就緒，文子便藉由顯微鏡觀察蟑螂口器上如毛髮般的感覺毛，並且將電極的一端連接一根感覺毛，另一端接到電腦上。連接感覺毛的那端電極以非常細窄的管子纏繞著，管內裝著水與葡萄糖（或是她想對蟑螂做味覺測試的物質）。電腦上顯示神經衝動的振幅與頻率，讓文子得以判斷這些投放物質，無論是果糖、葡萄糖還是其他，究竟是觸發了感覺毛上的苦味受器還是甜味受器。如果螢幕上顯示很快速的神經衝動，她便知道是主司苦味的神經元被激發了，這隻蟑螂會感到苦味；如果這波神經衝動較慢，但振幅較大，就代表是甜味的神經元被激發了，蟑螂會感受到甜味。這個實驗非常精細複雜，每隻蟑螂都要測試五根感覺毛，而文子要對兩千隻蟑螂做一樣的事，一半來自 T164 型蟑螂，另一半則是野生型蟑螂。

這項實驗花了超過三年的時間，在這些年間，文子日日就是與蟑螂們對眼，並在牠們的頭部進行實驗。牠們看著她，她給牠們甜點吃，牠們便產生神經反應，電腦螢幕上出現小小的波形，她把實驗結果存在電腦裡，然後她會備份這些資料。無論是討厭葡萄糖的德國姬蠊（朱爾斯養的 T164 型蟑螂），還是對葡萄糖高興得花枝亂顫的野生型蟑螂，每測試一隻蟑螂就要花上一天，感覺毛一根一根的測。這項實驗需要高度的耐性與耐力，要是這兩項都被磨光了，可能還需要其他天份。之所以需要如此大費周章，因為朱爾斯、科比與文子認為：整件事情的關鍵可能在於 T164 型蟑螂嚐到葡萄糖時的大腦反應。

文子不斷累積實驗數據，這個過程沒有什麼捷徑，只有等結果越趨顯著，直到不需要再增加樣本數為止。T164 型與野生型蟑螂對於蔗糖的反應，都屬於甜味，與她在日本觀察到蟑螂接受求愛訊號時產生的反應是一樣的。所以果糖會觸發甜味的神經元。野生型的蟑螂嚐到葡萄糖時，也是產生甜味的反應，就如一般情形。但是重頭戲來了：朱爾斯當作前世情人般隨身攜帶、跟著他走遍各大城市的寵物蟑螂，也就是 T164 型蟑螂，竟然對葡萄糖出現了苦味的反應[38]。

這怎麼可能？唯一可能的解釋就是：一開始在那 T164 號公寓放置的葡萄糖蟑螂藥實在太毒了，大部分的蟑螂都被毒死，但卻沒能趕盡殺絕。而倖存下來的蟑螂，就是那些天生某種或某些基因與眾不同、會將葡萄糖吃出苦味的個體。這種存活戲碼只要出現一次，T164 型的蟑螂品系就此誕生。隨著實驗繼續，這個關於存活者的故事細節越來越多，雖然仍有許多地方曖昧難明。舉例來說，文子發現存活的蟑螂不只會排斥葡萄糖，在原本投放果糖蟑螂藥的地方，蟑螂也會演化出對果糖產生苦味反應的情形。可見這類演化可以被預測，因為我們人類的行為，演化是可以被預測的。但究竟是哪個基因的哪種基因

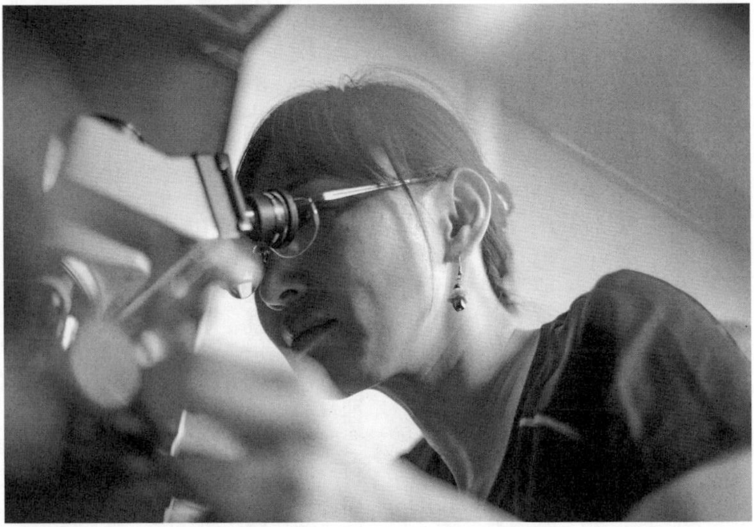

圖 9-3　文子・瓦達一勝間田正在實驗室裡使用顯微鏡觀察一隻蟑螂。（攝影／羅倫・尼可斯）

型，決定了 T164 型蟑螂對葡萄糖的特殊反應，這一點目前則尚未釐清。

文子再次回到實驗室，朱爾斯將照顧 T164 型蟑螂的工作交給了她，他將這個品系的蟑螂傳承下去了。因為他正考慮要退休，而文子的事業正在起步，這個蟑螂研究將成為她的代表作。有了這窩蟑螂，她繼續研究蟑螂演化出厭惡糖分的行為將對牠們的性生活造成什麼影響，這個主題整合了她到北卡羅萊納之前的研究，與她和朱爾斯及科比合作的研究。關於這個故事詳細的演化機制與細節，都尚未有解，因為科學研究就是如此漫長艱難，文子可能要花費整個學術生涯去解答這個複雜的現象。不過簡單的說，就是討厭葡萄糖的蟑螂會比較不容易交配。雄蟑螂會努力吸引雌蟑螂，但牠們奉上的甜美情書裡含有葡萄糖，對於這個品系的雌蟑螂來說，這份禮物嚐起來是苦澀的玩笑，而非性感的誘惑，因此雌蟑螂便不容易接受雄蟑螂的求偶，更遑論下一步的交配。誰能怪她呢？而由於雌蟑螂傾向對這些苦楚的雄蟑螂視而不見，對於雄蟑螂來說，在你的家裡，牠就只好從異性魅力跟容易存活這兩種特質二擇一。理論上，這意味著當你使用葡萄糖蟑螂藥時，你會使不喜歡葡萄糖的蟑螂越來越多，而牠們將會越來越難以大量繁殖。但實際上，一隻不那麼性感的雄蟑螂，依舊能夠吸引雌性繁衍上百萬隻後代。

T164 型蟑螂的故事，看似只聚焦在蟑螂演化的現象，或是一位傑出且屹立不搖的科學家如何解開未解之謎。但是所謂鑑古知今，正如許多軍事專家會研究過去的戰事以未雨綢繆，我們可能也要以德國姬蠊的故事為借鏡，好好思考人類未來的演化趨勢。

演化生物學家通常不太會評論或是預測未來，並不是因為他們不好意思這麼做，而是因為生物未來的演化走向，很大部分取決於人類這個物種的命運。演化生物學家知道物種終將滅絕，人類也不例外。大自然就算沒有人類，演化仍會一如往常地發生[39]。演化可能因為突如其來的大災難而暫時休止，但終會朝豐富的生物多樣性發展，就像過去幾次大滅絕事件、或地球歷史上的劇變後所發生的一樣。沒有人類，根據演化生物學，萬物依舊會繼續發展。這樣的角度會帶給我們深深的恐懼，恐懼人類自身的滅亡，不過當我們知道即便沒有人類，這個世界依舊運轉，有更多奇妙的生命會繼續發生（雖然無法親眼目睹），這樣的認知仍帶給我們些許慰藉。

拉回現實，我們目前遇到的問題可棘手了。我們的決策與各種創新發明都會影響世界，不知不覺中，我們不計後果、毫無條理地主宰著目前許多地球上的演化事件。有鑑於此，如果我們與環境相處的方式繼續維持過去幾百年的模式，後果是很容易預期的。其實幾千幾萬年來，人類對待環境的邏輯都很類似，就是不斷革新武器，消滅眼前對自己有害、或最看不順眼的生物。

未來會發生的事很容易想像：人類使用創新的化學武器，反而造成害蟲與病原體在行為與生理上更加強壯耐受，其適存程度將遠遠超過對我們有益的生物（要是牠們還活著的話）。害蟲將留下來，但其他的生物，整個生物多樣性的其他部分，將一一消失。我們不知不覺將大自然中豐富多樣的生物，例如各種蝴蝶、蜂、螞蟻、蛾等等，替換成一堆具抗藥性的生物，牠們的外骨骼備有阻絕毒素的塗層，連細胞上的受器都能排斥毒素的流入（或者具有特殊的脂質構造，以安全地儲存毒素）。就如蟑螂一樣，牠們甚至可以禁欲而放棄眼前的食物，甚至避開我們為了誘惑牠吃毒所投放的性賀爾蒙。這早已發生了，只是人類讓這些現象產生得更快速、更極端、更全球化，我們越是重視生活環境的同質性與氣候恆定，越有能力控制我們的居家環境，那麼我們就越可能為這些害蟲打造宜居的環境。

達爾文在加拉巴哥群島上見證過天擇的過程與結果，但島上的動物都是在不懼怕人類的情況下演化發展的，而在我們身邊的動物卻正好相反：牠們是一群懂得如何躲避人類與各種有害科技的小動物。室內的害蟲將發展出夜行的習性，在我們最不活躍、專注力最差的時機出沒（因為我們專注力高的時候就會發現牠們）。從某些方面可以看出，這種趨勢已經是進行式，床蝨是在人類穴居期間，從蝙蝠寄生蟲演化而來的。蝙蝠的寄生蟲是日行性動物，選在蝙蝠睡覺的白天覓食；但另一方面，牠們也演化成夜行性動物，好在人類入眠的夜晚叮咬我們。同理可證，許多蟑螂與老鼠也屬於夜行性。這些動物也必須具備鑽縫隙的能力，我們越是讓住宅越與外界隔絕，我們周邊就會有越多能在極窄小縫隙穿梭自如的小動物。不過最明顯的演化趨勢，是我們在家中發現的上千種對人類無害、充滿趣味與奧妙的動物將一個個消失，取而代之的則是我們用殺蟲劑換來的另外上千隻具有抗藥性，且脫逃自如的德國姬蠊、床蝨、蝨、家蠅與跳蚤。我們將被這一大群身材迷你的生物包圍，當我們一開燈，牠們便用敏捷的多隻腳瞬間逃開，但只要我們一關燈，一轉身，牠們便再度現身，成為在家中黑暗世界的主人。

10 看看貓拖回來了什麼

我沒辦法讓你理解。我沒辦法讓任何人理解我身體裡到底正在發生什麼事情。我甚至沒辦法跟自己解釋。

——法蘭茲・卡夫卡（FRANZ KAFKA），《變形記》

如果任何一戶家中有貓壽終正寢，整戶人都必須把眉毛剃掉。

——希羅多德（HERODOTUS）

一般而言，我們對住家裡出現的動物採取的應對措施，通常都是想把牠們除之而後快，就像對付德國姬蠊時一樣。但有個重要的例外，那就是我們的寵物。寵物是「有益」的動物：牠們逗人開心、讓人更健康，而我們餵養、撫摸牠們作為回報，我們帶牠們出門遛達的次數，可能比帶自己小孩出門的次數還多。在這個充滿了模糊地帶的生物世界裡，我們唯一毫不懷疑的事，就是寵物對我們是有益的——起碼表面上看起來是這樣。但等我們開始去研究那些跟著寵物一同進入家門的生物之後，我們就會發現，一切突然就（再一次地）複雜起來了。

大多數人想到寵物的時候，都會想到自己養過的動物，可能是他們的第一隻寵物，或者是在他們生命的重大時刻陪伴左右的寵物。但身為生態學家，當我想到寵物的時候，我回想起的是我在科學界的第一份工作，內容是研究甲蟲。當時還是個十八歲大學生的我申請了一份觀察猴子的實習工作，但是沒有應徵上；於是我就又申請了另外一份觀察甲蟲的實習工作，這次我成功了。於是就這樣，我開始在堪薩斯大學（University of Kansas）協助研究生吉姆．丹諾夫—伯格（Jim Danoff-Burg）進行他的研究[1]。吉姆研究的是一群會跟光胸臭蟻（*Liometopum*）共同生活的甲蟲，這些螞蟻在警戒時會釋出一種氣味，聞起來有點像檸檬、杏桃和微甜藍乳酪的綜合（而且生物學家成天擺弄牠們，讓牠們總是很警戒）。這些螞蟻在沙漠中建立了規模龐大的地下巢穴，只要翻開石頭，或是觀察刺柏和矮松的樹叢底部，就有機會找到。在夜間，你可以不靠手電筒，只憑氣味就找到牠們——只要你不介意可能遇上響尾蛇的話。

這些跟光胸臭蟻共同生活的甲蟲，無論從什麼角度來看，都真的可以算螞蟻們的寵物了。這些甲蟲演化出了跟螞蟻索取食物、要求庇護的能力。螞蟻平常會製造一些化學物質，專門用來安撫巢穴裡的同伴。舉例來說，這可以讓蟻群在經歷危險之後逐漸恢復冷靜。而這些甲蟲會製造一種非常相似的化學物質，用來安撫螞蟻——就像人類在撫摸狗狗的時候也會感覺被安撫（又愉快）一樣。甲蟲也會去磨蹭螞蟻，就像家裡的貓咪磨蹭你的腿、或是狗頂著你的身體懇求被撫摸一樣。甲蟲在磨蹭螞蟻後，會漸漸染上螞蟻的氣味，漸漸聞起來越來越像螞蟻。氣味相同是一件重要的事：這會保護甲蟲不被螞蟻給吃掉。幾乎任何會動的生物，只要遇上了螞蟻都會被殺死、吃掉，除了那些聞起來像是近親的生物之外（但若是遠親的話，通常來自別的巢穴，所以還是會毫不猶豫地被吃下去）。而在安撫好螞蟻、讓自己隱身之後，甲蟲就能大搖大擺地四處尋找螞蟻剩下的食物碎屑來吃了。這類甲蟲中，有些物種甚至會說服螞蟻主人餵牠們：牠們會坐在螞蟻面前高舉前腳，做出懇求的動作。

這些甲蟲對螞蟻來說，至少有一部份的負面影響，畢竟牠們會吃掉一些螞蟻的食物。不過就像早期人類社會中的狗或貓一樣，牠們吃的可能是螞蟻自己不要的剩菜。這些甲蟲也可能會吃掉住在螞蟻巢穴中垃圾堆裡的害蟲和病菌，這點就對螞蟻有益了。吉姆和我決定研究看看這些甲蟲，看牠們對螞蟻來說，整體而言究竟是利大於弊還是弊大於利[2]。我們設計了一個實驗，將螞蟻分別放進有甲蟲和沒有甲蟲的底片盒裡，計算在兩種不同的條件下，螞蟻分別能活多久。困難的地方在於，我們得一邊開著吉姆的車子四處跑（因為我們需要在各地尋找有更多螞蟻和甲蟲的地點），一邊進行這項實驗。有甲蟲作伴的螞蟻似乎活得比沒有甲蟲的螞蟻長命，我們猜想那可能是因為甲蟲的陪伴能夠安撫螞蟻，讓牠們不會因為緊張恐慌而耗費太多能量。螞蟻會緊張恐慌也是情有可原——畢竟牠們可是被關在底片盒中，被迫搭上一台正橫越沙漠的豐田 Tercel 老爺車，四周圍繞的氣味，盡是牠們眼前的絕望，和我們嘴裡的花生醬。這項實驗顯示：甲蟲的陪伴起碼在某些情況下對螞蟻是有益的。

對螞蟻和甲蟲進行的這項實驗並不容易，但起碼還是比對人和寵物做這種實驗來得簡單。不會有人——起碼在現代不會——准許你把人跟狗關進一個巨型罐子裡，看看罐子裡有狗陪伴的人活得比較久，還是沒有狗的人活得比較久。我們很難真的去衡量家裡養的貓或狗（或豬、或雪貂，或甚至火雞）是否對我們的健康與福祉有益。身負特殊任務的狗，像是身心障礙者的輔助犬、或是可以檢查出癌症的嗅癌犬等等，很明顯對人類有直接的幫助。但是一般家庭裡的寵物犬或是寵物貓呢？有少數研究發現：養狗可以降低壓力、焦慮、孤獨等情緒——養貓也可以，只是效果較小——這跟我們猜想甲蟲會對螞蟻產生的效果很像。這種效果的存在，正是為什麼有越來越多人開始飼養情感支持動物（emotional support animal）——不管是狗、貓，甚至豬或火雞。有一項研究甚至指出：有養狗的人在心臟病發後，比沒養狗的人容易恢復健康。不過相對地，養貓的人在心臟病發後，倒是比沒養貓的人更不容易恢復[3]。但是這類研究數量還很少，又只是相關性研究，樣本數通常也很小。而且，它們還沒有考慮到貓狗對於我們生活其他面向的影響呢。這些研究並沒有考慮到：貓和狗可能跟家蠅和德國姬蠊一樣，會把各式各樣的生物帶進我們的生活之中，有一些可能會讓人生病，甚至也有一些可能讓人更健康。

貓咪會帶進家門的生物之中，包含一種叫做剛地弓漿蟲（*Toxoplasma gondii*）的寄生蟲[4]。剛地弓漿蟲的故事非常具有指標意義，不僅說明了各種生物是如何跟著寵物闖進我們的生活之中，也顯示了要判斷寵物對人們的影響是好是壞，實在不是那麼容易。關於剛地弓漿蟲與人類的故事，要從一九八〇年代說起。那時候在格拉斯哥（Glasgow），有一群科學家正在研究被剛地弓漿蟲感染的小家鼠。他們注意到被感染的老鼠，活動力好像比沒被感染的老鼠高了許多。他們懷疑這是否是這種寄生蟲所引起的，於是便把這些老鼠都放到滾輪上，讓牠們跑步。在這個研究團隊之中，一位學生海伊（J. Hay）負責計算每隻老鼠各跑了幾圈，結果在頭三天，沒被感染寄生蟲的老鼠就跑了超過兩千圈。這數字超高的！也就是說，牠們已經完全稱不上冷靜了，但是有感染的老鼠跑的圈數，竟然是這個數字的**兩倍**，而且兩者的差距還一天比一天大。到了實驗第二十二天，有感染的老鼠已經跑了一萬三千圈，而沒有感染的老鼠只跑了四千圈而已。這群嚙齒動物的運動狂熱真是無極限呀。但研究人員認為：一定有一些神奇的事情，正在那些受到感染的老鼠腦中上演。不只如此，他們更進一步推測：也許受到感染的老鼠變得過度活躍，這對於寄生蟲的生存是有利的。也許是這種寄生蟲讓老鼠活力暴增，讓牠們更容易被貓抓住、吃掉。剛地弓漿蟲的生活史中，最終階段一定得在貓的體內完成[5]。但是這個團隊並沒有接著進行下一步研究，他們發表了所獲得的成果、提出了這個假說，把剩下的工作留給其他學者完成。這個機會本身就很奇妙了，但是十年之後，事情變得比較原本還要更加奇妙，而這

圖 10-1　在辦公室裡的亞羅斯拉夫・弗萊格。（由安娜瑪利亞・塔拉斯〔Annamaria Talas〕所導演的紀錄片《人體上的生命》之畫面。提供者／安娜瑪利亞・塔拉斯）

都多虧了亞羅斯拉夫．弗萊格（Jaroslav Flegr）的出現。

弗萊格在布拉格出生，也在布拉格工作。在那裡，他按部就班地為自己的學術生涯鋪路，研究演化生物學，也做出了一些不錯的成果，順利獲得博士學位，甚至還拿到了個難得的大獎：在布拉格查理大學（Charles University）的教授職位。弗萊格對寄生蟲的研究，就是在查理大學開始的。他一開始研究的是陰道滴蟲（*Trichomonas vaginalis*），這種寄生蟲會引發滴蟲病（trichomoniasis）。然後從一九九二年起，弗萊格開始迷上了剛地弓漿蟲。他開始閱讀海伊對於滾輪上活力過人的老鼠所進行的實驗，讀完之後，他深信海伊的猜想沒錯，寄生蟲確實為了自己的生存而控制了家鼠的腦子。他認為這種事在全球各地的住家中都在發生，在那些住家中，老鼠一從爐子底下鑽出來，隨即被貓抓住，而寄生蟲則從中得利。我們並不清楚為什麼弗萊格會這麼快就相信海伊的猜想是正確的，我們更不明白的是，為什麼他的下一個念頭，會是開始思考：自己是不是也跟那些過度活躍的老鼠一樣，被感染了。

弗萊格開始列一份清單，上頭記錄自己有哪些不尋常的行為。某種程度上，他感覺自己真的像是隻被感染的老鼠一樣。倒不是說他在跑步機上跑得比別人都還要快，不過假如他是老鼠的話，他的某些所做所為的確會增加他喪命的風險，而且在野外的一些行徑，還可能會增加他被大貓給吃掉的風險。也許這種寄生蟲不只會讓老鼠更加活躍，還讓牠們更不怕危險，而這寄生蟲或許在他身上也產生了相同的影響。有一次，他在伊拉克的庫德斯坦（Kurdistan）意外身陷戰區之中，周圍子彈四處飛舞，但他卻一點也不擔心會因此喪命。在他的家鄉布拉格，他也不害怕繁忙的交通，經常穿梭在車陣之間，被煞車聲和喇叭聲交織而成的樂章圍繞，就像被感染的老鼠奔向開闊處一樣。就連在當年的共產黨統治下，他也從來不怕公開宣揚具有爭議性的言論，即使有充分的證據指出這麼做會被抓去關、甚至遭受更慘的下場。這該怎麼解釋呢？他開始覺得他肯定是被感染、改變了，就像小說《變形記》（*Metamorphosis*）中卡夫卡筆下的主角葛雷戈一樣，用生命演出戲劇化而超出掌控的轉折。

弗萊格產生這些想法後，過沒多久就決定去檢驗自己是否真的有感染剛地弓漿蟲。結果一驗之下，他發現自己的血液中還真的含有對抗這種寄生蟲的抗體。他的確被感染了。他開始好奇：自己的行為之中，究竟有哪些是真正出於自己、又有哪些是受到寄生蟲指揮的衝動呢？可能有寄生蟲正在操控他——光是這個大膽的想法本身，似乎就正好印證了這種寄生蟲可能導致的影響。這種想法很有可能會讓他在國際學界被孤立，因為說真的，整個故事聽起來也未免太荒謬了。但他是在布拉格，那裡從來不缺狂野的想法。

在弗萊格開始對剛地弓漿蟲產生興趣的時候，不少科學家已經對這種寄生蟲認識越來越深。就跟海伊和他的同事們所知道的一，剛地弓漿蟲會感染家鼠（*Mus musculus*），但會被感染的動物，還包括其他在住家中出現的嚙齒類，像是溝鼠（*Rattus norvegicus*）和玄鼠（*Rattus rattus*）[6]，此外還有壁虎、豬、綿羊、山羊等。這些動物不經意吃進帶有卵囊（類似卵鞘的東西；oocyst 一詞來自古希臘文，*oon* 為「卵」之意，*kyst* 為「袋子」或「膀胱」之意）的土壤或水的時候，寄生蟲就會趁機鑽進牠們的體內。接著一場希臘戲劇——或起碼是用希臘文描述的戲劇——就會在宿主體內上演。胃裡的酵素把卵囊外面堅硬的外殼分解掉之後，處於孢子體（sporozoite；*sporo* 為希臘文的「種子」之意，*zoite* 為希臘文的「動物」之意）形態的寄生蟲就會跑出來，並跑到動物的腸子裡。在那裡，孢子體會侵入腸道表面的上皮細胞中，並在裡面轉變為速殖體（tachyzoite；*tachy* 為希臘文的「迅速」之意），開始快速分裂增殖。在它所入侵的細胞爆裂而死後，速殖體就會經由血流跑到其他組織去繼續繁殖。等到宿主的免疫系統總算開始追捕這些寄生蟲的時候，寄生蟲又換了個模樣，成為緩殖體（bradyzoite；*brady* 為希臘文的「緩慢」之意），躲在宿主的腦、肌肉或是其他組織的細胞之中，耐心地慢慢等候，直到宿主被別的動物吃下肚。

這種寄生蟲需要等待，是因為它必須要進到貓的腸道裡，才能完成生命週期。剛地弓漿蟲是一種原生生物[7]。就像許多原生生物一樣，它需要在特定的條件下才能繁殖並產下卵囊，這步驟不論是在土壤裡，或在嚙齒類、壁虎，甚至豬或牛（偶爾它們也會不小心跑到這些動物身上）的身體裡，都沒辦法完成。這種寄生蟲可是很挑的，只有在貓科動物腸道的上皮組織之中才能交配、完成終身大事（大家還覺得線上交友已經算很難了）。是哪一種貓似乎不要緊，但一定要是貓就對了。目前我們在十七種不同的貓科動物之中，都已發現這種寄生蟲繁殖的蹤跡。基於這一原因，剛地弓漿蟲的生命週期要能完成，非常依賴一系列相對罕見的事件接連發生。這一點是這種寄生蟲的生命中極為重要、甚至可說是核心的特徵。

雄性和雌性的剛地弓漿蟲在貓的腸道裡相遇、繁殖後，便會產下更多卵囊。接下來，這些卵囊搭上糞便的便車，一路通暢地經過貓的腸子，被排到體外。一小塊貓糞裡就可能含有兩千萬顆卵囊。這些卵囊像種子一樣堅韌，能夠在暗處等上好幾個月、或甚至一年之久，直到有老鼠或其他動物把它吃進肚中。地球上大概有十億隻貓，所以就算其中只有十分之一受到感染、會隨著糞便排出剛地弓漿蟲，也代表了世界上有高達三百兆顆剛地弓漿蟲的卵囊，正等著被宿主吃下肚。即使保守估計，剛地弓漿蟲的卵囊數量也還是有銀河系中所有星星數量的七百六十倍——而在這片銀河上，滿滿遍布著正在蠕動著的寄生蟲[8]。

只要是有很多老鼠和貓出沒的時代和地區——像是古代美索不達米亞地區（Mesopotamia）的穀倉附近——這種寄生蟲就很有機會能完成它的生命週期。即使如此，只要有任何一個寄生蟲品系能夠讓中間宿主（例如家鼠或其他老鼠）更容易被貓吃掉、增加成功傳播的機會，它就會占有優勢。海伊在之前已經或多或少推測過這種情境，而他最初的直覺也在接下來好幾年的研究中被證實了：這種寄生蟲會控制老鼠的行為。

弗萊格起初懷疑自己被感染時，就已知道人類經常因為接觸貓糞，而在家中接觸到這種情境弓漿蟲。正如我剛剛所提到的：在大自然中，剛地弓漿蟲的卵囊會跑到貓糞裡，然後再進入土壤中或水裡，準備好啟動下一輪的生命週期。但是在住家之中，卵囊最終會跑進貓砂盆，那裡面的卵囊含量有時高得驚人[9]。如果懷孕的婦女不小心把這些卵囊吃進肚子裡的話，卵囊會在胃裡被打破，讓寄生蟲跑進腸道的上皮細胞開始無性生殖，再進入血流中、開始侵入其他器官。不幸的是，這種寄生蟲在母親和胎兒的血液裡都能做一樣的事，因此能夠長驅直入胎兒的體內。胎兒還沒有他們自己的免疫系統，除了從母親身上得到抗體之外，並沒有會引發發炎反應的T細胞等免疫細胞。這是個大問題，因為那種T細胞通常會抑制剛地弓漿蟲的活動，讓它們不至於太胡來。也就是說，在懷孕期間，弓漿蟲能夠在胎兒體內肆無忌憚地不斷增殖，後果可能造成胎兒有智能障礙、失聰、癲癇，或視網膜受損等問題（如果是在懷孕前較為久遠就感染，問題通常不大，因為這類感染之中，寄生蟲通常會跑到母親的肌肉或腦部，不會隨著血流四處亂竄）。這樣的後遺症並不常見，但也不算罕見[10]。多年以來，關於剛地弓漿蟲的研究就到此為止：這種寄生蟲會在老鼠和貓的體內上演一場瘋狂的繁殖循環，偶爾還意外地會對接觸到貓糞的懷孕婦女造成危險。

但是弗萊格也知道，懷孕婦女和其他人接觸到的寄生蟲，跟老鼠所接觸到的是同一個類型。因此至少從理論上來說，如果這種寄生蟲跑進腦細胞中，人類也可能會受到跟那些老鼠一樣的影響。寄生蟲進入腦中後，起碼理論上是可以操縱人類的行為的。但這聽起來實在不太可能。老鼠的腦相對較小，是有可能會被微小的原生生物控制，但是人類的腦子可大了。發達的額葉，讓我們具有自主思考的能力，這是人之所以為人的最大關鍵，也讓人得以發明了用火技術、起司凝塊、電腦等等。我們有辦法產生並表達複雜的思想、在自主下決定並採取行動。我們才不是生物化學現象的奴隸呢。我們絕頂聰明、清醒自主，才不會被那小不點一般的生物控制。所有人當時都這樣想——除了弗萊格之外。

像剛地弓漿蟲這樣的寄生蟲對人類會有什麼影響，其實很不容易找到方法去研究。問題在於：通常我們要研究某種病菌或療法對人類的影響，方法就是利用老鼠當模式生物，去研究那個因素對老鼠的影響。為了避免進行人體實驗，我們改對齧齒類動刀。齧齒類動物所屬的齧齒目（Rodentia），跟我們人類所屬的靈長目（Primates）相當親近。因此，我們的細胞、生理反應、甚至免疫系統等都跟齧齒類非常相像，以至於如果某種化學物質對老鼠會造成特定的效果，那麼它在你我身上的影響大概也是一樣。有趣的是，雖然我們還在爭論狗跟貓對人類的健康有什麼助益，卻沒有人能夠否認家鼠、溝鼠和果蠅等生物對於人類健康的功勞。這些不小心跟著人類雲遊四海的家居生物，已經成了人類生物學研究中的要角。人們透過研究這些動物來了解自己，牠們就像明鏡一般，反映了我們自身的狀況。但是剛地弓漿蟲的問題，在於我們已經知道這種寄生蟲似乎對於老鼠的行為有所影響（不論這影響對老鼠的生存是否有益），使老鼠的活動力變得比較旺盛。我們實在很難想像人類身上也會發生同樣的事。所以，接下來該怎麼辦呢？我們可以試著去把那些具有剛地弓漿蟲潛伏感染的徵兆的人（意思是：他們的免疫系統顯示出曾經接觸過這種寄生蟲的跡象）身上的感染治好，但麻煩來了：沒有人知道要怎麼把已經進入宿主細胞內、生長緩慢的弓漿蟲（緩殖體）給殺死，甚至也不知道要怎麼區分哪些人身上的細胞中有活的寄生蟲、哪些人身上的寄生蟲在成功繁殖前就已經被免疫系統殺死（只留下跟寄生蟲打過仗的痕跡）。另外一個困難是：弗萊格其實根本沒什麼錢做這類研究。他有的就是自己的薪水和時間而已。於是他決定走傳統路線：比較有感染的人和沒有感染的人之間的差異。這種相關性研究不能證明因果關係，但總是一個起頭，讓我們找到一扇窗——即使這扇窗仍模糊不清——能夠開始窺探過去沒人看過的天地。

弗萊格所進行的相關性研究並不容易，不過起碼很便宜。他想要對數量龐大的人進行調查，並了解他們的行為模式、性格分析結果、躲避風險的傾向，以及因為高風險行為而遇上麻煩（例如發生車禍）的機率。他一戶又一戶去敲門，像個中世紀的推銷員一樣兜售著瘋狂的想法和血液檢驗。不過他並沒有走遍布拉格市區，而是想了個比較簡單的法子：走過自己學院的走廊去敲其他人的門。他在自己發表的文章中寫道：大部分參與這項調查的人，都是查理大學科學學院的教職員工和學生。他總共訪問了一百九十五位男性同事、一百四十三位女性同事，請他們回答卡特爾十六種人格因素測驗（Cattell’s 16 Personality Factor, 16PF）中的一百八十七個問題。這套測驗在一九四〇年代發展出來後，在世界各地都被用來衡量一個人身上各具備多少程度的十六種不同的人格因素，像是樂群性（warmth）、興奮性（liveliness）、敢為性（social boldness）、恃強性（dominance）等。除了弗萊格本人和其他共同研究者（他們也有參與調查）外，其他人在回答這些問題前，都不知道自己是否已被剛地弓漿蟲感染。除了人格測驗，弗萊格也為受試者進行了檢驗剛地弓漿蟲的皮膚測試。他給受試者注射一劑弓漿蟲抗原後，如果在四十八小時內注射區域起了免疫反應、出現了小腫塊，就會將這位受試者判定為曾經受到剛地弓漿蟲感染[11]。這不一定代表當下受試者體內還有剛地弓漿蟲，甚至也不代表剛地弓漿蟲曾經侵入他的細胞，只代表在他生命中的某個時間點，進到體內的剛地弓漿蟲數量多到免疫系統起了反應、想把寄生蟲清除乾淨。這項研究工作從一九九二年到一九九三年為止，進行了十四個月。弗萊格在查理大學的同事們都覺得他實在古怪，不過還是多半同意參與了這項研究（也因此揭露了他們生活中的許多細節）。

弗萊格在研究那些資料的時候，發現跟他一樣感染了弓漿蟲的男性，和沒有感染弓漿蟲的男性並不相同。受到感染的男性比較有冒險傾向（測驗中「敢為性」這一項的得分較高），因此也較常無視規範、做出衝動並可能會帶來危險的決定。整體來說，不論是男性或女性，有感染的人跟沒感染的人之間，性格類型都有所差異。弗萊格更仔細地看了看之後，感覺這些資料似乎反映出了人類世界的一些關鍵特徵。這些受訪者都是他的同事，因此研究結果也解釋了他的世界。舉例來說：他的同事之中，有二十九位沒有驗出感染弓漿蟲。那些人大多居於領導地位，是屬於會深思熟慮、較慢才做出決定的人。這二十九人之中，有十名曾經當過系主任、副院長或院長等職位。相較之下，有被感染的教授中，只有一名曾經擔任過領導職位（系主任）[12]。後續的研究也顯示了類似趨勢。比方說，弗萊格發現有感染弓漿蟲的人發生車禍的機率，是其他人的二點五倍（這項發現後來由土耳其的一個研究團隊在墨西哥和俄羅斯分別進行了研究後，得到了印證）。[13]

這樣的結果讓他大受鼓舞[14]。他更加大力地宣揚自己的想法。這可能是個大發現，但是他知道別人會怎麼說。他們會說：那些感染弓漿蟲的人可能一開始的人格個性就不一樣了，那些人就是因為愛冒險，所以才比較容易感染上寄生蟲之類的。他沒辦法排除這個可能性，起碼沒辦法正式排除，但他也難以想像為什麼比較有冒險個性的人，會比較容易接觸到出現在貓糞裡的寄生蟲。要說愛冒險的人比較常養貓、或是比較常不小心吃進貓糞，似乎有點牽強[15]。不過話說回來，他的點子也一樣有些牽強啊。

我們並不知道人類是從什麼時候開始接觸到剛地弓漿蟲的。有個可能性是：人類是在開始發展農業之後，才開始較常接觸到這種寄生蟲。隨著農業發展，人類開始囤積穀物，而這些穀物也餵養了大量以種子為食的昆蟲及鼠類（家鼠，*Mus musculus*）。穀糧即金錢，而老鼠正在偷吃我們的錢[16]。隨著老鼠的族群增長，貓的族群也跟著增加，而後來農夫為了能隨時獲益於貓所提供的服務，而將貓給馴化了。在貓被馴化後，我們更常接觸到牠們的糞便，也因此更常接觸到剛地弓漿蟲[17]。在西元前七千五百年，在地中海東部的塞普勒斯（Cyprus）一處淺淺的墓穴中，有一隻貓被下葬在人類身旁。那隻貓並沒有被剁成好幾塊，也沒有被烹煮過，而是很整齊地蜷曲著身子，就像很多文化中下葬人類時也會將屍體蜷曲起來一樣。貓並不是塞普勒斯島上原生的動物，所以這隻貓（或牠的祖先）一定是跟著人類乘船來到島上的。在貓身旁一起下葬的人身邊，還同時有許多珠寶首飾陪葬，顯示這是個有錢有勢的人物。這樣的下葬模式，意味著我們跟貓之間的關係，長久以來都帶有一點崇敬、或起碼欣賞的成分[18]。至於這隻貓，大概在當時已經被人類馴化了（雖然單憑骨骸很難確定）。

人類與剛地弓漿蟲最早的相遇，可能就發生在賽普勒斯島上那樣的早期農業聚落之中。

那隻貓還有和貓一起下葬的那個人，可能都被感染了。另一個可能性是：我們甚至在更早的史前時代，就已開始接觸到剛地弓漿蟲了。身為狩獵採集者的人類，可能跟老鼠一樣，因為接觸到土壤而不小心把寄生蟲給吃進體內。或者也可能跟著沒煮熟的肉一起吃進了寄生蟲（這是另一種我們可能感染到這種寄生蟲的途徑：食用體內有寄生蟲潛伏的豬肉或羊肉等）。在那之後，因為遠古人類也偶爾會被貓科動物給攻擊並吃掉，所以他們不時也成了共犯，協助這些寄生蟲前往它們最終嚮往的目的地。我們的祖先們，特別是年幼小孩，可是比想像中更常被大貓吃掉。但即使這個假設正確，隨著農業開始發展、人們開始歡迎貓咪住進家中，跟這種寄生蟲接觸並受到感染的機會，一定還是因此而大幅上升。不管如何，如果弗萊格的假說是正確的，這寄生蟲可能已經影響我們的行為很長一段時間了。也就是說，他不僅是在探討這種寄生蟲如何影響今日的你我，也同時探討了在古代，這種寄生蟲是如何一代一代地影響了你我的老祖宗。這不禁讓人好奇：像是成吉思汗、哥倫布之類的人物，是不是也有受到剛地弓漿蟲感染。

在那幾年間，弗萊格繼續思考剛地弓漿蟲還可能透過哪些方式影響人類及人類歷史，而同時，其他一些生物學家也默默地繼續探索這種寄生蟲如何影響嚙齒類動物。其中一位是喬安・韋伯斯特（Joanne Webster），是研究由人類以外的動物散播的病原體的專家（韋伯斯特自稱為人畜共通流行病學家）。跟弗萊格一樣，韋伯斯特也決定要延續海伊在愛丁堡的研究。但不同於弗萊格的是，韋伯斯特進行了實驗。海伊之前使用的是家鼠，而韋伯斯特研究的則是溝鼠和大鼠。溝鼠跟家鼠的情況一樣，剛地弓漿蟲會在牠們體內的血流中行無性生殖並散布到全身，鑽入心肌等肌肉細胞或是腦細胞之中。如果這些寄生蟲跑進腦細胞的話，便會形成囊腫，長存多年，甚至一直到宿主死掉為止。韋伯斯特透過一系列仔細設計的實驗，成功證明了當大鼠被這種寄生蟲感染時，會變得更加活躍，就跟家鼠一樣[19]。大鼠也變得不再害怕平常會把牠們嚇得半死的貓尿氣味，這跟活動力提升一樣，會讓大鼠更容易被貓吃掉[20]。大自然有辦法讓螞蟻愛上甲蟲，也有辦法讓老鼠們輕易把自己送到掠食者的嘴邊去。

韋伯斯特慢慢開始了解這種寄生蟲是怎麼造成老鼠的行為改變的。很顯然地，這種寄生蟲到了腦中之後，就會開始製造多巴胺（dopamine）的前驅物質[21]，而這種物質經過一種至今不明的機制，並與其他的化學物質共同作用之下，最終讓這些老鼠變得更加活躍、更不怕貓尿，也更容易被貓吃掉。因為貓捕食的這些物種在室內和室外都能生活，所以不論是在室內或室外的貓，都有機會成為剛地弓漿蟲的宿主[22]。

韋伯斯特的成果開創了一個新的研究主題，即探討包括剛地弓漿蟲在內的各種寄生蟲，是如何控制宿主的行為。我們現在知道這種寄生蟲操控宿主行為的現象似乎十分常見：真菌會控制螞蟻的大腦、寄生蜂會控制蜘蛛、條蟲會控制等足目（isopod）動物，案例不一而足。但是研究剛地弓漿蟲的人之中，除了弗萊格之外，沒有任何人——包含韋伯斯特在內——把重點放在寄生蟲影響人類的方法上。

韋伯斯特的工作，讓她有機會可以研究剛地弓漿蟲與人類的關係。韋伯斯特受聘的系所之一是帝國學院（Imperial College）的醫學院，所以她每個禮拜都跟研究人類疾病的同事為伍。但是弗萊格所進行的那種相關性研究，並沒辦法讓她的同事信服，如果韋伯斯特想要進行類似研究的話，得到的評價也會是一樣的。韋伯斯特並不必然需要說服她的同事們相信她所做的研究很有趣、結果很顯著，才有辦法繼續下去，但那畢竟會有很大的幫助。學術界建立在一種相互尊敬的文化之上，而這份尊敬需要花費心力爭取，也很容易一夕喪失。如果你的同儕失去了對你的工作的敬意，你就失去了他們的支持、合作機會，同時也可能喪失了未來找他們幫忙做任何事情的機會（而且學者似乎總是有事情需要別人幫忙）。問題還不只是這類型的研究無法讓韋伯斯特的同事信服而已，甚至她自己也沒有完全信服。她的訓練背景是實驗操作、在實驗室裡驗證假說，但在人類與弓漿蟲的關係之中，沒有很多環節是可以透過實驗操作來研究的。基於道德考量，她總不能刻意讓人染上弓漿蟲吧；而且也沒有人知道一旦感染了弓漿蟲、寄生蟲跑進細胞之後要怎麼除掉（所以她也沒有辦法把人們治好之後再觀察有什麼改變）。但是，在韋伯斯特持續進行研究的同時，她注意到了另一個可能的切入點。弗萊格做了許多預測，其中一項是：這種寄生蟲可能不只影響行為，也會影響心理健康。有一個比較確切的例子：史丹利醫學研究所（Stanley Medical Research Institute）的精神科醫師富勒・托里（E. Fuller Torrey）以及約翰霍普金斯大學醫學中心（Johns Hopkins University Medical Center）的小兒科醫學教授羅伯特・約肯（Robert Yolken）兩人，基於弗萊格的研究成果提出了一個假說，認為剛地弓漿蟲可能是造成思覺失調症的原因之一，或甚至可能是唯一的原因[23]。思覺失調症和剛地弓漿蟲感染，經常在同一個家庭中成群出現，但似乎又不是完全遺傳因素所造成（跟同住在一個屋簷下比較有關，而非跟血緣有關）。除此之外，而常用來控制思覺失調症症狀的那些藥物，似乎也會除掉病人體內躲在細胞內部的剛地弓漿蟲。得知了這些觀察結果後，韋伯斯特有了個念頭：她好奇那些治療思覺失調症的藥物，是否就是透過抑制或甚至殺死了剛地弓漿蟲，而發揮效用。

韋伯斯特於是做了個實驗。這是她的專長。她透過餵食的方式讓四十九隻老鼠感染了剛地弓漿蟲。另外三十九隻老鼠則假裝讓牠們感染，各餵食了一劑食鹽水，以作為控制組。受感染的實驗組和控制組之中，又分別再分成四組。一組沒有任何額外的處理，一組施用丙戊酸（valproic acid，一種情緒穩定劑），一組施用氟哌啶醇（haloperidol，一種抗精神病藥物），最後一組則施用乙胺嘧啶（pyrimethamine）：這是一種已知可以殺死多種寄生蟲的藥物，在某些情況下也包含剛地弓漿蟲。接著，她把這些老鼠一隻一隻放進一平方公尺的方形圍欄之中。在圍欄的四個角落中，她各安置了十五滴不同氣味的液體。在其中一個角落，她放了沾有十五滴老鼠自己的尿液的木屑。在另一個角落，她放了沾有中性氣味——水——的木屑。在第三個角落，她放了沾有兔子尿液的水屑。她的想法是：老鼠沒有理由害怕或喜歡兔子，所以兔子尿液的氣味應該不會對老鼠有任何影響才對。在最後一個角落，韋伯斯特放了沾有貓尿的木屑。韋伯斯特可是在全世界最具聲望的大學之一工作，發表過重大的研究成果，但她還是日復一日、兢兢業業地準備著尿液。圍欄設置好之後，韋伯斯特和研究團隊裡的另一個人，便把一隻老鼠放進圍欄中央，觀察並記錄老鼠在每個角落裡各待了多久時間。同樣的程序一再重複，八十八隻老鼠觀察下來，總共觀察了四百四十四個小時。將這些觀察結果總結整理之後，總共得到了二十六萬四百六十二行的資料。韋伯斯特花了不少時間慢慢計數：這一行行的資料顯示，沒有感染的老鼠花比較多時間窩在有「安全」氣味的角落——牠們熟悉的老鼠尿味、或是無害的兔子尿味。沒有受到感染的老鼠很明智地避開了有貓味的地方。但受到感染、且沒有接受藥物治療的老鼠的行為就不一樣了。牠們比較常進到有貓尿的角落，而且進去之後常常待著不走，彷彿渾然不覺那氣味所代表的潛在危險。令人驚奇的是，被剛地弓漿蟲感染，但是接受抗思覺失調症藥物或殺寄生蟲藥物治療的老鼠，行為模式跟沒有感染的老鼠就比較像了。跟有受到弓漿蟲感染但未接受治療的老鼠比起來，牠們比較少進到有貓尿的角落，而且一旦到了那裡也較不會久留。用戲劇化一點的詞彙來形容的話，牠們可以說被治癒了[24]。

韋伯斯特在二〇〇六年發表了她以思覺失調症、思覺失調症藥物和弓漿蟲為主題的研究論文。這項研究成果相當令人信服，但畢竟還是僅限於老鼠，而非人類。她還是必須在人類身上進行實驗，但是既不能只是相關性研究（起碼以韋伯斯特自己的標準來說）、又不能夠在人體身上直接做實驗。不過，還有第三個選項：縱貫研究。利用縱貫研究，研究者就能夠長期追蹤大量的人，觀察有感染剛地弓漿蟲的人跟沒有感染（但是其他條件都相似）的人相比，長期下來是否比較容易罹患思覺失調症。這並不是韋伯斯特過去所熟悉且擅長的研究方法，但是如果有人能找到方法去做的話，會是一項十分精巧的研究，不僅能夠拓展她目前的成果，還可能總算有辦法引起醫師們的注意。很難想像有誰會剛好有適合的資料，因為這項研究要用到的資料，不僅需要記錄同一群人在不同時間點的健康狀態，還需要有在那些時間點所做的血液檢驗。在這世界上只有一個群體會有這樣的資料，那就是美國軍隊。

美國軍隊會對其招募的所有新兵都進行健康檢查，其中也包含抽血檢驗。在美國華特瑞德陸軍研究所（Walter Reed Army Institute of Research）的另外一位流行病學家大衛·尼布爾（David Niebuhr），便決定檢視這些資料，看看思覺失調症是否真的跟感染剛地弓漿蟲有關係。尼布爾搜尋軍方資料庫後，找到了在一九九二年到二〇〇一年間，因為診斷出思覺失調症而被陸軍、海軍或空軍除役的一百八十個軍士官。在資料庫中，尼布爾和他的同事接著為每一個被診斷出思覺失調症的士兵，分別找到三名對應的、沒有患上思覺失調症的士兵。這些作為控制組的個體，在年齡、性別、種族、軍種上，都跟對應的那些有罹患思覺失調症的士兵相符。研究人員分析了軍方所採的血漿樣本，想看看有罹患思覺失調症的人，是否在病發前就比控制組的人更常被驗出有剛地弓漿蟲感染。結果確實如此：因為診斷出思覺失調症而被除役的軍人，比那些沒有罹患思覺失調症的軍人更常被驗出有感染剛地弓漿蟲，且差距相當顯著[25]。尼布爾和他的同事們發現：有接觸到剛地弓漿蟲的人後來得到思覺失調症的機率，比起沒有接觸到剛地弓漿蟲的人，得病的機率高出了百分之二十四之多。如果你曾經被剛地弓漿蟲感染，你患上思覺失調症的風險就是高出那些沒被感染的人百分之二十四。隨著時間的推移以及重複驗證性實驗的進行，尼布爾和他的同事的研究結論也稍微有了修正，研究這種寄生蟲的論文正不斷地在增加之中。目前，探討思覺失調症以及剛地弓漿蟲的五十四項研究中，除了五項之外，所有其他的研究都找到了證據，顯示感染剛地弓漿蟲會提高罹患思覺失調症的機率[26]。

現在往回看，弗萊格所提出的方向似乎是正確的。剛地弓漿蟲顯然會影響我們的腦子，就像它影響老鼠的腦子一樣。我們也不是唯一會受影響的靈長類，最近有一項新的研究指出：我們最近親的物種黑猩猩也會因為剛地弓漿蟲感染，而變得受到貓科動物的尿液吸引，特別是豹尿[27]。受到感染的人類——起碼是受到感染的男性——也比沒受感染的男性更容易認為貓尿的氣味是好聞的[28]。

受到剛地弓漿蟲感染的人的比例高得不得了。有些人是因為食用未煮熟的肉而被感染，那些寄生蟲就躲在肌肉細胞裡蠕動著伺機而動。但大多數的感染都是來自貓的身上。剛地弓漿蟲感染到底有多常見呢？在法國，有高達百分之五十的人顯示出潛在剛地弓漿蟲感染的徵兆。這個寄生蟲可能可以解釋一整個國家大半的行為。並不是因為文化因素，才讓法國人如此享受喝紅酒、吃肉、抽菸——單純是因為對寄生蟲而言，這些事帶來的風險才不關它事。不過不是法國人的人也別太得意，我得指出，其他國家的感染率也很高。百分之四十的德國人都有受到感染。而在美國，至少有百分之二十的成年人有受剛地弓漿蟲感染。在全世界之中，有超過二十億人都曾經在他們生命中的某階段被感染過[29]。

剛地弓漿蟲的故事，本身意義就非常重大。剛地弓漿蟲可以說是人類身上最常見的一種寄生蟲——或起碼是對人類有顯著影響的寄生蟲之中最常見的。我的實驗室中也在研究的蠕形蟎（face mite），就比剛地弓漿蟲更常見（所有我們採樣過的成年人身上都有蠕形蟎）[30]，但是蠕形蟎似乎不會對人造成任何負面影響。在那些會對人類造成負面影響的寄生蟲之中，長久以來被忽略的剛地弓漿蟲，似乎是最常出現的角色。但是關於老鼠、貓、剛地弓漿蟲，以及其他貓身上的寄生蟲的故事，其實點出了影響層面更廣的一件事，那就是讓馴化動物走進家門可能引發的複雜後果。大家似乎都非常急切地驟下定論，認為家裡的昆蟲和微生物是有害的，而寵物則是有益的。但是當我們打開前門、讓貓跑進屋內時，躲在貓身體裡的剛地弓漿蟲也跟著登堂入室。剛地弓漿蟲並非唯一的訪客，還有其他十幾種物種會跟著貓科動物跑進家中，而且每一種都比剛地弓漿蟲還要缺乏研究。愛貓人士——不管是普通女性或是異常地覺得貓尿好聞的男性——也不要覺得自己被針對了，因為其他那些我們打開大門歡迎的馴化動物身上，也有非常類似的情節正在上演。

自一萬兩千多年前以來，我們陸陸續續歡迎了許許多多馴化動物進到家中，不論是貓、雪貂、狗、天竺鼠、或是情感支持用的鴨。每一種動物身上都帶進了一些特定的其他物種。貓帶來了剛地弓漿蟲，跳蚤似乎是天竺鼠帶來的。但是狗，喔狗啊狗，牠實在是蠕蟲、昆蟲、細菌和其他一堆生物的大雜匯。

七年前，我有了個念頭，想要請我實驗室裡的學生整理一份資料庫，記錄每一種馴化動物身上所帶著的所有寄生蟲。我原本是想為每一種寵物都整理出一張完整清單。梅瑞迪斯．史賓斯（Meredith Spence）是負責記錄寄居在狗身上的生物的學生。我原本以為梅瑞迪斯完成狗的部分之後，就可以由另外一個人負責處理貓的部分，再由另外一個學生負責兔子的部分，這樣一直下去。結果我們連狗的部分都沒能做完。梅瑞迪斯花了一年時間整理狗的清單之後，接下來又花了第二年，接下來是第三年。最後，她從北卡羅萊納州立大學畢業、拿到了學士學位，去一間獸醫診所裡工作了一陣子之後，又回來大學讀研究所，現在已經快要完成她的博士學位了。但她還在整理記錄住在狗身上或體內的生物的那份清單[31]。對，這份清單的長度就是這麼驚人。這份清單上有一些預料之中的生物，像是想當然耳的跳蚤，還有寄生在跳蚤體內的巴東體（*Bartonella*）[32]。除此之外，清單上還有一整票頭部像是蛇髮女妖一樣的怪蟲，像是包生條蟲（*Echinococcus*）。

就分類上來說，狗是屬於食肉目（Carnivora）的，跟貓屬於同一目。但就目前所知，狗並不是剛地弓漿蟲的最終宿主。雖然狗的腸道跟貓的很像，但就是有某個地方沒辦法討它喜歡。對於寄生蟲來說，它們偏好哪種宿主完全是見仁見智——而狗這種宿主身上的寄生蟲可多了。舉例來說，狗的腸道環境正合包生條蟲的口味。狗是包生條蟲的「最終宿主」。這個枯燥的科學術語，其實意思單純就是指「寄生蟲交配、下蛋、最後死掉的地方」。

包生條蟲的故事直到現在才正要開始解密。我們目前對於包生條蟲的了解程度，差不多只達到一九八〇年代我們對於剛地弓漿蟲的了解程度而已。大部分條蟲物種的最終宿主都是肉食動物——不論是狗、貓或鯊魚——至於是哪一種肉食動物，它們可都是很挑的。成年的包生條蟲物種大多偏好狗。我們可能會想像：因為狗跟貓一樣都是肉食動物，所以包生條蟲也有辦法在貓的體內繁殖。但它們就是不行（就像剛地弓漿蟲沒辦法在狗的體內繁殖一樣）。對這個特定的寄生蟲來說，狗的腸道就是有個神祕之處正合它意。

兩隻包生條蟲在狗肚子裡交配完成之後，它們所產下的卵會跟狗糞一起排出體外。之後這些卵就開始耐心等待。食草動物通常在吃草的時候也會不小心吃下一點狗糞，這是自然界的冷知識之一。通常這些食草動物是山羊或綿羊，不過在山羊或綿羊很少見的地方，鹿或甚至是小袋鼠也行。跑到食草動物的肚子裡後，包生條蟲的卵就會孵化。剛出生的幼蟲會跑遍被感染的動物全身各處，在內臟甚至骨頭裡形成囊腫，並安頓下來。食草動物死掉之後，如果狗在啃食這些動物屍體時一併吃進了屍體內的囊腫，就會也感染上這種寄生蟲。同樣地，人類也可能在食用綿羊之類的食草動物時被包生條蟲感染。這些條蟲幼蟲在人類體內，也會跟在綿羊體內一樣形成囊腫，差別在於：在人體內這些囊腫會越長越大、不會停止，它們甚至可能長成一顆籃球的大小。因為吃進受感染的綿羊肉而讓體內長出包生條蟲的囊腫，還算是比較「光榮」的途徑。比較不光榮的途徑，是因為不小心吃進少量內含蟲卵的狗糞而感染。這種事遠比你所希望的更常發生——比如說，當人們讓狗狗舔他們的臉時就會。這個生意盎然的世界可是十分粗野呢。

包生條蟲的故事引發了許多疑問。這種寄生蟲會控制被感染的綿羊或人類，好讓他們更受到狗的吸引嗎？愛狗人士是因為被這種寄生蟲的生物化學機制所奴役，才這麼愛狗嗎？沒有人曉得。讀到現在你應該已經知道，我們日常接觸的野外大自然之中，比這更瘋狂、更奇怪的事情並不少見。

有一些狗的寄生蟲和病原菌，像是狂犬病病毒，在某些地區（或時代）比較常見，但在大多數地區都很罕見，起碼現在是如此。在梅瑞迪斯整理出的清單中，包生條蟲是狗身上最常見的寄生蟲之一，而且在許多地區都很常見，但還是沒有犬心絲蟲（*Dirofilaria immitis*）常見。梅瑞迪斯現在就是在研究犬心絲蟲，她當初所做的整理記錄工作，帶領了她走上這個方向。心絲蟲是一種線蟲，它們會侵入狗的心臟和肺動脈並在那裡定居，直到它們長得又大又密集，堵住了正常的血流。在美國，大約百分之一的狗有受到心絲蟲感染。而在某些國家中，一半以上的狗都受到感染。心絲蟲是透過蚊子叮咬而進到狗的體內。這種寄生蟲借住在蚊子體內，並在蚊子叮咬狗的那短暫時間內，迅速游過蚊子的吻、離開蚊子的身體，並爬進叮咬所留下的傷口，再從傷口鑽進狗的皮下組織。之後，這寄生蟲會再從皮下組織搬家、穿過肌纖維，最後跑進血流之中，朝向心臟前進。等到這些寄生蟲到達心臟時，它們已經蛻皮過好幾次，變為成蟲了。這些成蟲就在心臟裡交配——還真是會搞浪漫。跟其他種類的心絲蟲一樣，一直沒有太多人仔細地研究犬心絲蟲的演化。梅瑞迪斯專注於研究蚊子所扮演的角色，因此心絲蟲的演化歷史大概接下來也不太會引起她的注意。所以，這裡現在就有一個美妙的研究計畫，歡迎有興趣的人去著手進行（我的猜測是：還有許多尚未被命名的心絲蟲物種，現在正藏在你家附近飛來飛去的蚊子身體裡面）。犬心絲蟲通常不會入侵人類的心臟，這種事極少發生（一年才幾百個案例而已，不會破千），所以每次醫生們一遇到這種案例，就會連忙聚在一起，搶著跟病人合照。只有在一個案例中，曾經發現心絲蟲在人類心臟裡交配，大部分的心絲蟲在人體內的漫游過程中，都會卡在肺動脈裡進退不能，最後死掉。偶爾，蟲子會在其他地方——像是眼睛、腦或是睪丸——的血管裡卡住並死亡。不過同樣地，這樣的案例非常少見[33]。

但是，人類接觸心絲蟲的機會並不少。大部分的人身上都有驗出心絲蟲的抗體，這代表了很多（也許是大部分）人類都曾在某個時刻被帶有犬心絲蟲的蚊子給叮咬過。這些寄生蟲會一路鑽進這些人（你也許就是其中之一）的皮膚中，但是人體的免疫系統很快就會把它們殺死。這齣戲碼上演之後，曾被寄生蟲嘗試入侵卻以失敗告終的這個人照常生活，渾然不覺自己身上發生了什麼事。然而，近期的研究顯示：即使只接觸過一次這種寄生蟲，還是有可能影響人們的免疫健康。有接觸過的人比起沒接觸過的人，身上製造了更多可能造成氣喘的抗體。也就是說，如果有隻蚊子停在你身上叮了一口、傳給了你一種寄生蟲，即使它之後馬上被免疫系統殺死，還是留下了印記，像是鬼魂作祟一樣，讓你更容易時常打噴嚏、咳嗽、哮喘[34]。我們之所以會常常被帶有犬心絲蟲的蚊子叮咬，主要還是因為我們讓狗進入了生活中的關係。這種寄生蟲會存在我們周遭的環境裡，正是因為狗在我們身邊（這種寄生蟲也可能出現於郊狼或狼很多的環境中，但是很少社區裡的狼和郊狼會比狗還多）。你甚至不一定要養狗，就可能接觸到這種寄生蟲，只要你家附近有狗就夠了。除此之外，還有起碼二十多種寄生蟲經常出現在狗的身上，反映了牠們跟身為祖先的野狼、以及跟室外環境之間的連結。不只如此，根據梅瑞迪斯的記錄，還有另外幾十種寄生蟲偶爾會出現在狗身上。

我覺得剛地弓漿蟲、包生條蟲和心絲蟲的生物習性都非常精采。但是跟大家一樣，我當然寧願自己不要被感染到。光是打開家門讓你的貓和狗進來，就會增加感染的風險。幸好，這些感染最嚴重的後果——思覺失調症、條蟲感染，或是睪丸裡出現死掉的心絲蟲等等，在大多數地區中都很罕見。而且，狗和貓帶來的風險中有一部分是可以降低的，只要飼主採取預防性措施即可。舉例來說，心絲蟲藥物可以降低心絲蟲在狗的族群中出現的數量（雖然使用心絲蟲藥物，也會增加心絲蟲對那些藥物演化出抗藥性的速度）。不過其他像是剛地弓漿蟲所帶來的風險，至少到目前為止還是無計可施。

關於應該如何平衡養寵物所帶來的好處以及代價，我沒辦法給出什麼好的答案。正確解答是什麼，最終還是取決於我們住在哪裡，以及如何生活。在某些地區，貓依然是守護穀物免受鼠害的好幫手，狗依然是幫助牧羊人保護羊群的好夥伴。但在現代西方社會中，這些動物所提供的主要幫助還是陪伴。牠們身為陪伴者的價值，跟我們需要陪伴者的程度成正比，甚至跟我們的寂寞和絕望感成正比。我們生活的環境都市化程度越高、越孤立，這些動物就越可能提供這些好處。此外，隨著我們的生活越來越都市化並遠離自然野外，狗和貓還可能提供另外一種新的益處，那就是我們與有益生物接觸的機會。

我們是在調查北卡萊納州羅利市以及德罕市（Durham）四十戶家庭的時候，開始思考寵物對家居細菌多樣性可能帶來的益處的。我們詢問受訪者的問題之一，就是他們家裡是否有養狗。不同家庭之中細菌物種組成的差異，有百分之四十都受到家裡有無養狗的影響[35]，這影響程度可大了。養狗會造成如此大的影響，一部分是因為有養狗的家裡，有許多出現於土壤中的細菌物種比較常見。我們可以想像狗單純是從室外把這些土壤中的微生物給帶進門來，但是最近有一項研究發現：土壤微生物也會住在各種哺乳動物的毛皮上[36]。很有可能，哺乳動物毛皮上跟土壤之中正常的微生物群落之間有相當高的重疊。除了土壤中的細菌之外，狗也在住家裡四處留下了許多出現在口水中的細菌，以及一些經常出現在狗糞中、但在人類糞便中沒那麼常見（在樣本中也沒那麼容易辨識）的細菌。

在獲得上千戶住家的資料之後，我們就能開始探討貓是否會對住家中的細菌組成有所影響。答案是會的。雖然原因還不十分明朗，但有些細菌物種，包含常跟昆蟲一同出現的細菌，在有養貓的家中變得比較少見[37]。也許在殺蚤項圈、滴劑、粉末這些我們用在貓身上的東西內含的殺蟲劑殺死了昆蟲之後，昆蟲身上的細菌也跟著死掉了（雖然這樣的話，狗應該也會有同樣的情況）。也許是貓吃掉了很多昆蟲（也連帶吃掉了昆蟲身上的細菌）。即使如此，貓還是讓上百種不同的細菌進到了我們家中。跟狗一樣，這些細菌大部分顯然都出現在貓的身體上——皮膚上、毛髮上、糞便裡、口水中等等地方。不過貓似乎並不會把土壤中的微生物帶進家裡。也許是因為貓的體型比較小，或是因為貓會清理牠們自己的腳掌，我們並不清楚。

我猜在人類歷史上的許多時間裡，狗或貓一般會帶進住家的細菌，對人類的影響應該多半是負面的，就像那些原生生物或是寄生蟲一樣。但是我們現今所生活的這個時代很特別。現在，就像生物多樣性假說所描述的一樣，在世界上很多地方，我們常常是因為缺乏接觸某些細菌而生病，跟我們因為接觸到某些細菌而生病的情況一樣常見。很有可能的是，對於那些沒有在環境中接觸到足夠益菌的兒童而言，接觸到貓或狗帶進家中的那些細菌，就跟去聞艾米許人住家中富含多樣生物的灰塵一樣，會帶來些許幫助。近年的研究顯示：在家中養狗的人，通常得到過敏、濕疹、皮膚炎的機率都比較低，特別是那些從出生開始家裡就有養動物的小孩。對過去文獻進行的一項極為完整的回顧研究發現：家裡有養寵物的兒童，通常比較不容易得到異位性皮膚炎[38]。在歐洲，一項針對過敏進行的相似研究也得到了同樣的結果：養寵物讓飼主得過敏的機率降低，而且在某些地區中效果特別明顯[39]。在不同的研究中，貓通常都跟狗有同樣的效果，但是程度較弱、一致性也較低[40]。

在世界上的某些地區，人們的生活已經離野外的生物多樣性太過遙遠了，在這種情況下，狗和貓很可能對我們的免疫系統是一大福音。狗和貓可能透過兩種管道影響我們的免疫系統。也許狗和貓帶來的細菌，補償了我們平常沒有接觸到的細菌物種。我們平常所過的生活跟生物多樣性幾乎完全絕緣，所以即使是狗的腳底黏了一小坨黏糊糊的髒東西，也是一大幫助。另外一種可能的管道是：兒童可能在不知不覺中透過狗糞和貓糞，而得以補足腸道中的細菌。家裡有養狗的兒童，經常會因為把掉在地上、沾有微量狗糞的食物撿起來吃，或是被剛「親吻」過另一隻狗的屁屁的狗親吻，而攝取進狗的腸道細菌[41]。可能狗（還有貓，雖然程度比較輕微）並不是單純讓我們接觸到完整的細菌多樣性，而是讓我們在所需的腸道細菌不足時，能夠有機會獲取這些細菌。現在已經證實，缺乏某些腸道細菌的時候，會引起各種不同的健康問題（克隆氏症、發炎性腸疾病等等）。如果攝食糞便的假說是正確的話，我們可以預期剖腹產下的嬰兒，因為通常無法獲得足夠細菌[42]，而因此會特別受益於狗的陪伴，而情況似乎的確是這樣。我們也可以預期：如果住家中有其他的糞便微生物來源，像是跟不乾淨的「手足」之間的互動，那麼狗所帶來的好處就會比較小，實際上也似乎如此。在有兄弟姊妹的兒童身上，有養狗所導致過敏及氣喘等疾病改善的程度就較低一些。整體來說，我認為目前的證據，都支持狗能帶來土壤中的微生物、幫我們補充缺乏的糞便細菌的假說，但這些益處之所以會存在，也完全是因為我們目前生活的環境，跟野外大自然的接觸是少之又少，所以在生活中增添一些狗身上的髒汙或狗糞似乎是個解方。如果我們回過頭把這個研究結果跟包生絛蟲或心絲蟲的故事放在一起看的話，養狗的利與弊，似乎完全取決於牠帶來的是什麼生物，是細菌還是寄生蟲、而又是哪一種寄生蟲。有時候，我們越是試著要找到方法下一個簡單的決定來改善生活，生物多樣性就越是複雜得讓人無法隨心所欲。

說實話，我們至今還是不完全清楚把狗或貓放進到家，整體來說後果會怎麼樣，更別提如果放進家中的是雪貂、小豬、烏龜之類的動物了。而如果我們連狗和貓能不能促進人的健康都不容易弄懂的話，你就大概可以明白，為什麼那麼難弄清楚在我們家中或是身上的那數十萬種細菌之中，有哪一些是我們想要的。但這並不代表因此就沒有人嘗試過要弄明白。事實上，一九六〇年的時候，大家總感覺醫生好像很快就可以在美國各地、甚至醫院裡或住家中，給新生兒的身體「種」細菌，就像種花種草一樣。後來他們真的做到了。

11 在嬰兒體膚種下生物多樣性

我們接下來將花點時間討論生存奮鬥。

——達爾文

甜美的花從容綻放，而野草瞬息即生。

——莎士比亞

我們總是嚮往進步，總覺得一切進步都與技術革新有關，過去的一切總是比不上現在，更遑論與未來相比。但我們與周遭生物，尤其是與自家中生物的相處，可能就不是這麼一回事了。我們控制危險病原體的技術確實大有進步，但也做得過火，連同那些有益的物種也一起根除了。我們反而製造了一個讓有害物種可以蓬勃發展的環境，例如讓真菌蔓延的牆壁、滋生各種致病菌的蓮蓬頭、讓德國姬蠊恣意穿梭的門縫等。然而，其實我們一直都有其他的方法、其他的選擇，例如多年前，我們就有機會研究並創造一個對有益物種友善的居家環境。雖然這主張可能有點冒險，但至少會比現在的世界更安全。尤有甚者，這理論其實早已實驗過，還成功了，這就是在新生兒的皮膚上所進行的實驗。

在五〇年代末，一種名為 80/81 型金黃色葡萄球菌的病原菌，開始在美國各地醫院肆虐[1]，讓所有進出醫院的人都可能被感染，進而威脅感染者家庭的健康。其中尤以嬰幼兒所受到的威脅最大，因為根據當時的一份研究，嬰幼兒在醫院裡出現的嚴重感染病例，大多與這種微生物有關[2]。80/81 型金黃色葡萄球菌（以下簡稱 80/81 型）喜歡待在人類的鼻腔或肚臍孔，因此十分難以清除，而且當時主要的抗生素盤尼西林對它也不管用。盤尼西林於一九四四年起開放大眾使用，但它沒辦法殺死所有的細菌（例如結核桿菌需要等到從鏈黴菌萃取的鏈黴素問世後，才得到控制）。盤尼西林通常都能抑制金黃色葡萄球菌裡的致病品系，但這株 80/81 型卻成了第一個例外，盤尼西林無法殺死 80/81 型[3]。雪上加霜的是，它開始快速蔓延。

到了一九五九年，80/81 型病菌在許多醫院的育嬰室已屬常見，紐約的長老會懷爾康乃爾醫院（Presbyterian Weill Cornell Hospital）也不例外，但院內有兩個人決定起身解決這個大麻煩，即海恩斯·艾肯沃特（Heinz Eichenwald）與亨利·亨恩菲爾（Henry Shinefield）[4]。艾肯沃特任職於兒童疾病部門，亨恩菲爾則是同部門剛到職的助理教授。他們兩位攜手合作，將醫療推向新的里程碑，也革新了人類控制室內微生物的方法。

艾肯沃特與亨恩菲爾努力研究長老會懷爾康乃爾醫院的育嬰室，他們下班回家前都會檢查育嬰室內 80/81 型病菌的感染情形。一開始他們也不確定這樣可以發現什麼，不過他們相信等找到時就知道了。這個繁瑣的調查作業逐漸變成例行公事，一陣子後，他們終於有了寶貴的新發現。

他們第一個發現是：院內出現最多 80/81 型感染病例的育嬰室，都被同一名護理師造訪過，後來發現這名護理師的鼻腔內還真的附著著 80/81 型病菌（以下稱她為「80/81 型護師」）。80/81 型護師所到之處，幾乎必會發生確診病例，顯然她就是肇因。醫院育嬰室的病例十分常見，因此可推測到處傳播病菌的護理師也為數不少。在多數醫院裡，只要這類護理師被遣散，他們所造成的影響也就會停止，結案收工。一開始，事情確實如此發展，這名 80/81 型護師被「移除」了。沒想到，本案還有後續新的發展。

此名 80/81 型護師總共接觸了六十八個嬰兒，其中有三十七個出生不到一天，另外三十一個出生超過一天，但還不滿兩天。在那三十七個不滿二十四小時大就被她照顧的嬰兒中，有四分之一被感染 80/81 型病菌；然而，三十一個出生已二十四小時才被她照顧的嬰兒，卻沒人感染 80/81 型病菌！這些嬰兒的鼻腔裡反而附著另一群細菌，包含非致病型的金黃色葡萄球菌菌株。顯然，新生兒的身體有某種神祕因素影響著感染率。為什麼出生首日被 80/81 型護師抱過的小嬰兒會感染病菌，而出生超過一天的卻不會？艾肯沃特與享恩菲爾在比較兩組嬰兒後，對本案靈機一動，這份靈感可能成就一番事業，但也可能自毀前程[5]。

艾肯沃特與享恩菲爾對於他們的新觀察想出了兩套解釋方式。第一種是比較容易想到的，那就是新生兒隨著出生後日齡增長，逐漸建立起自身免疫力，所以比較早出生的嬰兒有能力抑制 80/81 型病菌；在病菌開始增殖前，這些老鳥嬰兒的身體就能殺死這些入侵者，我們姑且稱它為「嬰兒當自強」假說吧。理論上，科學家不應該去貶低比較無聊或是可能性較低的假說，但科學家就是會，艾肯沃特與享恩菲爾就這麼做了，他們覺得這個嬰兒當自強的假說太無聊了。

艾肯沃特與享恩菲爾的第二種假說，就比較像是天外飛來一筆，有點突發奇想但相對有趣許多。他們猜測：日齡較大的嬰兒是否可能先染上了其他菌株，而「好的」金黃色葡萄球菌先建立菌落後，可能抵禦初來乍到的致病原（例如 80/81 型），好似先來的這批細菌成了一道防護牆。享恩菲爾稱之為「細菌抑制機制」。若此假說為真，那麼人類直到這時，才真正認識了益菌在這個世界的重要性，它們在人類的身上定居，也同時落腳在醫院所有的接觸面、及家中的各個角落。

在撰寫這份研究時，艾肯沃特與享恩菲爾相當清楚「金黃色葡萄球菌長在新生兒身上乃是正常現象」，而且這樣的現象「只是遲早都會發生的事」[6]。這件事已有充分佐證，因為當時有不少研究都指出：健康成年人的皮膜上都覆蓋著一層毛絨絨的微生物，而且在鼻腔、肚臍與某些部位，這層厚厚的生物膜中必定包含金黃色葡萄球菌。其他部位的皮膚，例如額頭或背部，其優勢菌群可能是葡萄球菌屬（*Staphylococcus*）的其他物種、棒狀桿菌屬（*Corynebacterium*）、微球菌屬（*Micrococcus*），或是其他能在肉體上獨占鰲頭的細菌[7]。哺乳類動物的體表上，通常都會覆蓋著一層如毛毯般的細菌層（而我們現在知道，不同種哺乳類身上的菌相也各不相同）。因此，即便我們全身赤裸，其實還是披著一件隱形大衣，我們家中所有的表面也都是一樣。我們也知道：嬰兒還在母親子宮裡時，他們的皮膜（包含腸道與肺部）都沒有微生物，但在開始生產的一刻，微生物馬上就在他們的皮膚上插旗占領。

綜合上述資訊，艾肯沃特與享恩菲爾推論：一天大的新生兒皮膚上剛形成的微生物層，尤其是在鼻腔或肚臍皮膜上的微生物，能幫助他們預防外來微生物在此紮營。他們認為：特別是金黃色葡萄球菌的「有益」菌株，能搶在其他微生物在新生兒身上立足前，就占據空間與養分[8]，生態學家稱之為「消耗性競爭」（exploitation competition）。除了這種藉著消耗有限資源而排除競爭者的模式，首先落腳的微生物也可能自行產生名為「殺菌素」（bacteriocins）的各種抗生素，能抑制或殺死晚一步抵達的細菌[9]，生態學上稱之為「干擾性競爭」（interference competition）[10]。上述兩種競爭模式都常見於自然界，而且在草地植物或熱帶雨林的蟻群中已有不少觀察紀錄，但當時沒有人想到可以應用在人體或是建築物上，因此可說是相當前衛。雖然曾有前例，但仍極度非主流，只比瘋子或異端來得好一點。

當時的醫學，尤其是與感染病有關的醫學，關心的是如何將有害的微生物物種或品系在開始作怪時一舉殲滅。這種常態始於倫敦蘇活區的史諾發現傳染病來自一口受汙染的井、路易．巴斯德發現單一種病原物種就足以導致疾病（病菌說）。幾乎沒人在乎有益的細菌，或是認為缺乏益菌會造成疾病[11]。大家只注意到病原體、只想著怎麼殺死病原體。這樣的觀念可不陌生，在人類尚未開始豢養野生動物時，我們對大型野生動物的態度，也是能躲就躲，不能躲就殺掉牠們。然而艾肯沃特與享恩菲爾卻不這麼想，他們認為如果要讓醫療更有效，或者以全人類的健康福祉來看，我們應該要接受更豐富的生物多樣性。

他們找了同事約翰．里博（John Ribble）一起設計一個實驗。他們想測試如果把嬰兒從 80/81 型病株無驗出的育嬰室搬到確診率超過五成的育嬰室後，會發生什麼事。這些嬰兒身上已經建立的有益微生物群落，是否能保護他們免於 80/81 型的侵害呢？當時這個實驗就在他們任職的長老會懷爾康乃爾醫院進行。雀屏中選的嬰兒先被安置在完全無 80/81 型確診或驗出的育嬰室超過十六小時，然後再移到 80/81 型感染案例常見的育嬰室中。實驗結果非常清楚：這些才一天大的小朋友換了育嬰室後，都沒有感染 80/81 型[12]。這個實驗設計很聰明（雖然實驗倫理的部分頗令人存疑），實驗結果意味著益菌可能具有防禦病原的功能，它們可能在資源競爭上贏過病原體，或甚至直接殺死它們。不過，這個實驗結果依舊無法排除那十分無聊、想當然耳的「嬰兒當自強」假說，於是艾肯沃特與享恩菲爾決定要做出最完美的實驗，他們決定要用嬰兒的身體培養細菌，並不同於一般致病菌研究，他們打算培養的是益菌而非致病菌。

他們所要培養的益菌來自另一位護理師卡洛琳・迪瑪（Caroline Dittmar），她在無 80/81 型感染的育嬰室輪值，而享恩菲爾從她的鼻腔中採集到金黃色葡萄球菌 502A 型菌株，這也是先前從健康育嬰室裡的四十個嬰兒身上發現的主要菌株，因此艾肯沃特與享恩菲爾認為這株 502A 型細菌安全不致病，並會與致病菌進行干擾性競爭。兩人花了兩年時間，研究迪瑪鼻子裡的 502A 型菌株，並未發現小嬰兒與其家屬因為這株菌而感染任何疾病。直到後來才發現，其實 502A 型菌株沒有致病能力，是因為它攻不進鼻腔的黏膜層，所以進不了人體血液循環系統中；換言之，要是 502A 型菌株有辦法進入血管，它也會成為一種病原體[13]。艾肯沃特與享恩菲爾在 502A 型菌株相關研究仍持續進行時，就把它用來接種新生兒。一開始他們用濃度較低的菌液接種，但他們很快就發現細菌難以繁殖，所以後來改用濃度較高、約五百隻細菌的菌液接種[14]，接種後的一年間，大部分嬰兒鼻腔仍可以驗出 502A 型（不過肚臍的就比較少，原因不明）；除此之外，連這些嬰兒的媽媽身上也開始出現 502A 型[15]。

不管艾肯沃特與享恩菲爾做了什麼，顯然都造成了相當長遠的影響，但我們還需要知道502A 型是否能抑制 80/81 型的成長。

大膽的艾肯沃特與享恩菲爾就這樣繼續他們大膽的實驗，他們接著找到國內發生 80/81 型感染病例的其他醫院，或者說，是這些醫院找上了艾肯沃特與享恩菲爾。第一個找上門的是俄亥俄州辛辛那提總醫院（Cincinnati General, Ohio）的新生兒專科醫生詹姆士·薩瑟蘭（James M. Sutherland），他打給艾肯沃特與享恩菲爾求救，因為他的醫院在一九六一年的秋季遭遇了嚴重的 80/81 型疫情，院內的新生兒約有百分之四十都感染上這個致病菌。於是享恩菲爾隨即帶著從卡洛琳·迪瑪身上採到的 502A 型細菌，出發前往俄亥俄州。一到辛辛那提，享恩菲爾便與薩瑟蘭著手實驗，在三間育嬰室裡五成新生兒的鼻腔或殘留臍帶（或兩者）接種了可能抑制 80/81 型的 502A 型，另外五成的新生兒則不予接種。接受接種的嬰兒是隨機的、其所在位置也是隨機的。享恩菲爾與同事進一步檢驗嬰兒在接種可能有益人體的金黃色葡萄球菌菌株後，感染 80/81 型的風險是否降低。換句話說，他們就像是在種植作物，並希望作物可以阻止雜草生長；這些科學家就好比農夫，殷殷期盼著播種後的收穫，並且祈禱著他們不會種出一堆雜草（即被細菌感染的小嬰兒）。

這次的實驗結果，對於世界上所有在醫院感染到 80/81 型的新生兒，以及許多從醫院將新生兒接回家的家庭，都相當重要。尤其在美國，每千名嬰兒當中就有近二十五個嬰兒，在醫院中或接回家沒多久就死於這種感染。因此這個實驗關係到成千上萬條生命。

沒多久，薩瑟蘭與享恩菲爾就得出實驗結果：在被接種可能為益菌的 502A 型金黃色葡萄球菌菌株的小嬰兒當中，只有百分之七在接種後發生 80/81 型感染，而且都是離開醫院回家後才被感染的，因此有可能是他們家中有其他的 80/81 型感染源。看起來似乎不是非常成功，但和對照組比較就不一樣了，對照組即沒有接受 502A 型菌株接種的嬰兒，其感染 80/81 型的比例遠大於實驗組，是實驗組的五倍！薩瑟蘭對艾肯沃特與享恩菲爾的信賴，被實驗證實是相當值得的[16]。實驗結果顯示：從一名叫卡洛琳・迪瑪的護理師身上取得的 502A 型菌株，接種到小嬰兒身上後，在大多數的情況下，可使小嬰兒免於 80/81 型致病菌的侵害。

享恩菲爾很快又啟程歸返。艾肯沃特因為是醫生，少有時間能拜訪其他醫院，但享恩菲爾身為新任助理教授，時間上更有餘裕這麼做。他於是繼續造訪德州（Texas）的其他醫院以重複實驗，並得到了更顯著的實驗結果：新生兒接種 502A 型菌株後，只有百分之四點三被 80/81 型致病菌感染；相較之下，未被接種益菌的新生兒當中，則有高達百分之三十九點一遭到感染。這個接種實驗的成功結果，與辛辛那提的實驗結果相符，於是艾肯沃特與享恩菲爾繼續到各地重複實驗，接著到喬治亞州（Georgia）（其研究便名為「喬治亞傳染病研究」）、然後是路易斯安那州（Louisiana）（「路易斯安那傳染病研究」）[17]。

在人體上培植可幫助自衛的益菌顯然非常有用，502A 型菌株能有效抵抗醫院裡最棘手的病原體，但是艾肯沃特與亨恩菲爾兩人並不以此為滿足，他們想繼續進行其他實驗，而且是風險不小的實驗。他們發現：在亨恩菲爾結束辛辛那提與德州的實驗後，80/81 型病菌便很快就從該醫院裡的育嬰室消失了，因此他們想測試細菌干擾素學說，以根除醫院裡的 80/81 型病菌。

亨恩菲爾持續造訪各地的醫院，並給院內的新生兒接種 502A 型菌株，不過跟先前不同的是，他不再設置對照組，而是全面進行益菌的接種，因為他希望能治療已遭致病菌感染的孩子，或甚至在接觸感染源前就幫他們建立防護罩。他的努力獲得驚人的成果。截至一九七一年，全國境內共四千名新生兒獲得 502A 型菌株接種，醫院內的 80/81 型感染病例大幅減少，在某些醫院裡甚至完全根除了這種病原體，完治，結案。海恩斯・艾肯沃特根據他們累積的實驗成果總結道：「針對金黃色葡萄球菌引起的嚴重傳染病，我們證實了接種 502A 型菌株，為最快速安全且最有效的療法，而且我認為我們治療過上千名嬰兒的經驗，足以證明整個治療過程是完全安全的。」[18] 不久之後，人們就會知道金黃色葡萄球菌 502A 型是靠什麼機制去抑制像 80/81 型之類的病原體：原來這些益菌會製造一些抑制生物膜形成的酶，等於阻止了致病菌在體表上落腳並繁衍，它們產生細菌素毒殺其他外來的細菌[19]。同理，502A 型菌株會產生細菌素，抑制任何其他比它後到的細菌。除此之外，它們還可能不經意地觸發宿主體內的免疫反應，使其他外來細菌更難以入侵人體[20]。

這份研究發表後，眾人無不歡欣鼓舞，這個新療法似乎傳遍了全球的醫療機構，家家戶戶不論人或任何接觸表面都塗抹了益菌，醫生們也主動為成人接種益菌，尤其是深受金黃色葡萄球菌感染症狀所困擾的病人。不過，幫成人接種益菌的程序稍微複雜，醫生需要先用抗生素殺死鼻腔內的所有細菌（跟種菜前要先除草的概念一樣），接著才能重複為新生兒接種益菌的那套步驟。這樣的療法對成人八成有效，因此艾肯沃特與享恩菲爾的團隊利用502A型菌株展示了完全創新的醫療邏輯，他們的成就不僅僅是在新生兒皮膚上培養了某一種細菌而已，更驗證了細菌干擾學說，即益菌能以化學方法抑制外來細菌。

一九五九年，生態學家查爾斯．艾爾頓（Charles Elton）在他的著作《入侵種動植物生態學》（*The Ecology of Ivasions by Animals and Plants*）當中特別提到：不論是草地、森林或是湖泊，當一個生態系的組成越豐富多樣，此生態系越不容易遭受外來雜草、害蟲或病原體的侵害[21]。艾爾頓的理論和艾肯沃特與享恩菲爾的實驗概念十分相似，尤其艾爾頓描述那些欲進入新生態系的動物「找繁殖棲地卻發現沒有空位，找食物卻發現可食的資源所剩無幾，想找個掩護卻發現遮蔽處都被占據，在各方面都與原居的物種有所齟齬，最後被迫離開這個生態系」。艾爾頓認為：當生態系的生物組成越多樣，外來的生物就越不容易趁隙而入，甚至可能更容易被該生態系中的掠食者或病原體所消滅。所以他總結：生態系內的多樣性，有助於抵抗入侵物種。而在接下來六十年的研究發現：雖然該假說不完全準確——因為生態學中總是有例外——不過大致符合事實，所以向來習慣看大方向的生態學家，認為這個假說足以描述地球生命支持系統中的一項重要功能，即生態系的生物多樣性能夠抵禦外來種[22]。例如：一塊長有菊花（一枝黃花屬之類）的草地上，如果當中的菊花品系繁複[23]，或是其草食動物的種類繁多，那這塊草地就越不容易被外來種入侵。即便艾爾頓的假說，主要描述植物與哺乳類動物間的情形，但應該也適用於人體與居家環境。在我們日常生活中，細菌干擾的現象無論是發生人體肌膚或其他地方，若生產干擾素的細菌物種更多樣，效果可能就更佳。可以想見，艾肯沃特與享恩菲爾的徒子徒孫出師後，就致力將多樣的菌叢種在新生兒身上、我們身上，以及我們臥室的各個角落。

當然，在哺乳類與菊花族群中發生的事，不見得必然發生在微生物族群中。若要測試艾爾頓的假說是否適用於微生物，最直截了當的方式，就是建立數個包含物種數量不同的微生物群集，藉以模擬自然界中不同人體內、或不同居家環境中微生物多樣性的情況；接著引入一個外來的細菌物種，並觀察不同的群集是否因其物種多樣性較高，而較能抵禦的外來種細菌。可惜艾爾頓於一九九一年過世，沒能見到這個實驗結果。不過我們可以稍微快轉一下，就在幾年前，一個由生態學家楊・迪克・范艾爾薩斯（Jan Dirk van Elsas）領導的尼德蘭研究團隊進行了上述實驗，不過由於醫學倫理規範自一九六〇年代起有了大幅轉變，因此他們的實驗是在培養皿上操作，而非直接在新生兒的肌膚上進行。

范艾爾薩斯與團隊同仁在燒瓶中填滿入消毒過的土壤，作為細菌的食物，然後在燒瓶中培養不同菌株數、每種菌株相同細胞數的細菌，實驗用的菌株都是從尼德蘭境內草原土壤中純化出來的[24]。實驗組包含培養著五種菌株、二十種菌株、甚至一百種菌株的燒瓶，在最後一組實驗組中，他們使用的是生猛的野外土壤，內含上千種細菌；而對照組則使用沒有菌株的土壤，等於空有細菌食物的燒瓶。接著，他們在每一組燒瓶中都植入了大腸桿菌（*Escherichia coli*）的非致病菌株，再觀察接下來六十天內這些群集產生的變化。本實驗中的大腸桿菌，就像是先前醫院出現的 80/81 型金黃色葡萄球菌，屬於生態系的外來入侵者。團隊預測：當燒瓶中的菌株越多樣，大腸桿菌就越不容易在燒瓶中繁殖，因為當中有各種空間與生存資源的競爭現象，甚至細菌之間還會競爭由其他細菌所生產的資源。此外，當群集具有越多菌株，就越可能出現會製造抗生素的細菌，而使任何外來細菌在前腳踏入時就慘遭湮滅。換句話說，群集可提供的生態棲位，要不是被互相競爭的細菌們占據了，就是被細菌產生的毒素給斷絕了。

當范艾爾薩斯的研究團隊把大腸桿菌植入沒有其他菌株的對照組中，大腸桿菌長得可好了，有如家中剛消毒好的桌面上掉了一些碎屑，像是餅乾屑或你身上代謝掉的死皮，供微生物大快朵頤。實驗過了六十天後，對照組內的大腸桿菌菌落數量多且穩定，但一開始在土壤中先加了五種菌株的實驗組中，大腸桿菌的菌落成長速度較慢，而且也比較快消失；其他的實驗組，包括使用含有二十種菌株跟一百種菌株的土壤中，其大腸桿菌的消失速度則更快；而在使用野外土壤、擁有超豐富菌相的實驗組中，研究人員幾乎找不到大腸桿菌的存在。可見當菌相越豐富，大腸桿菌就越難存活。另一方面，范艾爾薩斯也證明了：這是因為在菌相越單一的群集中，就有越多種細菌懂得更有效率地使用多種資源[25]，因此大腸桿菌若進入生物多樣性高的環境，能獲取的資源將所剩無幾。范艾爾薩斯的另一個實驗也證實了一樣的現象，而且結果更顯著，這個實驗設計可能更接近野外土壤的實際情況——他製造了一組實驗組，涵括了上千種土壤細菌，以及土壤內會出現的弒菌病毒。

范艾爾薩斯的研究結果讓我們合理懷疑：當人體體表或家中接觸面上的菌相越單純、生態越貧瘠時，因為競爭對手不多，病原體就越容易占地為王。當然這件事的前提是環境能供給微生物維生的養分（這從來沒少過），而且居家環境並非了無生機（你已經知道不是這樣）。多麼重要的想法！按照艾肯沃特與享恩菲爾的研究成果，我們也許可以依樣畫葫蘆，提升我們的身體與生活中的生物多樣性以抵禦致病原入侵，就連害蟲防治也可以使用一樣的概念（提升家中的節肢動物多樣性，蜘蛛啊、寄生蜂啊、蜈蚣啊都來一點，蒼蠅或德國姬蠊這類害蟲就不敢囂張了）。而且，接觸更多種類的細菌還有其他好處，根據前述的生物多樣性假說，我們的免疫系統將因此更加健全。艾爾頓的生態學理論意外的在免疫學上發展出實質的應用效益。

不過，如果艾肯沃特與享恩菲爾所採用的、以生態學為基礎的「艾爾頓式療法」真的那麼神，還傳遍醫院和家家戶戶的話，為什麼我們會覺得他們的故事這麼陌生？我們好像從沒聽過在嬰兒身上或是在家中培養細菌這種事，這是因為在一九六〇年代初期，現代醫學就選擇走上了另一條路。

艾肯沃特與享恩菲爾的研究大放異彩後，他們的理論受到許多人推崇，這正是人類未來的希望！然而，不久就發生了慘案。有一個新生兒在接種 502A 型金黃色葡萄球菌時，細菌卻因意外的針扎事件進入了新生兒的血液中，結果造成該名新生兒死亡。細菌只要有辦法鑽進血液中就會造成感染，也就是說血液中不存在所謂的益菌。除此之外，接受益菌接種的病例中仍然出現零星的皮膚感染（約百分之一的機率），即便能以抗生素治療，但總是細菌感染。不過現在的重點，不在於這些案例造成的問題，而在於別種治療方式可能產生的問題，是否比這些零星案例更嚴重？答案是肯定的。

艾肯沃特曾特別提到：他與享恩菲爾的實驗，是從幾種可能的療法中挑選一種。其中一種療法就是培養益菌，利用益菌造成的干擾性競爭現象去阻止病原體繁殖；另一個方法，就是嘗試使體表細菌多樣性再次回到史前人類所擁有的程度（不過要排除病原菌），回到「自然」的狀態；最後一個方法，就是在感染發生時使用各種手段根除金黃色葡萄球菌與其他病原體。艾肯沃特針對第三種手段提出兩個可能衍生的問題：第一，病原體將持續演化，對於不斷升級的根除手段產生抗性；第二，任何試圖根除病原菌的手段也會同時殺死益菌，使病原菌容易再度入侵人體[26]。艾肯沃特提出的兩個問題，也正是今天我們在面對周遭的動植物時，需要思考的。

即便艾肯沃特與享恩菲爾的研究成果豐碩，醫院、醫生與病人們大多卻選擇了第三種手段：殺菌。因為這種方法看起來比較高深，也較符合人類對未來的願景，即人類可以透過新發明的化學藥劑來控制世界，抗生素、殺蟲劑、除草劑任君挑選。即使這些化學藥劑已經造成環境問題，但反正人類在未來一定會發明解決方法的。而且這種殺無赦的方法，至少看起來是簡單多了，抗生素既便宜、在醫院就能取得，操作上也很容易，不需要培養細菌、接種細菌或在體表上培育什麼菌叢。於是，人類合成了更加抗菌的二代抗生素，甲氧西林（Methicillin）就是當中的第一波產品，能夠完治 80/81 型金黃色葡萄球菌造成的感染。

然而，即便在早期演化學與生物多樣性概念尚不普及的年代，不只是艾肯沃特與享恩菲爾，大部分的人都覺得細菌終究會適應人類製造的新抗生素，正如雜草或害蟲總能抵抗除草劑或殺蟲劑一樣的道理。發現盤尼西林抗生素的亞歷山大・佛萊明在一九四五年的諾貝爾獎得獎演說上也早就提過了[27]。大部分科學家都認為：在新生兒身上使用抗生素縱然可以殺死病原體，但也使得一些過去不常見、且可能成為病原體的細菌更容易入侵嬰兒的身體。享恩菲爾在過去的研究發表中曾提到上述問題，但他描述得理所當然，好像每個人都知道一樣。總之，抗生素雖然帶來暫時的成功，但對明眼人來說，也造成了長期問題。抗生素雖然好用，但它對於那些包含人體內外的益菌在內的非致病細菌，也會產生副作用，而且在病原體演化出抗藥性後，抗生素就失去效用了。如果抗生素只在必要時適量使用，那病原抗藥性便需要比較長的時間才會演化出來，但若我們不分青紅皂白、不加節制地使用抗生素，病原體的抗藥性便會很快出現。儘管人們都已經知道使用抗生素可能衍生的結果，卻還是決定要用抗生素殺菌，而且往往是大量的濫用。多數時候，人們根本不考慮自己是否真有使用抗生素的必要。

在當時，佛萊明等科學家雖然預測到了細菌可能會演化出抗藥性，但卻不知道當中的機制，而現在的我們已經相當了解細菌戰勝抗生素的過程了。在一個大規模的細菌族群當中，總有些個體容易產生基因突變，而某些基因突變使細菌可以耐受抗生素。這些細菌不需具有什麼競爭優勢，只需要在抗生素殺死了原與它們競爭的其他細菌時，成為倖存者就夠了。現在我們可以在實驗室內重現抗藥性基因的發生，以及該突變基因在細菌基因庫增加的過程，例如由麥可．貝姆（Michael Baym）與羅伊．奇修尼（Roy Kishony）領導的哈佛醫學院研究團隊就做了一個實驗：他們在一個加長型的培養皿（六十一公分寬、一百二十二公分長）上製作含有細菌食物的洋菜膠，接著他們在部分洋菜基裡摻了抗生素，以觀察細菌的反應。貝姆的團隊在這長方形培養皿的左右兩端塗上菌液，而左右兩端的洋菜基不含有抗生素，但越往中間，抗生素濃度越高；到了最中央的區域，抗生素的濃度對於細菌簡直是核彈等級，遠遠超過一般醫療用的濃度。貝姆的研究團隊就對這個長方形的培養品錄影，記錄細菌生長的情形。

起初，細菌在沒有抗生素的面積裡長得到處都是，看起來就像生機盎然的草地，但一陣子後，這裡的養分開始不夠用了，裡頭的細菌也停止繁殖。放眼望去，無抗生素區域旁的另一區洋菜基有著豐富的食物，但卻摻著抗生素，所以只要細菌能夠前進抗生素區覓食，它們就能獨占這區的資源並繁衍下一代。即便某些細菌在無抗生素區生活時不比其他細菌厲害，只要能進入抗生素區，它們就能出頭天了。研究團隊一開始種下去的細菌都沒有抗藥性基因，每一隻初來乍到的細菌都可能被抗生素消滅，若一直如此，培養基上的細菌生長，就會在抗生素區與無抗生素區之間出現一條界線，意即細菌無法長到抗生素區，然而實驗結果並非如此。

在細菌繁殖的短短時間內，基因突變的現象就發生了。每個世代的細菌僅有少數幾隻出現基因突變，但因為細菌的世代交替非常快速，很快地，細菌就開始在低濃度抗生素的區塊繁殖了起來，在基因突變、有性生殖與適者生存的戲碼交織上演之間，抗藥性的菌株誕生了。這些菌株很快就在低濃度抗生素區的洋菜基裡大快朵頤，然後在消耗環境中大量養分後，又再度變得飢腸轆轆、虎視眈眈。不過不消多久，能耐受更高濃度抗生素的細菌就會誕生，並前往征服高濃度抗生素區的洋菜基。所以多虧了新的基因突變，高濃度抗生素區很快就長滿了細菌，直到它們占領整盤培養皿。而這整場演化學理論的大師級演出，只花了十一天的時間，短短十一天[28]！

雖然十一天聽起來很快，可是比起醫院裡面卻是小巫見大巫，因為醫院（還有家裡）的細菌不需要等待基因突變自然產生，它們可以與其他細菌交流遺傳物質，並直接獲得抗藥性基因。也就是說，在真實世界裡，抗藥性的性狀不消十一天就會演化出來。自從人類放棄在嬰兒身上接種益菌，以及越來越多人決定擁抱抗生素的那刻起，這種醫療挫敗的現象就一而再、再而三的發生。

因為人類濫用抗生素，醫院內細菌出現抗藥性所產生的問題，變得比最初一九五〇年代 80/81 型感染問題更加嚴重。而且問題不只發生在新生兒身上，更擴及普羅大眾。一開始，盤尼西林還可以殺死部分的 80/81 型金黃色葡萄球菌（儘管並非所有的 80/81 型），但到了一九六〇年代末期，幾乎所有金黃色葡萄球菌的感染病例，都是因為病菌已對盤尼西林產生了抗藥性。不久後，部分菌株更演化出對甲氧西林和其他抗生素的抗性。到一九八七年時，全美國的金黃色葡萄球菌感染病例中，有兩成都是因為細菌同時對盤尼西林與甲氧西林產生抗藥性，這個比例不斷增長，一九九七年增至五成，二〇〇五年更增加到六成。增加的不僅是比例，被細菌抗藥性擊敗的抗生素種類也越來越多，而且不只發生在美國，也成為了全球現象。大部分致病的金黃色葡萄球菌對一般抗生素都具有抗藥性，除了所謂的「後線抗生素」，例如碳青黴烯類抗生素，除非到了緊要關頭，否則醫師不會輕易使用後線抗生素[29]。然而，目前已經有細菌也對這些後線抗生素產生了抗藥性，為了醫治這些超級細菌造成的疾病，美國每年都要花費上億美元的醫療成本，但依舊有上萬人因為這些細菌而死亡[30]。遺憾的是，美國並非特例，全球皆然。對後線抗生素產生抗藥性的也不止金黃色葡萄球菌，造成肺結核的結核桿菌、造成腸道感染的大腸桿菌和沙門氏桿菌（*Salmonella*）也紛紛出現終極抗藥性。抗藥性發生率變高的原因，不僅因為人類在醫療系統裡濫用抗生素，也因為人類在畜牧產業也濫用它，人們在牛、羊、豬隻身上使用抗生素，只為了讓牠們長得更快[31]。

即便人們明知細菌的抗藥性必然會發生，也越來越了解濫用抗生素的後果，許多醫院在面對抗藥性病菌大量增加時，卻還是決定對這些微生物宣戰，摩拳擦掌準備衝鋒陷陣。

洗手的方法與配備出現各種升級，也算一件好事，因為用肥皂洗手既不會影響肌膚上的共生細菌，又可以洗去外來的細菌，這些外來細菌在醫院裡都很可能成為病原體。另一方面，醫院也積極地「消除菌落移生」（decolonization），為了消除病原菌，幾乎是毫無節制地增加抗生素使用。所謂的消除菌落移生，是例如為了根除金黃色葡萄球菌，而針對病人的鼻腔進行手術、血液透析，或是在加護病房內施用大量抗生素。短期來看，使用此療法的醫院無不歌頌這個「良方」[32]，但長期下來看，後果很明確——病人的鼻腔經過消除菌落移生後，醫院裡的細菌卻住進來了，也容易出現有抗藥性的細菌。我們就看著病原入侵的歷史不斷在病人身上重演，不過多虧了我們使用抗生素的方式、及投入重金的生醫研究，現在的情況跟過去有點不同——那就是細菌產生抗藥性的速度，遠超過我們人類發明新抗生素的速度呢！這個趨勢不太可能改變[33]，病菌總是能在人類製備出新抗生素前早一步戰勝現行的抗生素。但在艾肯沃特與享恩菲爾研究發表之後才發展的醫療文化，似乎除了抗生素以外，眼中看不見什麼其他辦法，無論是在醫院或家中皆然。這樣的困境當然不只在醫療領域發生，人類防治所謂的害蟲或黴菌時，也都會出現類似的挑戰。因此，我們需要尋找另一條路。

事到如今，現在若要重啟艾肯沃特與享恩菲爾的方案，已經相當困難，我們更不可能在居家環境或醫院內外培養多樣的細菌，因為我們對於風險的概念，幾乎都關注在與複雜的菌相共存的風險上，而慣性忽略了與病菌展開軍備競賽可能衍生的更大風險。不過在一片壞消息中，還是有一道曙光。

具有抗藥性的細菌就跟耐受殺蟲劑的昆蟲一樣，在原生態系中都沒什麼競爭力。在野外，這些具有抗藥性基因的個體通常是弱雞，生態學家將其命名為「荒廢地物種」（rudreral species）。它們通常出現在長期缺乏資源的貧瘠環境，因為沒有其他競爭者會在這種地方生活。先前范艾爾薩斯的實驗結果顯示：在生物多樣性越豐富的土壤中，大腸桿菌越不容易建立菌落，不過這個實驗中的大腸桿菌並沒有抗藥性基因。而要是范艾爾薩斯的實驗使用具有抗藥性的大腸桿菌，我們相信這些大腸桿菌將更難在複雜菌相的土壤內生活。這個道理就跟德國姬蠊的例子一樣，抗藥性細菌已經依照人類現代生活的情形，微調了他們的生理條件。由於抗生素的出現，居家環境中沒有它們的競爭者、噬菌病毒或其他掠食者，因此它們可以長驅直入人體或家中，成為這個生態系的優勢種。不過，抗藥性基因在基因表現的過程很消耗成本，也就是說，細菌原本用來進行代謝或繁殖的能量與資源可能會被搶走，只為了表現抗藥性。這時，如果環境中沒有競爭者，即便這些抗藥性細菌繁殖很慢、新陳代謝效率不好，也並不會影響生存；但要是出現了競爭者，具抗藥性的微生物，反而會成為弱勢族群。這也是為什麼抗藥性強的超級細菌，通常不會出現在別的地方，只會出現在醫院，因為在醫院裡它們只需要對付抗生素，且抗生素還會幫助它們除掉無法耐受抗生素的競爭者們。即便有些種類的抗生素如今已不再使用，抗藥性細菌仍不受競爭對手威脅，它們就像家中的德國姬蠊一樣，在醫院裡怡然自得、四處蔓延。如果我們迫使它們面對競爭者，它們會輸；若將它們放在充滿生物多樣性的環境中，它們將難以生存。它們之所以會戰勝我們，是因為我們在身體與家庭裡創造了極不尋常的環境條件。

這表示：我們如果想要解決這個問題，也許不需要把整個野外環境搬來家裡，只需要稍微增加生物多樣性就好。我們要設法解決病原體的問題，並重新擁抱生物多樣性，讓生物多樣性幫助我們對抗致命的病菌、解決過敏與哮喘等慢性發炎疾病，以及好多好多生活中的問題。這個方法真的很簡單，畢竟我們人類已經把戰局搞得太糟糕，所以任何程度的節制用藥（抗生素、殺蟲劑等）都可能是萬靈丹。由於目前局面難以收拾，所以解決問題的創新方法，可能要到平時不會注意的地方尋找——像是廚房，或烘焙師身上。

12 生物多樣性的滋味

我對於室內生活沒有什麼好推薦的。

——吉姆・哈里森（Jim Harrison），《一頓盛宴》

繆斯女神啊，請跟我敘說一位複雜的男人的故事。跟我敘說他是如何漫遊而迷失。

——荷馬（Homer），《奧德賽》

凝視樹木交纏的河岸，是一件十分有趣的事：看多種植物相互覆蓋、鳥兒在灌叢上鳴唱、各種昆蟲來去飛舞、蠕蟲爬過濕潤地表，一邊思索著這精緻的萬物形貌，彼此之間如此不同，卻又都以複雜的方式互相依賴，且同樣都源起於運行於你我周圍的共通法則。

——達爾文，《物種源始》

也許有一天，人類會有辦法精準地「耕種」我們想要在住家中或身體內擁有的細菌。也許人們會有辦法完美地管理我們所亟需的這些細菌物種，讓大家每天都能獲得健康而美妙的收成。要做到這點，我們得要有非凡的智慧，還要對於大多數（甚至是所有）在人們身上和住家中的生物有充足的認識。我可不會抱太大期望。這不代表不會有人很快就開始賣起一罐罐神奇祕方，內含你可以灑在住家各處的細菌種源。鐵定會有人賣這種東西的，只是沒有人知道這些產品裡的細菌到底有用還是沒用。我們需要的不是計畫性的種植，而是讓住家回歸野性：我們需要讓野外大自然重新回到住家中，即使多少還是需要做些篩選。

我並不是提倡回歸原始生活，完全不去控制人們跟什麼生物共存。我的嚮往沒有那麼狂妄，不過是節制之道而已。我們需要儘可能不含病原的乾淨飲用水。我們需要有效的洗手方式，藉以避免病原體發生人傳人。若是某種病原體有疫苗可以防範的話，我們就需要讓所有人都接種疫苗。在細菌感染發生時，我們也需要有抗生素才能加以治療。在世界上許多缺乏乾淨飲用水、良好衛生條件和公衛系統、疫苗以及抗生素的地區，這個道理再明白不過了。但是一旦我們完成了這些任務，將最為凶殘的猛獸馴服後，我們也必須想辦法讓其餘的生物多樣性能在人們身邊繁盛。我們必須像雷文霍克一樣，能夠在日常生活中的細菌、真菌以及昆蟲身上找到樂趣與驚奇。

如果我們採取正確行動，將生物多樣性重新迎回生活中，不僅能夠維護生物多樣性，還可以讓我們享有它帶來的各種效益。植物和土壤中的生物多樣性讓人們的免疫系統正常運作。供水系統中的生物多樣性能夠協助抑制病原滋生。如果我們仔細觀察的話，在住家周遭或裡面還有很多生物多樣性，能讓小小孩童的心靈充滿驚嘆，就像雷文霍克或我當初所經驗的一樣。蜘蛛、寄生蜂、蜈蚣的多樣性能夠抑制害蟲。在人們家中的生物多樣性也提供了機會，讓我們可以找出對人類助益良多的酵素、基因、物種等等，用途涵蓋了釀造新種啤酒或是將廢棄物轉換成能源等等。要在促進生物多樣性的同時，又將危險的物種拒於門外，並非像火箭科學一樣高度精確的學問，所以大概永遠不會引起那些火箭愛好者的興趣。這學問反倒比較像是烘焙麵包或製作韓式泡菜。我最近找上喬・權（Joe Kwon）和喬的媽媽權秀熙（又稱權媽媽）一起吃午飯的時候，又再度意識到了這點。

喬、秀熙和我會聚在一起，是為了要聊韓國料理。喬在國際上很知名，因為他是廣受歡迎的樂團艾未特兄弟（The Avett Brothers）的大提琴手：艾未特兄弟演奏受到藍草音樂（bluegrass）所啟發的搖滾樂，而喬彈的是撐起樂曲的低音。但是起碼在羅利市，喬也以對食物的熱愛聞名。跟著樂團巡迴演出的奇特時間作息，讓喬有漫長的空檔可以利用：舉個例子，他可以花上一整天烤一隻全豬。喬的烤全豬有名到會有人專程找上門，只為了陪他烤一整天。要烤好一隻全豬是很花時間的，所以在那過程中的空閒時間，就足以讓大家一同長考豬肉的美好和宇宙的奇妙。

但是這天，我跟喬同桌並不是為了他的音樂或是廚藝，而是為了他母親的廚藝。喬的母親秀熙在韓國長大，也在那裡學會了各種傳統韓國菜色，像是海鮮煎餅、韓式炸醬麵、還有辣炒年糕等等。她學會了做這些菜所需的技巧，也學會了將愛貫注其中。做菜時，她總是善用雙手。韓國料理在準備的過程中經常需要用到雙手。用手捲高麗菜、用手將魚肉醃進鹽水中，各種食材都要用手精確敏銳的觸覺操作，既是十足的韓國風格，又極度帶有個人特色。

做韓國料理跟住家生物似乎沒有什麼關係，除了一個關鍵的概念，那就是「手風味」（*son mat*，손맛）：son 的意思是「手」，而 mat 的意思是「味道」。手風味指的不是食物本身，而是指做菜的人帶給食物的味道——字面上指的只是手，但廣義來說指的是做菜的人的各個面向，包括那人如何觸摸、走動、處理食材等等。受到這個概念啟發，我想要跟喬和他媽媽一同測試一個假說，也就是韓國廚師（通常是韓國女性）身上的微生物，會讓她所做的料理，跟她的姊妹或是堂表姊妹們所做的料理具有不同的風味。

喬、秀熙和我點了些飲料和午餐，開始邊吃邊聊。我想要知道喬的媽媽對於手風味有什麼看法、這個詞彙對她又有什麼意義。韓國料理可能比任何其他文化中的料理都還要善用發酵（食物裡的糖分被細菌或真菌分解後，產生氣體、酸、酒精，或是同時產生數種不同成分的過程）。發酵作用所產生的副產物，為食物增添了風味及香氣，像是優格酸溜溜的滋味。這些副產物把食物變得令人陶醉（特別是當裡頭含有酒精時），也把食物變成會殺死其他微生物的毒物。酒精會殺死大部分的微生物，酸性環境也是一樣。在霍亂肆虐倫敦的那個年代，喝啤酒的人比喝水的人更不容易得霍亂而病死：啤酒因為含有酒精的緣故而成了比較安全的飲料。我們可以放心地吃優格，是因為優格裡的酸性成分讓其他微生物無法生長。衡量酸性程度的酸鹼值，數值可以從0到14：pH值為7的物質為中性、大於7則為鹼性、小於7則為酸性。優格的pH值通常為4，跟狒狒的胃酸差不多酸[1]。老麵種（sourdough starter）、韓式泡菜和德國酸菜的酸鹼值都差不多。進行發酵、產生酸味的微生物（通常是*Lactobacillus*乳桿菌屬的生物）本身能夠忍受這種程度的酸，但其他大多數的生物都沒辦法。還有一些發酵的食物是鹼性的，像是日本的納豆，而鹼性環境跟酸性環境有類似的效果，能夠讓病原菌無立足之地。能夠在有酒精、強酸或強鹼的環境中生長（通常也因此生長得很緩慢）的生物幾乎都不會成為病原菌，因為要成為病原菌，通常需要具備能夠高速生長的基因。因此，發酵作用並不只能培養對我們的食物有益的細菌物種，也能夠驅逐害菌。發酵食品本身就是個能自我清理的生態系。

因為發酵作用的諸多好處，所以大部分的人類文化都發明了發酵食品。在我的書桌上有一本概論，裡頭介紹了世界成千上萬不同種的發酵食品，其中大部分都還沒有人仔細研究過[2]。有些發酵食品需要花一番工夫才能習慣，像是發酵鯊魚肉或是塞滿了醃海雀的醃海豹等，不過其他很多食品對於西方人的味蕾來說就沒那麼陌生了：麵包、醋、乳酪、葡萄酒、啤酒、咖啡、巧克力、德國酸菜等都是經過發酵的食物。有意無意之間，我們整天都在吃發酵食品。

發酵食品中最為複雜、生物多樣性最高的非韓式泡菜莫屬了。韓式泡菜是韓國料理的代表：南韓國民平均一年可以吃掉約三十六公斤這美味佳餚。製作韓式泡菜的第一步，是剝開白菜、用鹽醃過使之軟化。等幾個小時後，再把白菜上的鹽分洗掉、切細，再用手把白菜跟一種由糯米、魚露（這本身也是一種發酵過的調味料）、蝦醬（也有事先發酵過）、薑、蒜頭、洋蔥和白蘿蔔調製成的醬料混合。在這步驟中，手指必須用力地搓揉，讓醬料包覆並滲進白菜裡面，像是給白菜一遍又一遍地使勁按摩推拿一樣。等到混合透徹後，就可以把成品放進罐子裡（有時候是小罐子，但通常是巨無霸的超大罐），等它慢慢發酵。這只是大致上的流程，但是細節可以有很多變化：韓式泡菜的種類有起碼上百種，各自使用不同的香料、不同的蔬菜、不同的步驟。真要說的話，事實上搞不好有多少人做韓式泡菜，就有多少種不同的韓式泡菜。

對我的味蕾來說，韓式泡菜真是極品。所有人類都具有能感受到酸、甜、苦、鹹以及鮮味的味覺受器。鮮味的味覺受器一直到最近才被發現（所以你在學校裡可能沒有聽過），這種受器負責偵測某些食物——包括許多肉類料理——之中那種鮮美的的味道。食品添加物味精（monosodium glutamate，麩胺酸鈉）之所以會如此美味，就是因為它挑動了我們的鮮味味覺受器。韓式泡菜是少數能夠讓鮮味味覺受器心滿意足的蔬食（曬乾的蕃茄是另一個例子）。對我來說，韓式泡菜跟愉悅感總是相伴相隨：通常我一吃韓式泡菜就會感到幸福洋溢。但是秀熙跟我說，在她小時候，韓式泡菜並不總是那麼讓她開心。做韓式泡菜是件苦差事。因為白菜是在十一月收成，另外一項材料白蘿蔔也是。為了要做韓式泡菜，需要採收大量的白菜和白蘿蔔，然後再跟辣椒和其他材料混合在一起。用大白菜和白蘿蔔做成的韓式泡菜非常重要，因為那是人們過冬時用來搭配米飯的蔬菜、提供蛋白質的重要營養來源。秀熙年輕的時候，韓國的冬天漫長而嚴酷。韓式泡菜是很好吃沒錯，但那同時也是為了熬過冬天而不得不採取的生存策略。韓式泡菜跟其他發酵食品一樣，是一種保存方法，讓蔬菜可以放很久而不會壞掉。喬的媽媽還告訴我：韓式泡菜也同時是最為依賴「手風味」的食品之一。出於不同人之手的韓式泡菜，都有他們雙手所各自帶來的獨特風味。

秀熙有時候會開班教授烹飪，她跟我說：她在其中一堂課中事先切好了一批食材，讓大家跟著她一同製作韓式泡菜。大家都做出了韓式泡菜，而且遵照一模一樣的步驟、使用完全相同的食材、大致上也都模仿喬的媽媽的手部動作。因為她是老師，所以由她帶領之下，所有學生都複製了她的一舉一動。但是手部動作不可能完全一樣，每個人的手勢、拿蔬菜和處理蔬菜的方法都獨一無二、具有個人特色。

秀熙告訴我：當韓式泡菜在幾個禮拜後總算完成時，每個人做出來的成品嘗起來的味道都不同、都有不一樣的手風味。有的比較甜，有的比較酸。有的聞起來有果香，有的果香比較淡。有的非常好吃，另外有的則，嗯，就是沒那麼好吃。聽到這裡，我不禁湊近了身子聽得入迷，完全忘了眼前的餐點。我越來越相信：所謂的手風味，有一部分就是來自製作韓式泡菜的人身上或家中的微生物。在韓式泡菜裡出現的微生物有很多種類。其中有一些可能來自白菜或蘿蔔本身，但也有另外一些，是已知會出現在人身體上的微生物。舉例來說，乳酸菌就是韓式泡菜中的關鍵要角，而且甚至葡萄球菌（*Staphylococcus*）也可能會參一腳[3]：乳酸菌是人體身上常出現的微生物。還有一些物種或品系，是已知的腸道微生物，另外還有一些則會在陰道出沒，但是葡萄球菌則是出現在人類皮膚上的微生物。每一屬、每一種的細菌都會製造不同的酵素、蛋白質、以及風味。每一種細菌都會對最終完成的食品有著不同方面的貢獻。

當喬的媽媽還是個小女孩時，在冬天她會幫忙製作韓式泡菜。天氣寒冷、拿來泡白菜的水也很冰冷，什麼都冷得要命。但是韓式泡菜還是不得不做，於是她總是在大水桶前辛苦地工作著，一遍又一遍。據她表示：那絕對不是讓人發自心底覺得開心的事。但即使如此，製作泡菜和發酵過程，依然是她自我認同的一部分。

冬天的韓式泡菜，不過是權秀熙小時候家中製作的眾多發酵食品之一而已。還有其他的蔬菜也會在夏天被拿來做成韓式泡菜。當家裡的人捕撈到螃蟹、或是家裡買得起螃蟹時，蟹肉也可以拿來發酵。魚肉也是一樣。如果有什麼食品不是在喬的媽媽家中發酵處理的話，那就是在附近的其他地方發酵處理的。有時候，黃豆會經由本身所帶有的微生物發酵，被製成大醬或醬油，有時候則是利用一種特殊的細菌發酵成為清麴醬[4]。紅辣椒也一樣會經過發酵製成一種調味用醬料（苦椒醬）。發酵食物可以一直保存到存糧窘迫、萬不得已的時刻再食用。在這些食品發酵的過程中，食材裡的微生物一定早就飄到了住家中各處的表面上、肯定也會飄散到空氣中。不難想像在喬的媽媽家中，她身上（以及其他家人身上）的各種微生物，還有食品上面帶有的微生物，形成了一個整體。也許增添韓式泡菜風采的，不僅是微生物所帶來的手風味，還有目前並沒有韓語詞彙形容的一種「住家風味」。也許在微生物造成的手風味和住家風味的共同作用之下，那些家中經常有韓式泡菜之類的食物在發酵的人，他們的日常生活體驗和健康會變得截然不同。我過去一直在嘗試找方法促進住家中、身上和體內的益菌多樣性，也許韓式泡菜就是其中一個方法。

跟喬和他的媽媽聊過天後，我開始想要發起一項新的研究計畫，探討「手風味」、「住家風味」等不同個人化風味背後的生物學原理。韓式泡菜是個絕佳範例，可以用來解釋我們身邊及身上的微生物如何影響食物，但是似乎不適合拿來當作第一項大規模的食物實驗對象。韓式泡菜畢竟還是個人們需要花時間習慣的食品，接受度會因文化、歷史和脈絡而異。不然我們改研究乳酪也可以。就像韓式泡菜一樣，乳酪的製作上面也仰賴非常多種微生物。舉例來說，法國的米莫雷特乳酪（mimolette）就是同時靠人身上的細菌和腐食酪蟎（*Tyrophagus putrescentiae*）的作用，才能獲得它的風味[5]。不然，我們也可以研究薩丁尼亞有名的卡蘇馬蘇乳酪（casu marzu），它靠人身上的微生物和透明、活跳跳的鎧氏酪蠅（*Piophila casei*）幼蟲而製成[6]。但是這些乳酪就像韓式泡菜一樣，有著非常複雜的生物組成，科學家對它們的認識遠遠不及廚師和麵包師。這些也不是一般人能接受的食物（卡蘇馬蘇乳酪其實甚至不能合法販售，雖然硬要找的話還是找得到）。我們需要從別的食物開始：我們需要找一種可能會吸引有趣的身體上及住家中的微生物，組成簡單而容易進行實驗操作、而且幾乎所有人都愛的食物。我們需要從麵包開始。

發起來的麵包會變得膨大鬆軟，是因為麵團裡的微生物製造出了二氧化碳，而這些氣體又被捕捉在麵團中形成氣孔的緣故。如果你將發酵麵包從中間切開，看到的每個孔洞都是一群酵母菌在一片麩質洞天中不斷吐出氣體積累而成的結果。沒有微生物，麵團中就不會有二氧化碳產生。沒有麩質，微生物製造的二氧化碳就沒辦法留在麵團裡。最早的麵包是用蕎麥做的，但是蕎麥沒有足夠的麩質可以製作發酵麵包，所以最早的麵包是未經發酵的麵包[7]。最晚到了西元前兩千年時，埃及的麵包師找出了方法利用二粒小麥（emmer wheat）做麵包。二粒小麥含有麩質，所以用二粒小麥麵粉做的麵團，只要加入正確的微生物就有辦法發起來、變得膨鬆[8]。

從未發酵麵包到發酵麵包的轉變，可以在埃及藝術中看出端倪。在早期的埃及繪畫中，麵包是扁扁的，但是後來在類似情景的繪畫中就變成圓滾滾的了。讓麵包能夠發起來的微

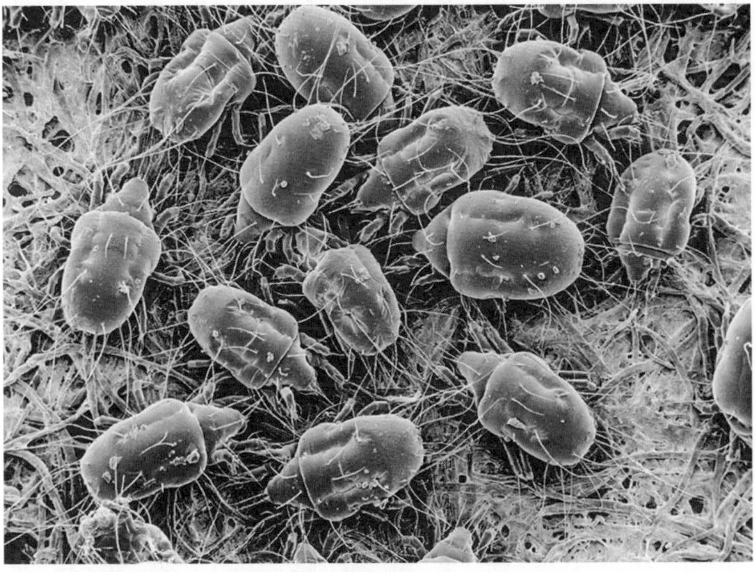

圖 12-1　腐食酪蟎開心地當著乳酪師的學徒。（圖片提供／美國農業部農業研究局〔USDA Agricultural Research Service〕）

生物就是酵母菌。在傳統的麵包製程中，酵母菌會製造二氧化碳。而同時，在那些最早期的麵包中的細菌，還會讓麵包帶有酸味。幾乎所有傳統的發酵麵包都多少帶有一些酸味，而這種酸味（除了少數例外）通常都是來自在優格中也找得到的細菌，也就是乳酸菌。我們不知道古埃及人是如何找出方法調控這些在麵包中使用的酵母菌和乳酸菌[9]，但從埃及藝術中所描繪的發酵麵包來看，我們可以確定他們做到了。

用來製作發酵麵包的微生物群落，我們稱為麵種。要製作麵種的材料十分簡單，通常只要把麵粉和水在容器中混合後，就那樣放著不管就行了[10]。微生物會讓麵粉中的澱粉開始發酵[11]。多添加幾次水和麵粉之後，麵種就會逐漸達到一個穩定狀態，數種微生物組成一個相對簡單的群落，存活在一團不斷冒泡、又黏又酸的漿狀混合物之中。就跟康普茶（kombucha）、德國酸菜、韓式泡菜一樣，麵種越酸，其他病原菌就越難存活[12]。我們就是期望能夠這樣子管理生活周遭的生機：用簡單的方法，讓環境有利於益菌生長，同時抑制會帶來麻煩的物種增生[13]。這樣看來，麵種就是我們研究微生物群落的理想對象：這個群落中具有多樣的生物，而且也就是這個生物多樣性防堵了病原菌的入侵。

一百年前，幾乎所有的發酵麵包都是用內含各種細菌和酵母菌混合的麵種做成的。但現在已經不是了。一八七六年，法國科學家、提倡病菌說的先驅路易．巴斯德，注意到有一些釀造啤酒和葡萄酒的微生物也可以讓麵團發酵。沒多久之後，丹麥的真菌生物學家艾米爾・克里斯提安・漢森（Emil Christian Hansen）發現了啤酒釀造過程中關鍵的微生物，是一種酵母屬（*Saccharomyces*）的物種。後來人們發現：啤酒酵母（*Saccharomyces cerevisiae*）本身就可以拿來做出一種新的麵包，完全沒有酸味、不需要依賴任何細菌、但還是發得起來。科學家們成功設法在實驗室裡大量培養純種的啤酒酵母，冷凍乾燥後再寄送到世界各地。這些冷凍乾燥的酵母菌讓人們得以大規模生產麵包。如今你在店裡買的麵包，絕大多數原料來源都是少數幾種小麥的其中一種，以及單獨一種酵母菌，大規模生產之後再賣給做麵包的公司[14]。這種酵母菌有很多種不同稱號，看似繁複多樣，但實際上根本沒有任何多樣性可言。你即便不是營養學家也會明白，從家庭自製的老麵種變成一袋蒼白、軟趴趴的麵包，實在很難稱得上營養和風味上的進步。工業化生產的麵包並不一定得是這樣，但目前幾乎都是如此。我們就是這樣喪失了日常所吃的麵包的豐富內涵，那豐富多樣的質地、風味、營養和微生物組成。

幸好，還是有很多在家烘焙的人和麵包店繼續製作新的麵種、維持舊的老麵種的存活。這些麵包師混合了麵粉和水後，接著就開始等，就像他們百年前或甚至千年前的前輩們一樣[15]。有些人在製作麵種時，會遵循跟前輩完全一模一樣的每個步驟及動作。另外有些人是從網路上找到了指引後，嘗試做出屬於自己的麵種。不論是哪一種情況，他們都得等微生物開始進駐那麵粉和水的混合物中，然後再好好地照顧它們。不同的麵包店和家中的麵種差異可能非常巨大，但沒有人知道為什麼。在各種麵種之中，目前已經找到了超過六十種會生產乳酸的細菌，以及起碼六種酵母菌。為了搞懂不同的麵種之間差異為什麼會這麼大，我們決定進行一項研究。這項研究分成兩個部分，第一部分是真正的實驗：我們會請來自十四個國家的十五位麵包師使用同樣的原料、用同樣的麵種，唯一不同的一點，就是麵包師的身體，還有他們家中或麵包店裡的空氣。麵包師的身體成了實驗的操作條件。我們會將我和權秀熙的談話所激發出的假說付諸測試：在麵包師身上還有住家或麵包店裡的微生物，會影響麵種裡有哪些微生物出現。研究的第二部分則是份全球調查，記錄世界各地的麵種中出現的微生物。

為了進行第一部分的實驗，我們跟位於比利時聖維特（St. Vith）的普拉托斯麵包風味中心（Puratos Center for Bread Flavour）搭擋合作。二〇一七年春天，普拉托斯協助我們將一模一樣的老麵種原料，分別寄給位於十四個國家中的十五位麵包師。每位麵包師接著就把麵粉和水加在一起、開始等待。等到活生生的麵種開始在眼前成長後，他們便繼續添加我們寄過去的材料餵養那份麵種。過一段時間，到了夏天後，我們去檢驗了每一份麵種之中分別有哪些不同的微生物，以及它們是來自麵粉、水、還是麵包師的手上或家中。這裡說的「我們」，其實就是研究酵母的生態演化專家安．麥登（Anne Madden）和我。

在送出製作麵種的原料給麵包師的同時，我們也同時開始了第二部分的研究，也就是對於全球各地的麵種進行調查。我們邀請了來自以色列、澳洲、泰國、法國、美國以及其他地方的人跟我們分享他們的麵種。我們推測在世界各地的樣本中，很有機會發現新的麵種微生物，包含那些只在某個區域或甚至只在某戶人家中出現的物種。在聖維特進行的實驗，讓我們能夠專注於探討當所有條件都相同、只有麵包師不同時，麵種的多樣性會有多高。在全球調查中，沒有任何條件是維持不變的。我們會透過調查，完整地記錄那些麵種各個面向的多樣性。因為有這些參與全球調查的人們製作麵種和麵包，因而不僅讓傳統得以延續，也讓各種微生物能夠長存。他們像是博物館長，收集了一批珍貴的館藏，也就是對人類有益的麵包微生物的多樣性。要進行這項全球調查，需要一個龐大的跨領域科學團隊。這個團隊中包括了之前登場過的諾亞・菲耶，還有安・麥登、利茲・蘭迪斯（Liz Landis）、班・沃爾夫（Ben Wolfe）、食物微生物專家艾琳・麥肯尼（Erin McKenney）、穀物微生物專家羅利・夏皮洛（Lori Shapiro）、負責定序及分析的安傑拉・奧利維拉（Angela Oliveira）、負責記錄人們對於食物的口述歷史的馬修・布克（Matthew Booker）、負責協助其他眾多事務的莉亞・薛爾和羅倫・尼可斯（Lauren Nichols）、還有其他許多許多人，當然也包括了那些將麵種分享出來的人。那些將麵種寄給我們的家常烘焙者、職業麵包師，在研究中的每個階段都給了我們許多指引，深入參與的程度在我們進行過的所有研究計畫中都前所未見。

全球調查的過程中，當我們向人們詢問他們的老麵種時，好奇的問題總是越來越多。很多老麵種的歷史淵源有上百年之久。大部分的老麵種都有名字。人們談起這些老麵種的方式，就像在談論寵物一般，而他們投注的情感甚至比對寵物還要深。一位母親手中搓揉的，很可能是她自己的母親就曾經照顧過的老麵種，而可能她的祖父或甚至高祖父也曾經照顧過同一份老麵種。當人們講起這些老麵種的故事時，就好像是在描述家族史中一位幾乎不死的家庭成員一樣。舉例來說，有一份老麵種叫做賀曼（Herman）。寄來這份名為賀曼的老麵種的女士，附上了一份註記：

一九七八年時，我的父母去了阿拉斯加。因為他們知道我非常喜愛老麵種，所以就為我帶回來了……一份老麵種。它的歷史超過一百年了。我給老麵種重新加了水、餵了它、讓它重新長大之後就開始使用它。因為這老麵種是個活生生的生物，我們就給他取名叫賀曼，把他放進冰箱裡：他在那裡過活了好長一段時間，一直以來我們都用他來做麵包、麵包卷、格子鬆餅等等。但是這故事還沒完：一九九四年的時候，發生了兩件影響我們家的大事。第一件事是北嶺地震（Northridge Earthquake），在我們住處所在的區域造成了相當大的破壞。第二件事是，就在地震發生前，賀曼變成粉紅色了——這還是第一次發生[16]！這是一大慘劇，因為這代表了有別的細菌入侵了我們心愛的賀曼，我們不得不把他給丟掉。

但是我當時還沒有很擔心，因為我知道朋友家裡也有一些賀曼。在地震過了一段時間後，我總算去找了那位朋友，問她能不能分我一些賀曼。我話一出口，那朋友的臉就垮了下來。原來在地震過後，她的先生在清理家園的時候，在冰箱最裡面發現了一罐黏呼呼的灰白黏糊。他以為那是某種食物放太久壞掉——結果竟然就把那罐麵種給丟掉了！慘劇再度降臨！我們一家人都喪氣極了，就像是失去了一位摯愛的親人。我有試著再去買、製作新的老麵種，但是怎麼做就是沒有跟賀曼同樣的香氣或味道。我的母親在一九九三年年底過世。她生前非常愛招待客人：她在過世前沒多久，還在計畫要在夏日別墅舉辦一場派對呢。隔年八月，我的父親、兄弟姊妹和我還有我們各自的伴侶一同決定，要去夏日別墅補辦那場我母親原本已經計畫好的派對。我們到達後，我發現當初母親病倒時，大家從別墅離開得很倉促，因此冰箱裡的東西亟需大掃除一番。正當我坐在冰箱前的地上，整理翻找冰箱內的物品時，我突然笑了起來，然後又哭了起來。我一看到那美麗的黏糊，我就知道是他了：我曾經給過我母親一罐賀曼！我們的孩子們很懷疑那真的是賀曼，但當我們一打開蓋子，賀曼刺鼻的香氣就撲鼻而來。簡直就像是母親伸手從口袋裡掏出賀曼，把他還給了我們一樣！現在，我有四罐賀曼。為了保險起見，我的孩子們和其他朋友也擁有他。我十分相信，我們的故事會繼續在這家庭中一代接一代地傳下去。

跟賀曼的主人一樣，參與調查的人有很多問題想問。他們想知道老麵種是否會隨著時間改變。他們想知道自己的老麵種裡面是否還有著跟百年前一模一樣的微生物。他們想知道在不同溫度下保存老麵種，是否會造成影響。他們想知道要怎麼樣才可以做出比較酸或比較不酸的老麵種。

我們希望能夠透過全球調查研究這些老麵種，為這些問題儘量找到解答。也許我們有辦法查看這些不同家庭的老麵種中所含的微生物的「身分」，追溯它們的家族史（或者我們也可能發現：一直有舊的細菌或酵母菌物種從老麵種中消失、新的物種進駐，以至於長久下來「祖母的老麵種」跟祖母當初剛做的麵種已經沒有什麼關聯了）。我們會嘗試盡我們所能，探討地理、氣候、年份、原料和其他眾多因素，到底影響老麵種中微生物的組成到什麼程度。在不同地區，會跑進麵種中的微生物可能各自不同。甚至有可能，某些地區的在地微生物根本就沒辦法讓人成功做出麵種：像是就有人曾經猜想過：在熱帶地區沒辦法做出傳統老麵種，但是好像還沒有人研究過這是真的還是假的（當然，除了熱帶地區的麵包師以外）。

在此同時，我們也沉迷於另一個問題，並且希望在聖維特進行的實驗能幫助我們回答：老麵種裡的微生物最初是從哪裡來的？製作老麵種的第一步驟，就是把麵粉和水混合在一起。不管是市售的廉價麵粉加上自來水，或是麵包師手工磨製的小麥麵粉加上第一個滿月過後蒲公英葉片上的朝露，不知為什麼，最後總是會有適當的細菌和真菌組合冒出來，真是邪門！

二〇一七年八月，那十五位麵包師帶著他們各自做出的麵種來到了聖維特。有些麵包師是年輕人，有些年紀較大。其中一位在一間每天為上千家店舖提供長棍麵包的烘焙坊工作。另外一位是專做美味而有名的高價吐司，每天只賣出幾百條甚至更少。有一些麵包師會使用好幾種不同的老麵種，每一種對應到一種不同類型的麵包。也有一些則只用一份老麵種，那份他們投射了個性、甚至起了名號的老麵種。但是每個麵包師都有一個共同點，那就是他們對於好吃的麵包所抱持的強烈熱情及執念。我們跟他們一行人約在普拉托斯麵包風味中心碰面。麵包師們到達的時候，中心的大門還沒開，所以他們都聚集在門外等著進去。他們緊張地用好幾種語言互相交談著。大家會緊張，是因為隔天他們就要烘焙麵包了，可是這次是要用他們剛做好的實驗麵種來烘焙，而那並不是他們平常熟悉使用的。沒有一位麵包師想要烘焙出難吃的麵包、沒有一位希望自己做出的是不良的麵種。

麵包風味中心的大門總算敞開，我們一行人便魚貫走進。經過一番介紹後，安和我把麵種放在桌上，準備好要進行採樣。在我們準備的同時，那些麵包師（我們原本想像他們會站遠遠的看我們辦事）開始聚集在我們身邊探頭探腦。他們平常習慣了掌控一切，也習慣了人家對他們用麵種烤出的麵包、而不是對麵種本身品頭論足。這些麵包師很希望能馬上開始照顧他們的麵種、餵他們吃東西[17]，一點都不想等待。他們開始聊起天來，各自說著他們認為怎樣才是最好、最完美的製作麵種的方法。正當他們七嘴八舌地發表意見時，安・麥登和我戴上手套，我再把筆記本拿出來，採樣開始了。我將裝有麵種的容器一個一個打開、拿根棉花棒戳進麵種深處裡搗一搗、然後再將棉花棒放進殺菌過的盒子裡。光是在進行這個步驟的過程中，我們就看得出來這些麵種彼此不同了。有一些聞起來非常酸、有一些有點果香、還有一些味道並不強烈。等到安和我把每個麵種都戳過一遍之後，就讓麵包師開始餵養他們的麵種。他們看起來都鬆了一口氣，而麵種們也是一樣，紛紛開始冒著感激的泡泡，在我們眼前逐漸發起來。

在麵包師們一整晚暢飲比利時啤酒（也是修道院僧侶們用細菌和酵母菌釀出來的）、高唱關於麵包的歌（是真的，我沒騙你），而麵種們也一整晚開心享用新添的食糧之後，隔天一早，安和我就來找他們，給他們的手進行採樣。安負責用棉花棒抹過他們的手，她不疾不徐地一次一隻手採樣，小心徹底地抹過每個掌縫。

等到每隻手都採好樣之後，我們就開始讓麵包師們用他們的麵種做麵團。每個麵包師都要用同樣的方式來做；或者應該說，每個麵包師傅都是照著同樣一份說明文件的步驟做麵團。麵包師跟麵團之間，有太多不可言說的緊密牽絆，因此接下來的這個步驟中，不同的麵包師之間的差異比我們原本期望的還大。有些麵包師很輕柔地對待麵團，有些動作則相當粗暴。有些麵包飽經呵護，有些則像是被痛毆一樣。有些麵包師會用湯匙，有些則是完全不碰[18]。到頭來，這個實驗終究還是受到每一個麵包師之間的風格和傳統差異所影響。

他們來訪的最後一個晚上，我們在普拉托斯風味中心舉辦了一場麵包和啤酒品嘗大會。我們把所有的麵包陳列出來，一個一個聞麵包脆皮的香氣、捏它的質感、聞麵包內部和麵包屑散發出的氣味。我們將麵包湊近耳邊、聆聽當麵包被揉捏時所發出的聲音（或者沒有發出的聲音）。我們戳了戳麵包以測試它的彈性。我們嚼了嚼麵包、品嘗它本身的味道，然後再啜飲一口啤酒。我們品味了每條麵包之中，不同的微生物所賦予的不同風味。

在這個時候，我們已經深信麵包就像韓式泡菜一樣，是我們體驗在住家中精妙的生物多樣性的其中一個管道。我們對於住家以及身體的研究，揭露了每個人和每棟房屋裡的微生物組成有多麼不同。在我們的想法中，這些微生物一定會進到老麵種裡才對。如果是這樣的話，我們每天在吃麵包的時候，不管有沒有意識到，都是在品嘗飄浮在自己身邊的某些微生物的味道。甚至肉眼看不到的生物都有辦法品嘗：就在一條麵包、一杯啤酒、一口韓式泡菜或乳酪之中，我們都可以找到身邊的生物為我們效力的痕跡。在法語中，風味跟一個地方的土壤、生物多樣性、歷史產生關聯的現象稱為「風土條件」（*terroir*）。每當我們咬一口食物、喝一口酒，我們都是在品味一個地方的風土條件。生態學家用比較枯燥的詞彙，將生物多樣性為我們所帶來的效益稱為生態系服務（ecosystem service）。在人們住家中以及周圍的生物多樣性所提供的生態系服務，包括了人們對這些生物多樣性所感受到的驚嘆感動、包括了生物多樣性對人類免疫系統的助益、也包括了帶動新的科技發展的潛力，例如用灶馬腸道中的微生物處理工業廢棄物等等。這些服務甚至包括了源自遠方、一路延續到今日我們身邊的效益，例如地下蓄水層中的生物多樣性協助自來水的過濾。我一邊想著這些，一邊品嘗了一塊麵包、喝了一口啤酒、再一塊麵包、再一口啤酒。我一邊想著這些一邊乾杯，口中喊著「敬麵包！」「敬微生物！」我一邊想著這些，一邊好奇這次聖維特的研究資料會顯示出什麼樣的結果，一邊聽著麵包師傅們又開始唱起歌。「敬麵包，敬微生物！」也敬一間有美味微生物孕育出美味麵包的房屋。「敬麵包，敬微生物！」也敬一間住戶個個健康的房屋。「敬麵包，敬微生物！」也敬我們跟無數野生生物共享的生活：那些至今多半尚未經研究、充滿未知且神祕地飄浮在你我身邊、又為我們帶來眾多如今才逐漸開始明瞭的助益的野生生物。敬麵包、敬微生物、敬我們野性的生命。

有一段時間，在聖維特進行的實驗就暫停在那裡。麵種做出來了、麵包烤好了、樣本都寄回去了，寄到我們負責微生物學的合作者諾亞・菲耶在科羅拉多大學的實驗室去。在那裡，我們會把微生物的DNA定序出來、辨識出它們是什麼物種。在科羅拉多，聖維特的樣本和全球各地收到的樣本會通通集中在一起。我原本以為在出版這本書之前，我能說的、我們所知的就到這裡而已。不過抱著碰運氣的心態，我還是去催促了諾亞一下。結果諾亞跑去催促他的實驗室技師潔西卡・亨利，潔西卡又跑去催促了實驗室裡的一個新學生安傑拉・奧利維拉（Angela Oliveira）。最後到了二〇一七年十二月，安傑拉就把全球調查和聖維特的實驗的結果都寄給我們了。通常要完整解讀結果需要花上好幾個月，但是安和我實在太為這些結果興奮了，忍不住就馬上開始分析。那時我在德國，夜色已深，但是安・麥登在波士頓，還有大半個白天的時間。於是我們很快地開工。

當初我們跟麵包師們描述聖維特的研究計畫時，不斷強調分析麵種樣本的科學技術十分困難。這並不完全正確，應該說聖維特的實驗就像全球調查一樣，其中有一部分很有可能會失敗。要是失敗了，我們就不會有能夠信賴的資料，到時候即使那是一段很愉快（真的超愉快）的工作經驗，也還是一點科學上的價值都不會有。其中一個會讓計畫失敗的可能性，是我們沒有從樣本中取得夠多的ＤＮＡ。這種事會發生有很多可能原因，但萬幸的是它並沒有發生。另外一個可能失敗的環節，是樣本遭到汙染，不管是被我或安的皮膚上面的微生物所汙染，或者是在理應消毒過的棉花棒容器中，殘留有在生產時就留在上面的微生物。但我們檢查控制組的結果後，發現（而且可以證明）這種汙染並沒有發生。甚至還有其他更平淡無奇的事件可以讓實驗失敗：比如說該寄到實驗室的樣本寄丟了（這種事常常發生在科學研究樣本上）。ＤＮＡ有可能在郵寄過程中降解掉了。或者我們不管是技術上的因素、人為的因素、或單純是黑魔法的因素也好，就是沒能成功地把樣本定序出來。

幸好這些事情也都沒有發生，樣本順利寄達實驗室、盒子沒被壓壞、樣本沒有溢出來、定序也沒出狀況、最後我們才得以順利地開始分析研究結果。運氣、努力、還有更多的運氣，似乎全站在我們這一邊。但我們最擔心的都不是這些事。我們最擔心的，是在分析結果——特別是聖維特的實驗結果——之後，無法得出清楚的結論。我們並沒有告訴麵包師們這點——有可能我們拿到結果後，還是無法回答他們的雙手、生活方式和烘焙地點是否對於麵種有任何影響。就算麵包師的雙手對於麵種有很大的影響，也還是很有可能被其他因素的雜音給掩蓋，讓我們完全無法下定論。幸好，結果並非如此。

我們開始檢視資料後，發現在聖維特拿到的麵種裡頭的細菌和真菌，是全球老麵種調查中找到的細菌和真菌之中的一部分物種。我們在全球調查中找到了數百種酵母菌、數百種乳酸菌和其他的細菌。這些麵種中含有的微生物並沒有像土壤、住家中或甚至皮膚上頭一樣多樣，但是已經比食品科學家或麵包師之前所想像的要多很多了。不同地區的微生物也各不相同。舉例來說，其中一種真菌幾乎只出現在澳洲。它帶給了澳洲的麵包一種獨一無二的味道嗎？也許喔。

在那十五位前往聖維特的麵包師傅所做的麵種之中，我們找到了十七種不同的酵母菌和二十二種不同的乳酸菌。在這些聖維特的麵種中只發現這一點點真菌及細菌多樣性，或多或少在我們意料之中，畢竟我們只挑選了很少數的麵種，而且還控制了大家在製作過程中都使用一樣的原料。接下來，我們開始看那些麵包師的雙手採樣的分析結果。

基於過去的研究，我們知道每一雙手（或是鼻子、肚臍、肺、腸道和所有暴露於外在環境的身體表面）上，都蓋滿了一層厚厚的微生物。我們可能會想像：洗完手後那些微生物就都會被洗掉了。並沒有。如果你先為一個人雙手上的微生物進行採樣，請他把手洗刷乾淨之後再做一次採樣，整體的微生物組成不會有任何改變。諾亞．菲耶是第一位做這樣的實驗的人，而結果十分清楚，至今沒有受到任何挑戰。洗手確實有助於避免病原傳播，每年都拯救無數人命，但是並不是因為洗手可以把手上的微生物全部清乾淨，而似乎是因為洗手會把剛跑到手上、但還沒形成穩定聚落的微生物給移除。舉例來說，當科學家進行實驗，把不會致病的大腸桿菌放到人的手上時，只要用肥皂和水洗手就可以去除掉大部分大腸桿菌，不管用的是熱水或冷水，甚至不管你洗多久（只要至少洗二十秒）。而且，一般的肥皂比抗菌皂更能有效移除那些大腸桿菌[19]。繼續洗手吧，要記得用肥皂和水喔。

根據諾亞和其他實驗團隊的研究指出：人類手上最常見的微生物通常是葡萄球菌（通常在皮膚表面都占大宗，而且在某些乳酪裡也很常見，但在麵包中很少見）、棒狀桿菌（*Corynebacterium*，造成狐臭的元凶），以及丙酸桿菌（*Propionibacterium*）[20]。人手上也一樣有乳酸菌，而我們認為會跑進麵種裡的，可能就是乳酸菌和其近親。但是通常乳酸菌在手上占的比例很低——諾亞過去的研究顯示，乳酸菌只占了男性手上的微生物組成的百分之二、女性手上的微生物組成的百分之六[21]。在手上是可能會發現真菌，但數量和種類並不多。我們預期麵包師的雙手樣本也是一樣的情況，並不覺得有什麼理由會有不同的結果，畢竟手就是手嘛。接著我們就看了實驗結果。

我們驚訝地發現：麵包師的手跟我們之前調查過的手完全不同。平均下來，在麵包師手上的微生物之中，乳酸菌和其近親占了百分之二十五到百分之八十之多。除此之外，幾乎所有其他在麵包師手上的真菌，也都可以在老麵種中找到，像是酵母屬（*Saccharomyces*）的物種。我們想都沒想過事情會是這樣，而且到現在也還是沒有完全明白箇中原因。我的猜想是：因為麵包師花那麼多時間處理麵粉（和麵種），因此那些工作中常遇到的細菌和真菌便漸漸地進駐到他們手上。我們甚至可以想像：乳酸菌和酵母菌可能會開始在麵包師的手上生產酸性物質以及酒精，以打敗身為競爭對手的其他微生物。在手上有這樣的微生物群落，也許會讓麵包師比其他人更不容易生病。我這完全是隨便猜的，但這些都是最新的結果，可能有很多種解讀和延伸方向。我很好奇工作內容是處理食物的人，會不會手上都有特殊的微生物群落。我好奇在一百年前或五千年前，在大部分的人都親自下廚的年代，食物中的微生物和手上的微生物之間的連結會不會比今日更緊密得多。我好奇的事太多了，我們勢必得做更多的實驗。而且令人振奮的結果還不只這些。

當我們檢查是哪些細菌出現在哪些麵種裡的時候，我們發現幾乎每一種出現在麵粉裡的細菌，也都可以在麵種中找到。沒有任何一份麵種包含了所有麵粉裡的細菌，但是大部分出現在麵粉裡的細菌，也都有出現在至少一份麵種之中。會從麵粉跑進麵種之中的微生物，包含了藏在穀物裡、幫助種子生長的物種（將穀物磨成粉的時候，那些微生物沒被殺死而殘留下來），也包含了穀物生長時沾到的土壤中的微生物，但它們大部分還是以穀物中的醣分和麵粉維生的微生物，包括各種乳酸菌。酵母菌的情況也很類似：在麵種裡頭的酵母菌物種，有半數來自麵粉。麵種裡頭似乎沒有任何細菌及真菌是從水中來的。我們如今已經知道水裡面經常出現哪些微生物，而它們完全沒有出現在麵種中。舉例來說：代爾夫特菌，那種能夠讓水中的金結晶沉澱的細菌，就沒有出現在麵種裡面；分枝桿菌也沒有。麵種會各自不同，並不是因為使用了不同的水源。那麼為什麼它們會有差異？

有一部分的差異是機運問題，取決於麵粉裡的微生物有哪一些成功地在麵種中活下來了。另外一部分的差異，則是來自麵包師的手。跟我們一開始假想的一樣，麵包師的雙手和生活方式影響了他們所做出的麵種。每份麵種之中所含的細菌，都比較接近製作那份麵種的麵包師手上的細菌，而比較不像其他人的手。真菌的情況也是一樣，只是差異沒那麼明顯。麵包師的雙手，為麵種貢獻了細菌和真菌（而我們猜想這同時也是細菌和真菌的「手風味」來源）。不只如此，如果仔細觀察的話，還可以發現很多有趣軼事。這一群麵包師之中有一位小有名氣，因為他的老麵種中含有一種不尋常的微生物：威克漢姆酵母菌

（*Wickerhamomyces*）。那位麵包師在這次實驗中所製作的麵種中也有那種酵母菌，來源就是他的雙手。只有他的麵種有那種酵母菌，也只有他的雙手有那種酵母菌。我們也發現了一些既不是來自於麵粉或水，也不是來自於麵包師手上的微生物——它們很有可能是來自烘培地點本身。

用麵種做麵包的時候，在使用的原料都相同（除了微生物之外）的條件下，麵包的風味就是受到麵種的影響而有所不同。根據一群專業麵包品嘗師小組品評後表示：有些麵種做出的麵包比較酸、有些比較有乳味。每塊麵包都有它獨特的「微生物風味」，受到機運以及在麵粉、水、麵包師手上和烘培坊裡的微生物所影響。等我們把全球調查的結果和麵種也納入考慮後，那些甚至比麵包師的實驗中更為多樣的麵種，很有可能可以做出更多獨一無二的麵包。大家敬請期待吧。在此同時，我們目前所知的結果都顯示了兩件事：麵種中的微生物扮演著重要的角色，還有我們或多或少都猜對了那些微生物來自哪裡。但是，還是讓我們重新思考一下吧：我們一開始在探討住家、身體以及麵包之間的關聯時，提出的問題似乎沒有考慮到一些極為重要的面向，事關我們的食物以及整體的生活。在做麵包的過程中，我們身上以及住家中的微生物，是改變了麵種沒錯，但是麵種同時也在改變我們手上（可能也包括家中）的微生物。這樣說起來，做麵包這件事本身就是一種修復過程，修復我們食物中、身上，以及住家中一部分的生物多樣性，這些過程全都互相關聯。製作老麵種時，身體和住家為人們天天吃的麵包帶來了風味。而在製作老麵種的過程中，麵粉、老麵種和麵包又會為人們的身體和住家增添生物多樣性。老麵種也絕非特例：乳酪、德國酸菜、韓式泡菜和許許多多其他可以在家透過發酵而製作的食物，大概也帶動了一樣的過程。

研究工作進展到了這個階段，根據我的估計，我和同事們已經在住家中發現了將近二十萬種不同的生物。雖然這麼多研究各自在不同的時間、利用不同的方法進行，很難統計出準確的數字（而且物種的定義，又依領域和調查方法等等而定），但是二十萬算是個合理的估計了。這其中大概有將近四分之三，都是灰塵裡、身上、水或食物中、還有腸道裡的細菌；將近四分之一是

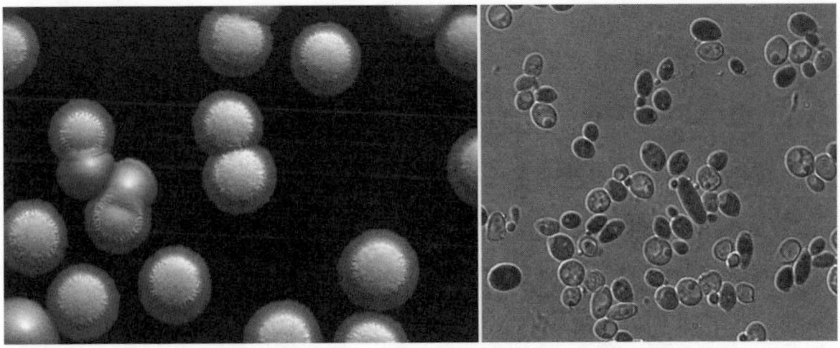

圖 12-2　異常威克漢姆酵母菌（*Wickerhamomyces anomalus*）的菌落（左）以及個別細胞（右）的影像。（圖片提供／伊麗莎白．蘭迪斯〔Elizabeth Landis〕）

真菌；剩下的才包含了節肢動物、植物和其他類的生物。我們甚至還沒開始算病毒呢。但是有一些房屋裡多樣性超級豐富、另外一些房屋的多樣性就較為貧乏；有些房屋中充滿了對人類大致上有益的物種，另外一些房屋則比較常出現有害的物種。我當初想像這本書寫到最後，我可以用建築師、建築工程師等故事作結，描寫人們如何找到方法打造一間滿滿都是有益生物的健康房屋。為了寫這本書，我花了好幾千個小時進行研究、做功課。我沒有找到那些人，也沒有找到那種房屋。沒錯，有一些創新的建築和城市做得比較成功，有促進生物多樣性和對人類有益的生物出現，但他們並不是透過對未來縝密的計算規劃而達成這個目標，而是回歸古風簡樸。他們建造的房屋開放空間比較多、使用比較具永續性的材質。這樣很棒，但依然不是萬靈丹。

我早該知道會這樣了。認為建築能帶來解答，會遇上一個問題，那就是：即使是最尖端的建築師，能夠提供的通常都是數量極少的房屋或社區，而且造價高昂。很少有創新的解決方案是提供給大多數的「我們」。我大概在不論多久以後的未來，都不會有機會跑去給自己蓋一棟能夠促進生物多樣性的新房子，即使這是我夢寐以求的事。而且老實說，當我跟別人提到我在寫的這本書時，大家關心的問題，都不是要怎麼蓋完美的房子，而是「研究住家中的生物，改變了你哪些方面的生活？」

這問題要回答倒是很容易。我開始比較常讓窗戶開著。我儘可能避免開啟中央空調。

當我有時間的時候，我就用手洗碗盤，避免把洗碗機裡住著的真菌噴得家裡到處都是[22]。當家裡進水的時候，我會把一切被弄濕的東西都丟出去。我曾經想過要養一隻狗，但最後沒養（我們家太常四處旅行了）。我對家裡的貓多了一些些埋怨，夜深人靜時常常在想她是不是傳染了剛地弓漿蟲給我。我在園子裡種了一些果樹。我花更多時間觀察自己和別人家裡的昆蟲。我開始會跟兒子並肩坐著，畫下這些昆蟲的模樣，當然也一邊思索這些昆蟲各自可能有什麼應用價值（我目前著迷的，是衣魚的潛在應用價值）。我也開始欣賞來自古老含水層、未經消毒處理的地下水所帶來的神奇效益。我學會品嘗生物多樣性豐富的自來水的「風土條件」。我更常向在地農民購買新鮮食材，那些上面可能還沾滿了來自農場的微生物的食材。我變了如此之多。我並沒有換新蓮蓬頭，但是我現在會多抱持一些戒心，看著從蓮蓬頭裡跑出來的水。

我同時也受了麵包師們的啟發。我開始跟我的孩子們一起製作老麵種，也開始實驗各種不同的麵種（我把其中一份留在室外，看看能不能抓到一些有趣的室外真菌）。這些麵種給我上了重要、具啟發性的一課，那就是要增進生物多樣性又同時防備病原體，可能有很簡單的方法，一切都仰賴於平衡與節制。這個啟示尚未全盤改變我的世界，不過已經改變了我看待自己生命的方式。麵包師們給我的最大衝擊，就是他們的手上充滿了老麵種的細菌和真菌。麵包師的皮膚上反映的就是他們的每日所為。事實上，我們所有人的皮膚上所反映的都是我們的每日所為，跟我們家中的生物一樣。在歐洲的黑暗時代，人們曾經相信神住在心臟中，會在心臟內部記錄下人們所做的每件善行和罪惡。我們現在知道心臟只是個毫無感情的幫浦，但是在人們身上和住家中的生物多樣性，確實就像是對你我生命的一種紀錄，就跟麵包師的雙手記錄了他們花多少時間在烘焙上一樣。必須一提的是，那些麵包師們一得知了他們手上有老麵種的細菌之後，大家都想知道誰手上的細菌最多。在他們之中，到底誰是最徹底投身於麵包之中的呢？

對我來說，這是我所學到最重要的一件事。我們住家中的生物是衡量我們生命的指標。人類遠古祖先的早期洞穴繪畫，記載了他們觀察、追蹤以及畏懼的各種生物。我們牆壁上的灰塵，則記載了跟我們朝夕與共的各種生物。它衡量了我們接觸到了哪些生物、又跟哪些生物徹底隔絕。它衡量了我們的每一天是怎麼過的。我知道我希望這些灰塵是怎麼描述我的生活——充滿著豐富的生物多樣性，跟家人在室外和室內都花上很多時間，並得以接觸到生物多樣性的宏偉和效益，每天都能為這些圍繞我的各種生物感到驚嘆，就像是微生物學的始祖雷文霍克一樣。雷文霍克每天早上一醒來，就明瞭這世界上絕大多數的生物都是有益或無害的，而且不論身在何處，絕大多數的生物都還有待你我去研究探索。雷文霍克活在一個他身邊的生物多樣性的研究才正要開始萌芽的時代。我們所生活的這個時代不也正是如此？

誌謝

當我自己在讀誌謝的時候，總是試著在字裡行間尋找祕密，尋找讓一本書醞釀成長背後的魔力。如果你也想找出這本書的祕密的話，我能告訴你的第一件事就是：跟其他我寫過的書相比，這本書的靈感泉源有特別高的比例是來自於餐桌上。書中的很多故事都是跟我妻子莫妮卡．桑切斯（Monica Sanchez）以及小孩們在談起人們身旁的生物時一路聊出來的。同樣地，我們在自己家中度過的時光、在世界各地待過的其他住家與場所，以及參訪過的眾多考古遺址，也都啟發了書中的許多故事。為了進一步了解人類房屋的歷史，我們的孩子們曾經跋山涉水、拜訪位於十幾個不同國家的古老房屋遺址；他們曾經參觀一間又一間博物館，細看古代房屋的重建模型；他們曾經跟著我們一起跑遍克羅埃西亞的農田，尋找隱藏其中、尚未經調查的古羅馬別墅；他們曾經垂降進泥濘的洞穴裡，只為了找尋衣魚；他們也曾經待了一整天的時間等待作麵包的實驗完成，身邊被高唱著麵包之歌的麵包師們所圍繞。當然，他們也曾經幫忙測試新的研究計畫，像是後院的螞蟻、地下室裡的灶馬、老麵種中的微生物，還有好多好多。

這就是第一件祕密：是在我的家人幫忙之下，這本書才得以完成。第二件祕密是：還有好幾十個或甚至上百個在我的「實驗室」裡跟我一同工作的人，以及在其他研究單位、其他實驗室的人，他們也幫了很多忙。我應該解釋一下：科學家在講「實驗室」的時候，有時指的就是字面上的意思——設有高大工作台的空間，有許多人待在裡面忙著進行各種實驗，簡直就像是裝置設備的一部分。生態學家指的通常不是這樣。因為生態學家做的許多研究成本都很低廉，一桶泥巴跟一台昂貴的儀器都同樣可能用上，所以對生態學家來說，實驗室就單純是一群人，可能會共享一些實體空間，但大多數時候是散布在世界各地。我的實驗室，就是有著共同目標、聯合起來致力於發現美妙的新事物、並且試圖促進大眾加入發現的行列的一群聰明人。在我的實驗室中進行的工作和思辨，跟在其他實驗室中所進行的有著高度緊密的連結，不論是在科羅拉多州（諾亞．菲耶的實驗室）、麻薩諸塞州（班．沃爾夫的實驗室）、舊金山（米雪兒．吐瓦懷恩的實驗室），或是其他好幾個地方。參與這個腦力激盪的網路其中的人們，對於書中的每一章節都有所貢獻。你在文中已經看到了其中一些人的名字出現，但是還有很多人物沒有出現在字裡行間。這些人的名字沒有登場，部分原因是因為他們的貢獻實在是太關鍵、太占據核心位置了，要精確描述他們所扮演的角色反而很難。這就是科學微妙的地方：大家總是問我們誰做了什麼事，但實際上我們還真的很難區分清楚。

在此舉幾個例子，說明有哪些人雖然名字在書中只有驚鴻一瞥、甚至完全不見蹤影，但也是靠他們的貢獻才讓這本書得以問世。安德莉雅・拉齊（Andrea Lucky）和吉里・赫克爾（Jiri Hulcr）這對情侶是一起來我的實驗室的。他們將實驗室跟一種全新的社群牽上了線：安德莉雅發起了螞蟻學校（School of Ants）計畫，吸引一般大眾來研究螞蟻。安德莉雅、吉里和一位大學生布里特妮・哈克特（Britne Hackett）也共同發起了肚臍生物多樣性（Belly Button Biodiversity）計畫，在世界各地人們的肚臍中採樣，研究哪一些皮膚微生物比較常見、哪一些比較罕見（還有它們常見或罕見的原因）。在此同時，梅格・洛曼（Meg Lowman）加入了北卡羅萊納州自然科學博物館，成為自然研究中心（Nature Research Center）的主管。充滿熱忱的梅格非常注重大眾參與，也是讓我們的螞蟻和肚臍的研究計畫能夠順利起步的關鍵人物。我們跟梅格和博物館的合作還有兩位人士的鼎力相助：當時的大學理學院院長丹・索羅門（Dan Solomon），以及博物館館長貝琪・班奈特（Betsy Bennet）。他們一同打造的政策和經費上的支援系統，讓我們能夠更輕易地跟民眾進行大規模的的互動與合作。我們對於螞蟻和肚臍的研究在這本書中篇幅極少，但是這些研究成了我們日後進行的各種住家調查研究的根基，也為這本書鋪了路。

安德莉雅和吉里後來離開了我們實驗室，前往佛羅里達大學（University of Florida）。

在他們離開前，我聘請了荷莉・梅寧傑（Holly Menninger）來負責管理促進民眾及大學生參與科學研究的計畫。是荷莉想出了方法、設計出了企畫案，讓我們可以真正觸及世界各地的人、鼓勵大家參與我們在進行的科學研究。在每次我跑進實驗室、完全不管有沒有經費、時間或人力就拋出又一個新的瘋狂研究計畫時，也都是靠荷莉的理性之聲才得以將我喚醒。沒有荷莉，我們絕大多數關於住家內生物的研究都無法實現。她現在是明尼蘇達州貝爾博物館（Bell Museum）中大眾參與及科學教育部門的負責人，能夠請到她，真的是這間博物館和整個明尼蘇達州都不知道修了幾輩子的福氣。她的名字在這本書中很少出現，是因為她的工作對於每項研究工作都無比重要。她的工作成果一直都在——她所打造的社群以及知識的基礎架構，讓我們得以能夠透過科學串連起成千上萬的人們。

隨著荷莉逐漸開始接下新的職務（甚至在她前往明尼蘇達州之前）——像是負責協調北卡羅萊納州立大學的「公眾科學」群組（一群致力於促進大眾參與科學研究的新進教職員）等工作——羅倫・尼可斯、莉亞・薛爾和尼爾・麥可伊等人就開始掌管更多促進大眾參與科學的工作。羅倫和尼爾兩人包辦了這本書中幾乎所有的影像，還有其他許多我們用來說明住家中生物的素材。羅倫也為這本書回顧了不少文獻，想辦法補齊那些有漏洞或是看似完備、但稍稍一戳就全盤瓦解的推論。羅倫一遍又一遍地試讀這本書、整理引用文獻的格式、追查各種線索、幫忙想拗口的段落怎麼重寫、複雜的科學如何解說。就連標題寫著「啊啊啊修改稿送回來了，我們只剩五天的時間要把整本書重看一遍。你可以暫停手邊的工作嗎？」之類的信件，她也都耐心回應。感謝你，羅倫。莉亞・薛爾也試讀了整本書，並且幫忙確認了書中有涵蓋到參與研究計畫的大眾最想聽到的一些故事。莉亞向上千名參與了我們研究計畫的人們進行了一項調查，詢問他們關於住家中生命最好奇、最想知道答案的問題。那些問題的答案都交織在書中各個章節之間：我希望你們好奇的問題也有在書中獲得解答。

除了我的實驗室之外，這本書還受益於許多共同研究者的幫助，我現在可是欠他們之中不少人一大筆人情。你們在書中已經讀過諾亞・菲耶的事蹟了，諾亞真的是個出色的共同研究者，能跟他合作讓我十分感激。他也仔細地試讀了整本書，而且每當我擔心某些段落寫得不夠正確的時候，他還會幫忙重讀一遍。卡洛斯・戈勒（Carlos Goller）雖然從來沒有正式成為我的實驗室一員，但是我們實驗室中進行的各種十分有趣的研究，他常常都有參與。卡洛斯的靈感豐富，想出了各種方法激起大學生對於這些研究的興趣。喬納森・艾森試讀了整本書，並以批判性的眼光對每一行字句都給出了建議。蘿拉・馬丁（Laura Martin）協助我反思人類影響生態系的歷史。關於這本書可以如何運用在大學課堂上，卡瑟琳・卡德勒斯（Catherine Cardelus）、凱蒂・弗林（Katie Flynn）和尚恩・孟科（Sean Menke）都提供了深刻的見解。

還有許多書中有提到、或是研究領域與書中主題有關的科學家都幫了這本書一把。他們可能試讀了某些章節、或是回答了一些稍嫌愚蠢的問題。我在代爾夫特市受到萊斯麗．羅伯森（Lesley Robertson）熱情款待：她花了整整兩天的時間跟我聊雷文霍克的生平、回顧他的研究工作。道格．安德森（Doug Andersen）試讀了關於雷文霍克的章節，並且跟萊斯麗一樣，也協助我重新想像他在世時可能是怎麼樣的一個人。大衛．科爾（David Coil）和珍娜．朗協助我認識國際太空站上的微生物組成。關於蓮蓬頭的章節，在諾亞實驗室中一位學生麥特．葛伯特（Matt Gerbert）的建議之下改進了很多。我從來沒有跟麥特本人碰過面，但是他做的研究真的很酷。珍．本田（Jenn Honda）協助我細想分枝桿菌在醫用微生物學上的意義。亞歷山大．赫比錫（Alexander Herbig）和約翰尼斯．克勞瑟（Johannes Krausse）對於分枝桿菌與古代人類關係的歷史提供了諸多見解。克里斯多福．洛瑞教導了我分枝桿菌的眾多益處。克里斯提安．格利布勒（Christian Griebler）向我展示了含水層令人著迷的宏偉壯觀之處、並且試讀了關於蓮蓬頭的章節。費南多．羅薩里奧—歐提茲（Fernando Rosario-Ortiz）也試讀了同一章節，並且也協助我對於淨水科技做進一步的思考。

伊爾卡．漢斯基並沒有機會讀到這本書，但透過電子郵件與他通信，讓我得以更清楚地思索他的研究工作。關於他本人的研究的章節，伊爾卡也有試讀過早期的一個版本。我唯一一次跟伊爾卡親自碰面，是在我還是研究生的時候。我的實驗室同事薩沙．史佩克托

（Sacha Spector）和我當時都等不及要跟他聊糞金龜，而他也沒有讓人失望：我當時從沒想過，多年之後會重新聯繫上他，一起思索、談論住家中的生物。伊爾卡過去的學生尼科拉斯·瓦爾伯格（Niklas Wahlberg）跟我合作，讓我能正確地呈現伊爾卡的故事。塔里·哈赫帖拉和列娜·馮·赫爾岑協助我透過卡瑞利亞地區的脈絡與視角認識他們的研究成果。梅根·特梅斯、哈爾瑪·庫爾（Hjalmar Küehl）、費歐娜·史都華（Fiona Stewart）和亞歷克斯·皮爾（Alex Piel）協助我細究野生黑猩猩的生態、以及牠們跟人類祖先的生態的關係。而艾琳·麥肯尼則是一如往常地，對於食物與糞便提供了關鍵的見解。

幾乎所有跟我合作過、一起研究灶馬的人都有出現在灶馬的章節中，也都有試讀那一章。謝謝你們，MJ·艾普斯、史蒂芬妮·馬修斯和艾米·葛倫登。珍妮佛·威爾諾葛林（Jennifer Werngreen）和茱莉·厄本（Julie Urban）也多次協助我探討昆蟲身上所帶的細菌的演化歷程。珍妮威佛·馮·佩欽厄（Genevieve von Petzinger）和約翰·霍克斯（John Hawks）也帶領我重溫了舊石器時代穴居人類的故事。關於真菌的章節，是在比爾姬·安德森的（多次）幫助之下才改進了許多。她對我關於國際太空站的眾多狂想耐心以待，還完成了許多其他人覺得難以進行的研究。比爾姬還給了我靈感去更仔細地探究住家真菌的生物特性，也提醒了我即使葡萄穗黴孢菌這種猛獸般的真菌，也有其美麗的一面。馬丁·陶博爾（Martin Taubel）協助我細究，關於葡萄穗黴孢菌對家中造成的影響，人們目前有什麼是確定的、什麼是還不確定的。瑞秋・亞當斯則是刺激我去反思，關於家中有哪些真菌是死是活、哪些真菌在進行新陳代謝，人們目前到底知道了多少；最初引領我開始去探索太空站中的生物學的，也是瑞秋。

關於昆蟲的章節，有馬修・伯通、伊娃・潘納吉歐塔古普魯、皮歐・納斯奎奇、艾莉森・貝恩（Allison Bain）、米莎・梁（Misha Leong）、基斯・貝列斯（Keith Bayless）等人幫忙試讀並修改。馬修還是一次又一次不厭其煩地提供幫助，謝啦，老兄。從米雪兒・吐瓦懷恩開始跟我一起研究住家生物以來，她已經跟我斷斷續續地談起這本書有五年之久了。我們關於住家節肢動物的研究、關於節肢動物和生命的無數次對話，全都始於米雪兒還在北卡羅萊納州自然科學博物館工作的時候。我十分慶幸，我們的合作關係在她到了加州科學館（California Academy of Sciences）之後依然得以持續。克莉絲汀・霍恩（Christine Hawn）向我述說蜘蛛在生物防治中扮演的角色。我周遭所有的昆蟲學家都幫忙改進了關於蟑螂的章節，包括艾德・瓦爾哥（Ed Vargo）、華倫・布斯（Warren Booth）、科比・沙爾、文子・瓦達—勝間田和朱爾斯・西弗曼等人的部分或全部研究，都專注於如何防治那些連大部分昆蟲學家都不喜歡的害蟲。埃蓮諾・史派斯・萊斯（Eleanor Spicer Rice）（朱爾斯的學生之一）協助我細想德國姬蠊的研究對於朱爾斯・西弗曼來說有多麼重要。我也非常感謝在寫這本書的過程中給予支持的兩位系主任：德瑞克・阿戴（Derek Aday）和哈利・丹尼爾斯（Harry

Daniels）。

從五年多前開始，我就開始撰寫關於海因茲・艾興沃德的章節，但是那時候怎麼寫總是覺得不太順。一直到了我加入了在美國國家社會環境綜合研究中心（National Socio-Environmental Synthesis Center, SESYNC）、由彼得・約根森（Peter Jorgenson）及史考特・卡羅（Scott Carrol）領導的一個工作群組之後，我才真正了解艾興沃德的實驗為整個人類社會開闢了一條如此嶄新、我們卻選擇不予理會的路線。我十分感謝美國國家社會環境綜合研究中心，並且特別要感謝彼得和史考特，但當然也對工作群組的所有成員表達謝意，包括迪迪耶・韋恩利（Didier Wernli）。對於保羅・星球，我既感謝他所提供的深刻見解，也感謝他幫我跟亨利・亨恩菲爾牽上線。亨利十分樂於分享他的故事，並幫助我把這個章節寫好，他真是個既有遠見、還十分親切的人。

亞羅斯拉夫・弗萊格、安娜瑪利亞・塔拉斯（Annamaria Talas）、湯姆・吉爾伯特（Tom Gilbert）、羅蘭德・凱伊斯（Roland Kays）、大衛・史托奇（David Storch）、梅瑞迪斯・史賓斯、麥可・萊斯金、克絲汀・詹森（Kirsten Jensen）、理查・克洛普敦（Richard Clopton）、以及喬安・韋伯斯特，這些人都試讀並幫忙修改了關於貓與狗的章節。我在此特別感謝梅瑞迪斯・史賓斯，花了這麼多年記錄狗身上的寄生蟲和病原，也感謝尼耶瑪・哈里斯（Nyeema Harris）啟發了梅瑞迪斯的研究計畫。梅瑞迪斯，這研究開始得到回報了！

奈特·桑德斯（Nate Sanders）、尼爾·葛蘭森姆（Neal Grantham）、布萊恩·萊希（Brian Reich）、班瓦·管納德、麥克·賈文（Mike Gavin）、珍·索羅門（Jen Solomon）、喬安娜·理寇（Joana Ricou）、安奈特·理徹（Annet Richer）、和安·麥登等人也幫忙修改了一些最終被刪掉的章節，像是關於鑑識科學、寄生蜂和酵母菌、還有鴿子悖論（Pigeon Paradox）的章節。這本書曾經一度長達二十萬字，也就是說，我最後所用的篇幅，還遠遠不夠講完關於住家生物的眾多故事。我也想特別感謝北卡羅萊納州立大學圖書館中那些優秀的工作人員。凱倫·奇科涅（Karen Ciccone）試讀了整本書，也提供了不少十分有用的建議。權媽媽、喬·權、喬西·貝克（Josie Baker）、史蒂凡·卡佩勒（Stefan Cappelle）、阿斯彭·里斯（Aspen Reese）、安·麥登和艾密莉·麥涅科（Emily Meineke）幫忙改進了關於食物的章節。我們的經紀人維多莉亞·普萊爾（Victoria Pryor）反覆對這本書東挑西揀，去蕪存菁，感謝你，多莉。這本書接著還經過了我的編輯TJ·凱勒赫爾（TJ Kelleher）超人一般的編修。我的第一本書《眾生萬物》（*Every Living Thing*）就是TJ負責編輯的：我很高興能夠再度與他合作。此外，我也要深深地感謝凱莉·拿波里塔諾（Carrie Napolitano）。TJ和凱莉就像出版業界的許多人一樣，要讀、要編輯的書總是太多，能用的時間總是太少，但是他們總是有辦法持續不懈地細心完成這份任務。十分優秀的審稿者柯林·翠西（Collin Tracy）和克里絲汀娜·帕萊亞（Christina Palaia）修復了不完整的句子、糾纏不清的子句，也確保了每個字母、逗號、句點、冒號們都乖乖待在它們該出現的位子。這本書受到了斯隆基金會（Sloan Foundation）的資金支援：感謝斯隆基金會，也特別感謝寶拉・歐修斯基（Paula Olsiewski）。這本書是我在領sDiv 學術休假獎學金的期間完成的，寫作過程中跟德國綜合生物多樣性研究中心（Centre for Integrative Biodiversity Research, iDiv）的科學家們的日常交談讓我獲益良多。約翰・切斯（Jon Chase）、尼可・艾森豪（Nico Eisenhauer）、馬登・溫特（Marten Winter）、史丹・

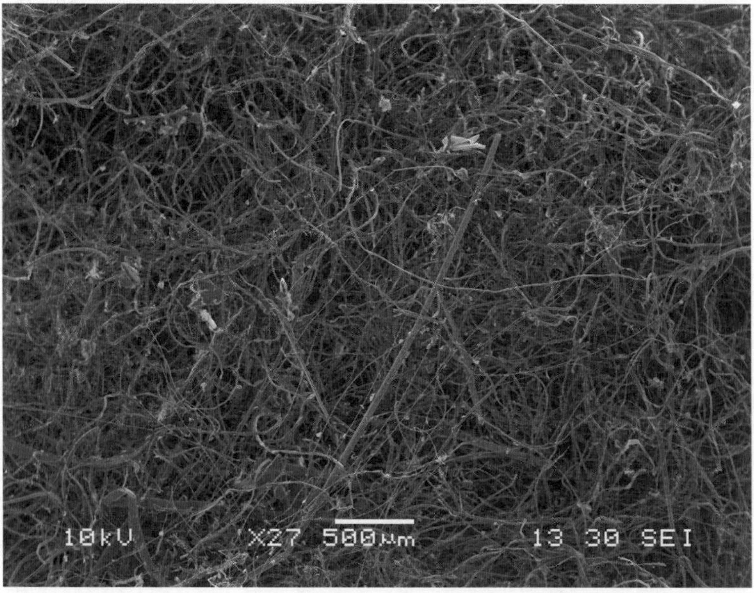

圖 B　一張灰塵的顯微鏡影像。灰塵由許多物質組成，就像這本書是有賴於許多人的影響所打造而成。（圖片提供／安・A・麥登，由科羅拉多大學波德分校的奈米材料辨識單位〔Nanomaterials Characterization Facility〕給予協助）

哈爾波勒（Stan Harpole）、蒂芬妮・耐特（Tiffany Knight）、恩利奎・佩瑞拉（Henrique Pereira）、阿列塔・波恩（Aleta Bonn）、歐若拉・托瑞斯（Aurora Torres），還有其他許許多多在 iDiv 工作的人都協助了我藉由基本的生態原理，重新審視住家中的生物圈。

最後，我希望能夠對於我們研究計畫在這些年間的無數參與者致上無比的謝意。有好幾千人都曾經對我們研究住家生物的計畫做出了貢獻，敞開了他們的生活讓我們好奇窺探、並跟我們走了一趟奇異的旅程。他們提出的一些問題為我們的研究找到了新的定位。他們不斷地啟發我們、給予我們靈感，也一次又一次地提醒我們科學發現就該充滿樂趣，而在這麼多人陪伴之下的科學發現，帶來的樂趣更是無窮。謝謝你們大家。

註釋

引言：室內人

1 編註：此諺語來自亞里斯多德的物理學觀念。

第1章 奇觀

1 微生物學家與歷史學家萊斯麗．羅伯森（Lesley Robertson）曾以雷文霍克的方式用顯微鏡進行生物觀察，包含矽藻、鐘蟲、藍綠菌與各式各樣的細菌。這件事需要極大的耐心、好奇心與強烈的意願去嘗試各種不同打光方式與標本製備法的排列組合，就像雷文霍克過去做的那樣。文獻可參考：L. A. Robertson, "Historical Microbiology: Is It Relevant in the 21st Century?" *FEMS Microbiology Letters* 362, no. 9 (2015): fnv057.

2 在雷文霍克致力於顯微鏡觀察時，他大部分的收入來源來自他擔任市務官員的職位，一個他花較少時間的工作，使他有充裕的閒暇時間去發展他的興趣。

3 雷文霍克會使用這種叫織物分析鏡的工具去檢視亞麻、羊毛與織品，來源參見：L. Robertson, J. Backer, C. Biemans, J. van Doorn, K. Krab, W. Reijnders, H. Smit, and P. Willemsen, *Antoni van Leeuwenhoek: Master of the Minuscule* (Boston: Brill, 2016).

4 本書透過古騰堡計畫已可線上免費檢閱，收錄了大大小小生物的各種奇觀。網址：https://www.gutenberg.org/files/15491/15491-h/15491-h.htm

5 曾任皇家學會主席的英國政治家塞繆爾．皮普斯（Samuel Pepys）讚譽《顯微圖譜》為「我這一生看過最精采巧妙的書」，來源參見：R. Hooke, *Micrographia: Or Some Physiological Descriptions of Min ute Bodies Made by Magnifying Glasses with Questions and Inquiries Thereupon*

(J. Martin and J. Allestrym, 1665).

6 當時人們不相信跳蚤是透過生物繁殖過程產生的，他們認為跳蚤是從汙穢的尿、灰塵和人類的糞便裡從無中生有。雷文霍克記錄下跳蚤交配的過程（體型較小的雄跳蚤在雌跳蚤腹部下晃來晃去）。他也記錄了人類精子與男性陰莖（他的學術生涯中記錄了超過三十種不同動物的精子，也包含自己的精子）。他看到雌跳蚤所產的卵，並將這些卵成長的過程以素描記錄，包含孵化後的幼蟲，以及歷經變態過程的成蟲。他依此估算出跳蚤的生活史，包含交配、受精、受精卵與出生後的發育在每年會重複七八次循環。他是如此大費周章，也不管他的這些觀察是否有人在意。他甚至隨身攜帶這些跳蚤卵，只為了觀察牠們，彷彿一個小心翼翼呵護著寵物青蛙的孩子。來源參見：Robertson et al., *Antoni van Leeuwenhoek.*

7 德格拉幫忙寫的求職信可在此看到全文：M. Leeuwenhoek, "A Specimen of Some Observations Made by Microscope, Contrived by M. Leeuwenhoek in Holland, Lately Communicated by Dr. Regnerus de Graaf," *Philosophical Transactions of the Royal Society* 8 (1673): 6037–6038.

8 雷文霍克發跡的時間，正好是科學界從注重文獻與抽象概念，逐漸轉變為重視實際觀察的過渡。這個世代的科學家受到法國哲學家笛卡兒（Reneé Descartes）的理論影響，認為親眼觀察才是最能有效發掘真相的方法。

9 A. R. Hall, "The Leeuwenhoek Lecture, 1988, Antoni Van Leeuwenhoek 1632–1723," Notes and Records the Royal Society Journal of the History of Science 43, no. 2 (1989): 249–273.

10 液胞是一種強大的儲存胞器，出現在植物、動物、原生生物、真菌、甚至單細胞的細菌體內。不論食物或廢物都可儲存在液胞裡，而且液胞裡的環境會與細胞其他部位的環境不同。它的重要性好比陶罐或蘆葦編織的籃子之於早期的人類文明，就像一種多功能容器，在不同物種、不同時機，就會具備不同的功能。

11 雷文霍克居住的代爾夫特市，是家庭微生物學研究的重鎮，但多半是來自畫家的貢獻，而非科學家。代爾夫特市的畫家著重街景與室內環境的描繪，並以畫筆記錄下雷文霍克也會進行觀察的各類棲地。彼得·德·霍赫（Pieter de Hooch）畫了很多庭院的風景畫；卡雷爾·法布里蒂烏斯（Carel Fabritius）繪有著名的《金翅雀》（*The*

Gold finch），但他也會畫代爾夫特市的風景；再來還有楊·維梅爾（Johannes Vermeer，或 Jan Vermeer），他會重複畫同樣的三間房間，並描繪房間中不同的人物小群，每組人物都像是凍結在靜物畫裡。

12 雷文霍克故居曾矗立的那塊地從未被挖掘過，當中很有可能有遺失的顯微鏡、標本或任何與他的研究有關的蛛絲馬跡，不過那裡目前是一家很高級的咖啡廳。我和萊斯利·羅伯遜曾試圖說服店主讓我們在店裡新鋪的地板上鑽洞，看能不能從地下挖出雷文霍克的遺物，但店主婉拒了我們的提議。後幾天我只好試著透過咖啡店的窗戶窺探後院，那個後院是雷文霍克生前待了大半時間的地方。

第 2 章　地下室裡的溫泉

1 《改變地球的真菌》（*The Fifth Kingdom: How Fungi Made the World*）這部紀錄片，講述的是真菌的演化故事以及它們對環境及其他生物的深遠影響。影片中，我就站在溫泉旁邊講真菌的演化，背景既有火山活動，也有微生物的生長環境。

2 我猜，科學家有時候可能也真的很讓人受不了！但實際上我想真正的原因應該是製作團隊一心忙著思考哪裡可以找到完美的間歇泉，結果開車前忘了數人頭罷了。

3 「間歇泉（geyser）」這個字的字源其實就是冰島語的「溫泉」。可參閱布洛克精采的自傳：T. D. Brock, "The Road to Yellowstone—and Beyond," Annual Review of Microbiology 49 (1995): 1-28.

4 古菌跟細菌同樣在數十億年前就在地球上演化出來。它們一樣都是單細胞生物，也都沒有細胞核，但除此之外，兩者十分不同：古菌細胞跟細菌細胞之間的差異，比我們身體的細胞跟植物細胞之間的差異還要大。在 1900 年代中期才被發現的古菌，多樣性相當高，經常（但並非總是）出現在極端的生存環境中，但沒有任何一種是寄生於人類身體內的病原菌。古菌通常生長緩慢、代謝模式及能力極度多樣。我很喜歡細菌，覺得它們極度令人著迷且驚奇，但古菌甚至比細菌還更有趣：它們的歷史淵源可以一路追溯到生命的起源，它們對其他生物完全無害，又對生態系的運行有根本的重要性，卻極少有人研究它們，而且一直到最近我們才發現：它們有時候居住離你日常生活無比親近的地方 — 像是你的肚臍裡。雷文霍克沒能發現它們：也許我們比他還自戀，才那麼擅長盯著自己的肚臍觀察研究吧（譯按：navel gazing 本身即指「自戀」的意思，這是玩文字遊戲，意思是「因為自戀，所以一直看自己的肚臍」）。參見 J. Hulcr, A. M. Latimer, J. B. Henley, N. R. Rountree, N. Fierer, A. Lucky, M. D. Lowman, and R. R. Dunn, "A Jungle in There: Bacteria in Belly Buttons Are Highly Diverse, but Predictable," PloS One 7, no. 11 (2012): e47712.

5 純化學營養生物（chemolithotroph），指能夠氧化無機物質以取得化學能的生物。

6 譯註：此處譯者稍微修改了一下語句，因為原文的說法不太準確：chemotroph（化學營養生物）包含了可利用無機物質的化學能的 chemolithotroph（文中所特指的 chemotroph），以及必須利用有機物質的化學能的 chemoorganotroph（如大多數動物），但兩者嚴格說起來都是「turn chemical energy into life」。

7 每一個物種，不論是細菌或是猴子，都具有由「種小名」和「屬名」組成的學名。「屬」是指一個物種所直接隸屬的群體。以人類為例，人類的學名是 *Homo sapiens*：意思是，人類是「人屬（*Homo*）」這個群體之中的「智人」種（*sapiens* 的意思是「有智慧的」）。物種與物種之間的界線有時候可能很模糊，而屬與屬之間的界線就又更模糊了。理論上，我們可以主張：應該要有一個給屬命名、劃定界線的方法，好讓每個屬各自的共同祖先，不論是靈長類動物或是細菌，都起源於差不多久遠的年代。實際上，不同領域的科學家決定一個屬內要放多少物種的方法差異相當大，細菌的屬通常包含一大堆物種，而且共同起源非常久遠（*Thermus* 屬的起源，可能起碼是上千萬年以前的事）。相較之下，跟我們比較相近的生物的屬，包含的物種數量既比較少、起源也比較近。會有這個差別，只是因為微生物學家跟靈長類學家之類的其他研究者的行事風格不同而已，並不是因為細菌跟靈長類之間有什麼根本的差異。生物的屬名和種小名都是以斜體表示（跟在文中出現的一樣），除非有一個物種還沒有正式命名，在這種情況下，屬名會是斜體，但是暫定的種小名則不會是斜體。舉例來說，*Thermus* X1 之中的 X1 代表這個生物可能是新物種，但還沒有正式給它取名。除了脊椎動物和植物之外，大多數的生物類群之中都包含有很多這類只有暫定名稱的物種，因為它們即使已經被發現，卻還沒有人有機會給它們正式的名稱。

8 最初在培養水生棲熱菌的時候，其實布洛克想要培養出來的是一種他稱為「粉紅色細菌」，生長環境更高溫的物種。結果不管是他或後來嘗試的其他人，都沒有人成功地把它培養出來。關於最初對於棲熱菌屬的研究，請參閱 T. D. Brock and H. Freeze, "*Thermus aquaticus* gen. n. and sp. n., a Nonsporulating Extreme Thermophile," *Journal of Bacteriology* 98, no. 1 (1969): 289–297.

9 R. F. Ramaley and J. Hixson, "Isolation of a Nonpigmented, Thermophilic Bacterium Similar to *Thermus aquaticus*," *Journal of Bacteriology* 103, no. 2 (1970): 527.

10 後來，這個詞彙又再次從生態學被借去，用在經濟學之中。

11 T. D. Boylen and K. L. Boylen, "Presence of Thermophilic Bacteria in Laundry and Domestic Hot-Water Heaters," *Applied Microbiology* 25, no. 1 (1973): 72–76.

12 J. K. Kristjánsson, S. Hjörleifsdóttir, V. Th. Marteinsson, and G. A. Alfredsson, "*Thermus scotoductus*, sp. nov., a Pigment-Producing Thermophilic Bacterium from Hot Tap Water in Iceland and Including *Thermus* sp. X-1," *Systematic and Applied Microbiology* 17, no. 1 (1994): 44–50.

13 Kristjánsson et al., "*Thermus scotoductus*, sp. nov.," 44–50.

14 布洛克在他的文章中一再強調：雖然他與同事們在七〇及八〇年代所發現的這些可適應極端環境的微生物，後來有許多產業界人士持續進行研究，但還是很少有科學家研究這些微生物在野外自然環境中的生態現象與意義。可參閱 Brock, "The Road to Yellowstone," 1–28.

15 D. J. Opperman, L. A. Piater, and E. van Heerden, "A Novel Chromate Reductase from *Thermus scotoductus* SA-01 Related to Old Yellow Enzyme," *Journal of Bacteriology* 190, no. 8 (2008): 3076–3082. 另外，微生物果然總是讓人驚奇：最近又發現了同個物種中有一種新的品系，會在必須時才轉變為化學營養生物。以科學家的術語來說，這個品系是混合營養生物（mixotroph）。S. Skirnisdottir, G. O. Hreggvidsson, O. Holst, and J. K. Kristjansson, "Isolation and Characterization of a Mixotrophic Sulfur-Oxidizing *Thermus scotoductus*,"

Extremophiles 5, no. 1 (2001): 45–51.

16 如果想進一步知道為什麼有這麼多細菌至今還是難以在實驗室中培養出來，可參閱 S. Pande and C. Kost, "Bacterial Unculturability and the Formation of Intercellular Metabolic Networks," *Trends in Microbiology* 25, no. 5 (2017): 349–361.

17 高通量（high throughput）是一個花俏的詞語，它實際上只是「可以一次處理很多」的意思，而在此指的是一次解碼很多不同種生物的基因序列。「高通量」和基因定序的關係，就跟你說麥當勞是「高通量」飲食的意思差不多。至於「未來世代」（next generation）一詞，也因為這領域的技術進展速度之快，即使你形容它是所謂的「未來世代」技術，對如今跟得上潮流的人來說，也怎麼看都覺得好「上一世代」。這個詞彙一創出來，大概就注定了它未來的命運吧。

18 通常實際上還會有幾個額外步驟，如把樣本中殘留的 DNA 以外的雜質都去掉，但這裡描述的是大致上的流程。

19 譯註：原文的 in viruses 字面上是指「所有病毒」，但實際上只有在部分病毒之中可以找到單股 DNA，並不是所有病毒的遺傳物質都是單股 DNA。

20 布洛克、他的同事，以及同時代科學家的研究成果，隨著時間進展也啟發了更多人去找尋並發現嗜熱微生物——甚至是超嗜熱微生物——，而隨之而來的，還有這些微生物所內含的一系列酵素，各自都有些許不同功能。比方說，在激烈火球菌（*Pyrococcus furiosus*）中找到的聚合酶，跟 Taq 聚合酶的用途一樣，但在高溫環境下甚至更加穩定。

21 定序的標準流程並沒有辦法將樣本中的物種與已知物種直接做對應：我們會得到的是一張清單，上面將物種依照其所屬的屬做歸類，例如 *Thermus* 1、*Thermus* 2 等等。每個序列會依其 DNA 組成的相似度，被分別歸在不同名稱的類群底下。微生物學家將這些類群稱為操作分類單元（operational taxonomic unit, OTU），以表示它們並不完全具有物種的地位。有些時候，一個操作分類單元裡可能包含好幾個物種，有些時候則相反：兩個操作分類單元可能屬於同一個物種。在目前的階段，我們命名微生物的方法還有點混亂，所以雖然用操作分類單元將生物分門別類的方法有許多缺陷，但這做法起碼讓我們在找到好辦法銜接新舊分類系統之前，還能夠繼續進行研究。

22 最近威比斯基運用這些技術，在熱水加熱器中找尋致黑棲熱菌以外的其他嗜熱細菌。結果，她找到了五六種一般只能在溫泉中找到的細菌，其中很多種至今仍無法培養，但我們已經可以偵測到它們的存在了。

第 3 章　直視黑暗中的生物

1 我不只一次在散步的過程中，由於走得太遠，導致三個燈都沒電了，只得靠著月光摸黑回工作站。在充滿各種毒蛇的叢林裡，這實在不是什麼明智之舉。

2 S. H. Messier, "Ecology and Division of Labor in *Nasutitermes corniger:* The Effect of Environmental Variation on Caste Ratios" (PhD diss., University of Colorado, 1996).

3 B. Gueénard and R. R. Dunn, "A New (Old), Invasive Ant in the Hardwood Forests of Eastern North America and Its Potentially Widespread Impacts," *PLoS One* 5, no. 7 (2010): e11614.

4 B. Gueénard and J. Silverman, "Tandem Carrying, a New Foraging Strategy in Ants: Description, Function, and Adaptive Significance Relative to Other Described Foraging Strategies," *Naturwissenschaften* 98, no. 8 (2011): 651–659.

5 T. Yashiro, K. Matsuura, B. Guenard, M. Terayama, and R. R. Dunn, "On the Evolution of the Species Complex *Pachycondyla chinensis* (Hymenoptera: Formicidae: Ponerinae), Including the Origin of Its Invasive Form and De scription of a New Species," *Zootaxa* 2685, no. 1 (2010): 39–50.

6 目前只有一篇關於這種螞蟻的研究論文，詳見：1954. M. R. Smith and M. W. Wing, "Redescription of *Discothyrea testacea* Roger, a Little-Known North American Ant, with Notes on the Genus (Hymenoptera: Formicidae)," *Journal of the New York Entomological Society* 62, no. 2 (1954): 105–112. 因為不確定凱薩琳現在在做什麼，於是我去查了一下，發現她現在是厄爾巴索動物園（El Paso Zoo）的保育員，看來，她對於大型貓科動物的執著，終究還是勝過了我推坑她研究

螞蟻的努力。

7 這個研究是安卓莉雅・樂奇（Andrea Lucky）所領導的，她目前是佛羅里達大學的助理教授。見 A. Lucky, A. M. Savage, L. M. Nichols, C. Castracani, L. Shell, D. A. Grasso, A. Mori, and R. R. Dunn, "Ecologists, Educators, and Writers Collaborate with the Public to Assess Backyard Diversity in the School of Ants Project," *Ecosphere* 5, no. 7 (2014): 1–23.

8 在我跟諾亞還沒料到有天需要研究人們的肚臍或家裡時，我們一起進行過一個豚草甲蟲的研究計畫，計畫主持人是易而立・霍瑟（Jiri Hulcr）。易而立研究的是這些甲蟲為幼蟲隨身攜帶的真菌與細菌。這個機緣讓我跟諾亞成為同事。文獻可參考：J. Hulcr, N. R. Rountree, S. E. Diamond, L. L. Stelinski, N. Fierer, and R. R. Dunn, "Mycangia of Ambrosia Beetles Host Communities of Bacteria," *Microbial Ecology* 64, no. 3 (2012): 784–793.

9 本來參與研究計畫的，都是我們認識的人，但隨著計畫規模越來越大，成員不斷增長，參與者的來源也越來越多元。

10 H. Holmes, *The Secret Life of Dust: From the Cosmos to the Kitchen Counter, the Big Consequences of Small Things* (Hoboken, NJ: Wiley, 2001).

11 這表示諾亞實驗室的技師潔西卡，將需要從四千支棉花棒剪下四千顆棉花頭、放入四千瓶小罐子。抱歉，潔西卡，真的抱歉，感謝妳唷！

12 在家裡的某些地方，居家小動物真的可以幫助我們留下體膚存在的痕跡紀錄。在格拉斯哥大學任教的生態學家暨蟎類專家馬修・科洛夫（Matt Colloff）拿自己的床作為實驗主題，在床上畫穿越線設定九個樣區，並架設儀器在自己睡覺時記錄每個樣區的溫濕度。科洛夫在論文中特別提到：他的床可是十五年歷史的雙人床，加上有著十五年歷史的床墊。在他酣睡期間，溫濕度儀器每小時都會記錄數據。他本來預期蟎會聚集在比較溫濕的區域，但結果並非如此；只要是他睡過的區域，無論溫濕度如何，都是蟎最喜歡的地方。他總共找到 18 種不同的蟎，包括塵蟎、塵蟎的掠食者，它們都出現在他睡過的地方，顯然是為了吃他身上脫落的皮屑之類。因此我們可以猜想：微生物也有類似的行為，會集中分布於我們接觸時間最長的地方。科洛夫將他床上豐富的蟎類多樣性歸因於床墊使用年齡。相關研究請參考：M. J. Colloff, "Mite Ecology and Microclimate in My Bed," in *Mite Allergy: A Worldwide Problem,* ed. A. De Weck and A. Todt (Brussels: UCB Institute of Allergy, 1988), 51–54.

13 我們後來在研究人類肚臍裡的微生物時，也發生了類似事件，受試者是一位小有名氣的記者，肚臍裡竟然幾乎全是與食物有關的細菌。我們實在找不到原因，只能說生物的奧祕有時實在超出了科學理解的範圍。

14 P. Zalar, M. Novak, G. S. De Hoog, and N. Gunde-Cimerman, "Dishwashers—a Man-Made Ecological Niche Accommodating Human Opportunistic Fungal Pathogens," *Fungal Biology* 115, no. 10 (2011): 997–1007.

15 這種細菌被稱為 121 型品系，最初是在溫度可高達攝氏 130 度的海底熱泉中發現的，結果它其實能耐受遠高於任何人所能想像的溫度。滅菌釜的原理跟壓力鍋很像，是藉由增加環境的壓力，將溫度提升至超出沸點的攝氏 121 度（華氏 250 度）因此能消滅所有生物，特別是會汙染實驗室儀器的細菌。然而，121 型卻能在滅菌釜裡存活超過 24 小時，甚至增殖。目前大部分滅菌釜的滅菌流程只有一到兩小時。相關研究請見：K. Kashefi and D. R. Lovley, "Extending the Upper Temperature Limit for Life," *Science* 301, no. 5635 (2003): 934–934.

16 我們後來的實驗指出公寓的大門（跟公寓內其他地方都很相似）不適用這條規則，相關文獻可見：R. R. Dunn, N. Fierer, J. B. Hen- ley, J. W. Leff, and H. L. Menninger, "Home Life: Factors Structuring the Bacterial Diversity Found within and between Homes," *PLoS One 8*, no. 5 (2013): e64133.

17 B. Fruth and G. Hohmann, "Nest Building Behavior in the Great Apes: The Great Leap Forward?" *Great Ape Societies,* ed. W. C. McGrew, L. F. Marchant, and T. Nishida (New York: Cambridge University Press, 1996), 225; D. Prasetyo, M. Ancrenaz, H. C. Morrogh-Bernard, S. S. Utami Atmoko, S. A. Wich, and C. P. van Schaik, "Nest Building in Orangutans," *Orangutans: Geo graphical Variation in Behavioral Ecology,* ed. S. A. Wich, S. U. Atmoko, T. M. Setia, and C. P. van Schaik (Oxford: Oxford University Press, 2009), 269–277.

18 三趾樹懶每三個禮拜左右就會離開牠在樹冠層棲木的舒適圈，艱辛地往下爬到森林底部，為的是排遺。每當這個儀式開始，棲息在樹懶體毛間的蛾就會在樹懶的大便裡產卵，因此這些蛾的幼蟲完全是吃大便長大的。當幼蟲變態為成蟲後，牠們飛到樹冠層找到樹懶，並在樹懶的毛裡面找安身之地。一隻三趾樹懶身上可以容納 4 到 35 隻蛾。有研究指出這些蛾會提供樹懶體毛間的藻類營養而使它們繁盛，而樹懶則能反過來吃這些藻類，補充樹葉大餐較缺乏的脂質。相關文獻請參考：J. N. Pauli, J. E. Mendoza, S. A. Steffan, C. C. Carey, P. J. Weimer, and M. Z. Peery, "A Syndrome of Mutualism Reinforces the Lifestyle of a Sloth," *Proceedings of the Royal Society B* 281, no. 1778 (2014): 20133006.

19 相關案例請見：M. J. Colloff, "Mites from House Dust in Glasgow," *Medical and Veterinary Entomology* 1, no. 2 (1987): 163–168.

20 黑猩猩不會在自己的巢裡大小便，不太會把食物留在裡面，不過幾乎每晚都會做新的巢，研究認為：上述行為會減少與黑猩猩體表的微生物或其他生物在巢內繁殖增長的可能，相關研究可見：D. R. Samson, M. P. Muehlenbein, and K. D. Hunt, "Do Chimpanzees (*Pan troglodytes schweinfurthii*) Exhibit Sleep Related Behaviors That Minimize Exposure to Parasitic Arthropods? A Preliminary Report on the Possible Anti-vector Function of Chimpanzee Sleeping Platforms," *Primates* 54, no. 1 (2013): 73–80. 梅根的研究則可見：M. S. Thoemmes, F. A. Stewart, R. A. Hernandez-Aguilar, M. Bertone, D. A. Baltzegar, K. P. Cole, N. Cohen, A. K. Piel, and R. R. Dunn, "Ecology of Sleeping: The Microbial and Arthropod Associates of Chimpanzee Beds," *Royal Society Open Science* 5 (2018): 180382. doi:10.1098/ rsos.180382.

21 H. De Lumley, "A Paleolithic Camp at Nice," *Scientific American* 220, no. 5 (1969): 42–51.

22 很難想像人科（hominid）在一百七十萬年前遷徙至歐洲時，還沒辦法幫自己搭建一個遮蔽處。問題在於最早的房屋是用樹枝、樹葉與泥土等無法長久保存的材料建成的。事實上，人類從鋪巢、建擋風遮蔽處到建立一個簡陋圓頂屋的過程，其實相當快速。

23 L. Wadley, C. Sievers, M. Bamford, P. Goldberg, F. Berna, and C. Miller, "Middle Stone Age Bedding Construction and Settlement Patterns at

Sibudu, South Africa," *Science* 334, no. 6061 (2011): 1388–1391.

24 J. F. Ruiz-Calderon, H. Cavallin, S. J. Song, A. Novoselac, L. R. Pericchi, J. N. Hernandez, Rafael Rios, et al., "Walls Talk: Microbial Biogeography of Homes Spanning Urbanization," *Science Advances* 2, no. 2 (2016): e1501061.

25 我們人類就是容易把身邊對我們有用的生物殺掉，結果讓對我們不利的生物趁虛而入。家中的白蟻恰好相反，例如台灣家白蟻（*Coptotermes* spp.）可在暗室中藉由揮動頭上的觸角，嗅察到身上與巢內的真菌。牠們也能清除身上特定的真菌孢子，方法是：吃掉它。白蟻的腸道能有效地把真菌包覆起來，隨著白蟻的糞便排出，就好似牡蠣用珍珠質包覆條蟲幼蟲造成的囊，再做成珍珠排出一樣。含有真菌的白蟻糞便，是很厲害的殺生物劑，白蟻會用這些糞便、含有抗菌劑成分的口水與泥土來築巢，而真菌就被困在巢壁中生長。藉由偵測、消化與營建行為，白蟻打造了一個排除天敵的環境，也讓其他生物，例如幫助牠們消化的共生菌能存活，相關研究可參見：A. Yanagawa, F. Yokohari, and S. Shimizu, "Defense Mechanism of the Termite, *Coptotermes formosanus* Shiraki, to Entomopathogenic Fungi," *Journal of Invertebrate Pathology* 97, no. 2 (2010): 165–170. 及 A. Yanagawa, F. Yokohari, and S. Shimizu, "Influence of Fungal Odor on Groom- ing Behavior of the Termite, *Coptotermes formosanus*," *Journal of Insect Science* 10, no. 1 (2010): 141. 以及 A. Yanagawa, N. Fujiwara-Tsujii, T. Akino, T. Yoshimura, T. Yanagawa, and S. Shimizu, "Musty Odor of Entomopathogens Enhances Disease-Prevention Behaviors in the Termite *Coptotermes for mosanus*," *Journal of Invertebrate Pathology* 108, no. 1 (2011): 1–6.

26 D. L. Pierson, "Microbial Contamination of Spacecraft," *Gravitational and Space Research* 14, no. 2 (2007): 1–6.

27 這是關於細菌的調查結果，稍後會提到真菌的部分。相關文獻請參考：Novikova, "Review of the Knowledge of Microbial Contamination," 127–132. Also see N. Novikova, P. De Boever, S. Poddubko, E. Deshevaya, N. Polikarpov, N. Rakova, I. Coninx, and M. Mergeay, "Survey of Environmental Biocontamination on Board the International Space Station," *Research in Microbiology* 157, no. 1 (2006): 5–12.

28 當中最長期的調查發現了幾十種屬的細菌，其中最常見的有腋下的棒狀桿菌屬（*Corynebacterium*）與痤瘡細菌的丙酸桿菌屬（*Propionibacterium*），相關文獻請參考：A. Checinska, A. J. Probst, P. Vaishampayan, J. R. White, D. Kumar, V. G. Stepanov, G. R. Fox, H. R. Nilsson, D. L. Pierson, J. Perry, and K. Venkateswaran, "Microbiomes of the Dust Particles Collected from the International Space Station and Spacecraft Assembly Facilities," *Microbiome* 3, no. 1 (2015): 50.

29 S. Kelly, *Endurance: A Year in Space, a Lifetime of Discovery* (New York: Knopf, 2017), 387.

第 4 章　無菌也是病

1 這個概念最初由朗·普萊姆（Ron Pulliam）提出。參見：H. R. Pulliam, "Sources, Sinks, and Population Regulation," *American Naturalist* 132 (1988): 652–661.

2 丹·詹曾（Dan Janzen）一度猜想：某些細菌會產生惡臭不單純是要排掉廢棄物質，也是為了避免它們的食物來源被我們吃掉。他認為這些細菌們弄臭自己，為的只是要好好吃飯。有時候，我覺得在飛機上坐我隔壁的乘客也是在使用同樣的策略。參見：D. H. Janzen, "Why Fruits Rot, Seeds Mold, and Meat Spoils," *American Naturalist* 111, no. 980 (1977): 691–713.

3 我們會覺得某些味道難聞，也反映了我們的演化歷史和文化。文化會影響我們對於某個味道的觀感（比如說，我們對於魚醬的觀感），演化則形塑了我們的大腦是否會將某個氣味解讀為令人不快的訊號。需要注意的是，這些訊號是因物種而異的。「瘴氣」的臭味我們避之唯恐不及，但是糞金龜或是紅頭美洲鷲（turkey vulture），卻會有完全相反的反應。

4 嚴格說起來，這個故事跟室內生態沒有直接關係，但是當所有人的飲用水都是來自城市裡的共同水井的時候，整個城市中的生態也一樣會牽連到房子裡面。

5 霍亂疫情後來逐漸消退的原因之一，是因為開始有攻擊霍亂弧菌的病毒（vibriophage，弧菌噬菌體）出現。隨著霍亂弧菌越來越多，弧菌噬菌體的數量也開始增長，直到大量的噬菌體開始重挫霍亂弧菌的族群。隨後，弧菌噬菌體的族群也跟著一下子跌到谷底，讓霍亂弧菌的族群有喘息、再成長的機會。在恆河裡，可以觀察到霍亂弧菌和弧菌噬菌體的族群數量隨著季節消長，而霍亂的案例也跟著一起起起伏伏。S. Mookerjee, A. Jaiswal, P. Batabyal, M. H. Einsporn, R. J. Lara, B. Sarkar, S. B. Neogi, and A. Palit, "Seasonal Dynamics of *Vibrio cholerae* and Its Phages in Riverine Ecosystem of Gangetic West Bengal: Cholera Paradigm," *Environmental Monitoring and Assessment* 186, no. 10 (2014): 6241–6250.

6 有鑑於每年還是有上百萬人死於霍亂，目前的主要挑戰，已經不是找出疾病的病原或是防止病原擴散的解法，而是如何確保全世界所有人都有機會利用「乾淨的飲用水系統」。也就是說，問題已經從如何防堵由瘴氣造成的某種神祕疾病，變成難解的全球不平等及地緣政治問題。

7 I. Hanski, *Messages from Islands: A Global Biodiversity Tour* (Chicago: University of Chicago Press, 2016).

8 譯註：蝴蝶中文譯名，除了「極地珀豹蛺蝶」是在台灣生物多樣性資訊入口網 TaiBIF 物種名錄中找到屬名後種小名直譯之外，其餘均從維基百科中找到，應是引用自中國作者壽建新、周堯、李宇飛所寫的《世界蝴蝶分類名錄》。

9 彷彿是有所預感一般，哈赫帖拉在這篇論文之中引用的二十三篇文獻，其中有兩篇就是漢斯基寫的。參見：T. Haahtela, "Allergy Is Rare Where Butter ies Flourish in a Biodiverse Environment," *Allergy* 64, no. 12 (2009): 1799–1803.

10 United Nations, *World Urbanization Prospects: The 2014 Revision. Highlights* (New York: United Nations, 2014), https://esa.un.org/unpd/wup/ publications/ les/wup2014-highlights.pdf.

11 E. O. Wilson, *Biophilia* (Cambridge, MA: Harvard University Press, 1984).

12 舉例而言，可以參考這篇論文之中的引用文獻及討論：M. R. Marselle, K. N. Irvine, A. Lorenzo-Arribas, and S. L. Warber, "Does Perceived Restorativeness Mediate the Effects of Perceived Biodiversity and Perceived Naturalness on Emotional Well-Being Following Group Walks in Nature?" *Journal of Environmental Psychology* 46 (2016): 217–232.

13 R. Louv, *Last Child in the Woods: Saving Our Children from NatureDeficit Disorder* (Chapel Hill, NC: Algonquin Books, 2008).

14 D. P. Strachan, "Hay Fever, Hygiene, and Household Size," *BMJ* 299, no. 6710 (1989): 1259.

15 L. Ruokolainen, L. Paalanen, A. Karkman, T. Laatikainen, L. Hertzen, T. Vlasoff, O. Markelova, et al., "Significant Disparities in Allergy Prevalence and Microbiota between the Young People in Finnish and Russian Karelia," *Clinical and Experimental Allergy* 47, no. 5 (2017): 665–674.

16 L. von Hertzen, I. Hanski, and T. Haahtela, "Natural Immunity," *EMBO Reports* 12, no. 11 (2011): 1089–1093.

17 這個研究計畫雖然一開始的條件不錯，但最後還是失敗告終。詹曾必須一人領導這個經費有限、野外工作和分類學調查都由幾位摯友苦撐的計畫。可參見： J. Kaiser, "Unique, All-Taxa Survey in Costa Rica 'Self-Destructs,'" *Science* 276, no. 5314 (1997): 893. 不用說，這研究至今還沒完成，而且恐怕永遠不會完成。

18 同樣的調查如果要在羅利市進行的話，會是十分耗費精力的苦差事：光是多細胞生物，就有上百上千種得要調查，更別提細菌的物種數了。

19 I. Hanski, L. von Hertzen, N. Fyhrquist, K. Koskinen, K. Torppa, T. Laatikainen, P. Karisola, et al., "Environmental Biodiversity, Human Microbiota, and Allergy Are Interrelated," *Proceedings of the National Academy of Sciences* 109, no. 21 (2012): 8334–8339.

20 H. F. Retailliau, A. W. Hightower, R. E. Dixon, and J. R. Allen. "*Acine tobacter calcoaceticus:* A Nosocomial Pathogen with an Unusual Seasonal Pat- tern," *Journal of Infectious Diseases* 139, no. 3 (1979): 371–375.

21 N. Fyhrquist, L. Ruokolainen, A. Suomalainen, S. Lehtimäki, V. Veckman, J. Vendelin, P. Karisola, et al., "*Acinetobacter* Species in the Skin Microbiota Protect against Allergic Sensitization and Infiammation," *Journal of Allergy and Clinical Immunology* 134, no. 6 (2014): 1301–1309.

22 Fyhrquist et al., "*Acinetobacter* Species in the Skin Microbiota," 1301–1309.

23 Ruokolainen et al., "Significant Disparities in Allergy Prevalence and Microbiota," 665–674.

24 Fyhrquist et al., "*Acinetobacter* Species in the Skin Microbiota," 1301–1309.

25 L. von Hertzen, "Plant Microbiota: Implications for Human Health," *British Journal of Nutrition* 114, no. 9 (2015): 1531–1532.

26 我們目前知道的還太少，答案也有可能非常複雜。舉例來說，梅根．托姆斯也調查了 γ - 變形菌在納米比亞的辛巴族傳統房屋中的出現率，並跟美國的房屋做比較。漢斯基和同事們預期，位處樹叢之間、由泥巴和糞便建成的辛巴族房屋裡面，應該會比在美國的房屋裡找得到更多的 γ - 變形菌，但梅根觀察到的趨勢卻是相反。畢竟，如果這題很簡單的話，我們應該早就找到完整的解答了。

27 M. M. Stein, C. L. Hrusch, J. Gozdz, C. Igartua, V. Pivniouk, S. E. Murray, J. G. Ledford, et al., "Innate Immunity and Asthma Risk in Amish and Hutterite Farm Children," *New England Journal of Medicine* 375, no. 5 (2016): 411–421.

28 T. Haahtela, T. Laatikainen, H. Alenius, P. Auvinen, N. Fyhrquist, I. Hanski, L. Hertzen, et al., "Hunt for the Origin of Allergy—Comparing the Finnish and Russian Karelia," *Clinical and Experimental Allergy* 45, no. 5 (2015): 891–901

第 5 章　沐浴在盎然生機中

1 J. Leja, "Rembrandt's 'Woman Bathing in a Stream,'" *Simiolus: Nether lands Quarterly for the History of Art* 24, no. 4 (1996): 321–327.

2 雖然我跟諾亞忘了，但（在電子信箱搜尋相關信件後）我發現這其實是我們第二次談到要來合作一個關於蓮蓬頭的研究計畫。第一次談完後無疾而終，那個 email 討論串不知怎地斷了，因此諾亞這封郵件算是讓我們之前熱頭上的計畫死灰復燃。

3 丹麥的水生無脊椎動物，包括介形蟲、渦蟲、劍水蚤、汙水蠕蟲、剛毛蟲、端足類與線蟲，請參考：S. C. B. Christensen, "*Asellus aquaticus* and Other Invertebrates in Drinking Water Distribution Systems" (PhD diss., Technical University of Denmark, 2011).

以及 S. C. B. Christensen, E. Nissen, E. Arvin, and H. J. Albrechtsen, "Distribution of *Asellus aquaticus* and Microinvertebrates in a Non-chlorinated Drinking Water Supply System— Effects of Pipe Material and Sedimentation," *Water Research* 45, no. 10 (2011): 3215–3224.

4 多虧卡洛斯．戈勒（Carlos Goller）和北卡羅萊州立大學學生們，我們才知道有這個研究。卡洛斯目前仍努力進行水龍頭採樣，希望在水龍頭內找到更多不尋常的細菌。他招募了上千名大學生來調查家中水龍頭的生物相，果然，他們不僅找到代爾夫特食酸菌（*Delftia acidovorans*），還找到許多同為代爾夫特菌屬（*Delftia*）的物種，當中不少為新紀錄種。

5 跟你牙齒上牙菌斑的細菌一樣多。

6 生物膜能幫助微生物固著於表面，還能保護微生物不受人類威脅。舉例來說，要殺死生物膜裡的細菌，需要使用比殺死水中（像浮游生物般的）細菌多出千倍以上的抗菌劑。相關文獻請參考：P. Araujo, M. Lemos, F. Mergulhão, L. Melo, and M. Simoes, "Antimicrobial Resistance to Disinfectants in Biofilms," in *Science against Microbial Pathogens: Communicating Current Research and Technological Advances,* ed. A. Mendez-Vilas, 826–834 (Badajoz: Formatex, 2011).

7 L. G. Wilson, "Commentary: Medicine, Population, and Tuberculosis," *International Journal of Epidemiology* 34, no. 3 (2004): 521–524.

8 K. I. Bos, K. M. Harkins, A. Herbig, M. Coscolla, N. Weber, I. Comas, S. A. Forrest, J. M. Bryant, S. R. Harris, V. J. Schuenemann, and T. J Campbell, "Pre-Columbian Mycobacterial Genomes Reveal Seals as a Source of New World Human Tuberculosis," *Nature* 514, no. 7523 (2014): 494–497.

另也請參見：S. Rodriguez-Campos, N. H. Smith, M. B. Boniotti, and A. Aranaz, "Overview and Phylogeny of *Mycobacterium tuberculosis* Complex Organisms: Implications for Diagnostics and Legislation of Bovine Tuberculosis," *Research in Veterinary Science* 97 (2014): S5–S19.

9 W. Hoefsloot, J. Van Ingen, C. Andrejak, K. Ängeby, R. Bauriaud, P. Bemer, N. Beylis, et al., "The Geographic Diversity of Nontuberculous Mycobacteria Isolated from Pulmonary Samples: An NTM-NET Collaborative Study," *European Respiratory Journal* 42, no. 6 (2013): 1604–1613.

10 J. R. Honda, N. A. Hasan, R. M. Davidson, M. D. Williams, L. E. Epperson, P. R. Reynolds, and E. D. Chan, "Environmental Nontuberculous Mycobacteria in the Hawaiian Islands," *PLoS Neglected Tropical Diseases* 10, no. 10 (2016): e0005068. 另一篇對蓮蓬頭微生物的早期研究，請

參見：L. M. Feazel, L. K. Baumgartner, K. L. Peterson, D. N. Frank, J. K. Harris, and N. R. Pace, "Opportunistic Pathogens Enriched in Showerhead Biofilms," *Proceedings of the National Academy of Sciences* 106, no. 38 (2009): 16393–16399.

11 我的意思是，我寄了一封 email 給我實驗室的羅倫・尼可（Lauren Nichols），請她負責這件事，然後羅倫就把信寄給莉亞・薛爾（Lea Shell）。羅倫跟莉亞最後都會把信寄給我們丹麥團隊裡的一名研究生，茱莉・席爾德（Julie Sheard）。

12 第十封信的內容是他想找我採集我尿道的微生物群基因體，呃我才不要。

13 整體而言，在我們的日常用水中，越是有利生物成長的環境，其物種多樣性越低。物種最多樣的水體為流動的冷水，其次是流動的溫水，再來是靜止的水體，最後是生物膜，也就是說生物膜中的生物多樣性最低。請參考圖 4b，相關文獻：C. R. Proctor, M. Reimann, B. Vriens, and F. Hammes, "Biofilms in Shower Hoses," *Water Research* 131 (2018): 274–286.

14 現代的大學通常會分成不同學院（像我任教的大學有人文與社會科學學院，簡稱 CHASS，還有農業與生命科學學院，簡稱 CALS，諸如此類）。而就像每個科系都有系主任，每個學院也都有一位院長，不過他有左右手，也就是副院長；副院長也會有左右手，也就是助理院長；在某些學院裡，連助理院長都有左右手。就像每隻跳蚤身邊都有小小跳蚤，每位院長旁邊都有位階稍微較小的院長們，俗稱小院長。

15 E. Ludes and J. R. Anderson, "'Peat-Bathing' by Captive White-Faced Capuchin Monkeys (*Cebus capucinus*)," *Folia Primatologica* 65, no. 1 (1995): 38–42.

16 P. Zhang, K. Watanabe, and T. Eishi, "Habitual Hot Spring Bathing by a Group of Japanese Macaques (*Macaca fuscata*) in Their Natural Habitat," *American Journal of Primatology* 69, no. 12 (2007): 1425–1430.

17 哈爾瑪・庫爾（Hjalmar Kuehl）與我在德國萊比錫的馬克斯・普朗克研究所（Max Planck Institute）聊到，他與同事花了好幾小時的時間觀察黑猩猩。

18 提到洗手和乾淨飲用水，就不能不提洗澡。淋浴或沐浴形式的洗澡，在某種程度上其實跟審美觀與文化關聯更大，與衛生的關係反而不如前者。當美國太空總署評估是否延長太空任務時，他們注意到太空人長時間都穿著同一套衣服。不論是任務中還是演練中，太空人都必須維持坐姿數日甚至數週，過程中沒有辦法換洗衣服，於是身上的衣物容易劣化，進而導致毛囊發炎。發炎處的皮脂會不斷增厚，出現一層疥癬。所以如果你有洗手習慣，確保身體接觸外界的地方都有徹底清潔的話，你其實不需要太常洗澡或泡澡，只要比太空人，或至少比那些皮膚出現疥癬的太空人更常清潔身體就夠了。詳情可參考《打包去火星：太空生活背後的古怪科學》中的章節〈休士頓，我們發霉了〉（M. Roach, *Packing for Mars: The Curious Science of Life in the Void* (New York: W. W. Norton, 2011).）。

19 相關案例請參考：W. A. Fairservis, "The Harappan Civilization: New Evidence and More Theory," *American Museum Novitates,* no. 2055 (1961).

20 在我們視為文明繁盛的羅馬帝國時期，羅馬大帝康茂德（Commodus）曾經安排了一場自己與鴕鳥的搏鬥。在觀眾雲集之下，鴕鳥被一條繩子繫著，康茂德則赤裸全身，衝向前去把鴕鳥的頭砍下，然後對著競技場周邊的參議員們高高舉起鴕鳥斷頭，享受如雷的掌聲。其中一位在座的參議員迪奧（Dio），形容當時真是非常難熬，因為他必須強忍笑意，他甚至從頭上的桂冠摘了一片葉子放進嘴裡，才能防止自己大笑出聲。來源請見：M. Beard, *Laughter in Ancient Rome: On Joking, Tickling, and Cracking Up* (Oakland: University of California Press, 2014).

21 G. G. Fagan, "Bathing for Health with Celsus and Pliny the Elder," *Classical Quarterly* 56, no. 1 (2006): 190–207.

22 在薩加拉索斯，也就是過去的小亞細亞、現今的土耳其疆域裡，考古學家於一處羅馬浴場的茅坑發現了蛔蟲卵（*Ascaris* spp.）與原生生物藍氏賈第鞭毛蟲（*Giardia duodenalis*）的遺跡。文獻來源：F. S. Williams, T. Arnold Foster, H. Y. Yeh, M. L. Ledger, J. Baeten, J. Poblome, and P. D. Mitchell, "Intestinal Parasites from the 2nd–5th Century AD Latrine in the Roman Baths at Sagalassos (Turkey)," *International Journal of Paleopathology* 19 (2017): 37–42. 23. 在文藝復興初期的義大利與歐洲北部，裸男在水中沐浴的畫作相當受歡迎，令人聯想到希臘羅

馬早期的一些畫作。不過，這是對當時一般男人游泳的描繪，與清潔身體沒什麼關聯。要找跟洗澡有關的創作，就要看阿爾布雷希特・杜勒（Albrecht Dürer, 1471–1528）描繪他自己與另外三個朋友在德國一間澡堂的畫作。當時這種澡堂不僅可進行個人清潔，還兼具社交功能，但無論是哪種功能，對衛生可能都沒有太大助益，因為在杜勒完成這幅畫之前，紐倫堡的澡堂就因為爆發梅毒感染而盡數關閉。相關參考資料：S. S. Dickey, "Rembrandt's 'Little Swimmers' in Context," in *Midwest Arcadia: Essays in Honor of Alison Kettering* (2015).

23 維京人是其中的例外。維京人是凶猛的掠奪者，憑藉著勇猛的作戰性格、製作精良的武器與輕快的船，獲得一次次與其他國家對戰的勝利；他們也同時從事農耕，這兩種迥異的特性向來為人所熟知（文獻記載也相當完整）。不過，一般人比較沒聽過的是維京人自帶時尚美感，他們在出航征服某座教堂前，會用鹼皂漂白頭髮（身為他們後代的現代丹麥人，在騎單車橫越哥本哈根之前也一樣會漂白頭髮）。他們也會用鹼皂清潔身體其他部位與衣服，因此可想而知，維京人身體與衣服上的動物與微生物種類，與同為黑暗時代的歐洲人可能大相逕庭，例如他們身上的虱子，可能比某個英國女王還要少。

24 F. Geels, "Co-evolution of Technology and Society: The Transition in Water Supply and Personal Hygiene in the Netherlands (1850–1930)—a Case Study in Multi-level Perspective," *Technology in Society* 27, no. 3 (2005): 363–397.

25 F. Geels, "Co-evolution of Technology and Society: The Transition in Water Supply and Personal Hygiene in the Netherlands (1850–1930)—a Case Study in Multi-level Perspective," *Technology in Society* 27, no. 3 (2005): 363–397.

26 沒錯，瓶裝水裡面也有細菌唷，學著愛它們吧。參考來源：S. C. Edberg, P. Gallo, and C. Kontnick, "Analysis of the Virulence Characteristics of Bacteria Isolated from Bottled, Water Cooler, and Tap Water," *Microbial Ecology in Health and Disease* 9, no. 2 (1996): 67–77. 部分研究發現，瓶裝水內的生菌濃度，可能比自來水更高。參考來源：J. A. Lalumandier and L. W. Ayers, "Fluoride and Bacterial Content of

Bottled Water vs. Tap Water," *Archives of Family Medicine* 9, no. 3 (2000): 246.

27 地下水占了地球上淡水的 94%，參考來源：C. Griebler and M. Avramov, "Groundwater Ecosystem Services: A Review," *Freshwater Science* 34, no. 1 (2014): 355–367.

28 在生態豐富的含水層中，病毒的命運還比較好一些（有些原生動物能將病毒分解，取其氨基酸作為自體細胞使用）。

29 有關病原體在含水層中的各種死法，請見完整文獻回顧：J. Feichtmayer, L. Deng, and C. Griebler, "Antagonistic Microbial Interactions: Contributions and Potential Applications for Controlling Pathogens in the Aquatic Systems," *Frontiers in Microbiology* 8 (2017).

30 越來越多地區會以汙水處理系統、各種生態與化學方法，將廢水轉化為自來水（在水源日益乾涸的未來將更為常見）。

31 F. Rosario-Ortiz, J. Rose, V. Speight, U. Von Gunten, and J. Schnoor, "How Do You Like Your Tap Water?" *Science* 351, no. 6276 (2016): 912–914.

32 我們曾在實驗室裡聊到是否要來開發一套品水系統，分析水中的哪些成分最容易影響人們喝到的水味（還有哪些微生物可能會讓水充滿特殊風味）。我們還沒試過，但任何人都能試試：下次喝水時別忘記細細品嚐水的滋味，並想像這份味道究竟是來自老舊的陶管，或是甲殼類動物身上的細緻水果味。參考資料：F. Rosario-Ortiz, J. Rose, V. Speight, U. Von Gunten, and J. Schnoor, "How Do You Like Your Tap Water?" *Science* 351, no. 6276 (2016): 912–914. 32.

33 L. M. Feazel, L. K. Baumgartner, K. L. Peterson, D. N. Frank, J. L. Harris, and N. R. Pace, "Opportunistic Pathogens Enriched in Showerhead Biofilms," *Proceedings of the National Academy of Sciences* 106, no. 38 (2009): 16393–16399.

34 S. O. Reber, P. H. Siebler, N.C. Donner, J. T. Morton, D. G. Smith, J. M. Kopelman, K. R. Lowe, et al., "Immunization with a Heat-Killed Preparation of the Environmental Bacterium *Mycobacterium vaccae* Promotes Stress Resilience in Mice," *Proceedings of the National Academy of Sciences* 113, no. 22 (2016): E3130–E3139.

第 6 章　欣欣向榮的麻煩

1 S. Nash, “The Plight of Systematists: Are They an Endangered Species?” October 16, 1989, https://www.the-scientist.com/?articles.view/articleNo/10690/title/The-Plight-Of-Systematists—Are-They-An-Endangered-Species-/。也可參閱比較新、但主題相似的一篇：L. W. Drew, “Are We Losing the Science of Taxonomy? As Need Grows, Numbers and Training Are Failing to Keep Up,” *BioScience* 61, no. 12 (2011): 942–946。

2 分析這些資料是件無比費神的工作，需要有耐心、有遠見、有寫程式的能力，另外還是要有耐心。執行這項工作的人，是目前在圖桑市亞利桑納大學（University of Arizona, Tucson）工作的亞爾伯特・巴爾貝蘭（Albert Barberán）。參閱：A. Barberán, R. R. Dunn, B. J. Reich, K. Paci ci, E. B. Laber, H. L. Menninger, J. M. Morton, et al., “The Ecology of Microscopic Life in Household Dust,” *Proceedings of the Royal Society B: Biological Sciences* 282, no. 1814 (2015): 20151139 以及 A. Barberán, J. Ladau, J. W. Leff, K. S. Pollard, H. L. Menninger, R. R. Dunn, and N. Fierer, “Continental-Scale Distributions of Dust-Associated Bacteria and Fungi,” *Proceedings of the National Academy of Sciences* 112, no. 18 (2015): 5756–5761。最終，我們將不只有辦法研究真菌，也能夠研究經常有真菌扮演關鍵角色的共生現象，像是地衣之類。參閱：E. A. Tripp, J. C. Lendemer, A. Barberán, R. R. Dunn, and N. Fierer, “Biodiversity Gradients in Obligate Symbiotic Organisms: Exploring the Diversity and Traits of Lichen Propagules across the United States,” *Journal of Biogeography* 43, no. 8 (2016): 1667–1678。

3 因為我們的研究團隊中沒有人是真菌的系統分類學家，所以事實上，即使我們培養出了新的真菌，也沒有餘力給那些物種命名。要幫一個物種命名，需要比爾姬那樣的專家，而具備像比爾姬那樣的專業的人，通常都忙得不可開交。

4 V. A. Robert and A. Casadevall, “Vertebrate Endothermy Restricts Most Fungi as Potential Pathogens,” *Journal of Infectious Diseases* 200, no. 10 (2009): 1623–1626。

5 我們在家中找到的許多真菌 DNA，很可能都是來自死掉的真菌。

它們飄進家中、落地之後無法生根，無法適應臥房或廚房中的惡劣環境而死亡。既然這些真菌沒辦法生長，它們也就不會製造讓我們生病的那些化合物或代謝物，也不會產生更多的過敏原。它們不過是仍然逗留，但對我們已無足輕重的亡魂。其他有些房屋裡的真菌則是處於休眠狀態，孢子靜靜等待適當的生長條件，像是充足的食物來源及水分。在很多案例中，只要有足夠水分就行了。

6 N. S. Grantham, B. J. Reich, K. Paci ci, E. B. Laber, H. L. Menninger, J. B. Henley, A. Barberán, J. W. Leff, N. Fierer, and R. R. Dunn, "Fungi Identify the Geographic Origin of Dust Samples," *PLoS One* 10, no. 4 (2015): e0122605。

7 不過，甚至連這看起來很簡單的一句話也還是有但書：俄羅斯人的一項研究發現：附著在國際太空站外面（對，是在外面！）的家居真菌以及人類皮膚上的細菌，有辦法存活起碼十三個月。參閱：V. M. Baranov, N. D. Novikova, N. A. Polikarpov, V. N. Sychev, M. A. Levinskikh, V. R. Alekseev, T. Okuda, M. Sugimoto, O. A. Gusev, and A. I. Grigor'ev, "The Biorisk Experiment: 13-Month Exposure of Resting Forms of Organism on the Outer Side of the Russian Segment of the International Space Station: Preliminary Results," *Doklady Biological Sciences* 426, no. 1 (2009): 267–270. MAIK Nauka/Interperiodica。

8 舉例來說，似乎還沒有任何人嘗試過在嗜熱菌生長所需的高溫下進行真菌培養。也沒有人以那些難以培養或無法培養的細菌及真菌作為考量，去設計特定的採樣方式。

9 不只如此，在和平號太空站上的真菌比在地球上的親戚們生長的速度快了四倍之多：為什麼會這樣至今仍然不得而知。參閱：N. D. Novikova, "Review of the Knowledge of Microbial Contamination of the Russian Manned Spacecraft," *Microbial Ecology* 47, no. 2 (2004): 127–132。那些真菌似乎也表現出某種生長週期，但是也還沒有人去探討這種週期（跟地球的季節相差甚遠）出現的原因。諾維科娃（Novikova）認為這個週期跟在太空站上接受到的輻射強度有關係，不過為什麼輻射強度會影響真菌的生長週期也還是未解之謎。

10 O. Makarov, "Combatting Fungi in Space," *Popular Mechanics,* January 1, 2016, 42–46。

11 Novikova, "Review of the Knowledge of Microbial Contamination of the Russian Manned Spacecraft," 127–132。

12 T. A. Alekhova, N. A. Zagustina, A. V. Aleksandrova, T. Y. Novozhilova, A. V. Borisov, and A. D. Plotnikov, "Monitoring of Initial Stages of the Biodamage of Construction Materials Used in Aerospace Equipment Using Electron Microscopy," *Journal of Surface Investigation: Xray, Synchrotron and Neutron Techniques* 1, no. 4 (2007): 411–416。

13 在和平號太空站上也發現了灰葡萄孢菌（*Botrytis*），一類會感染葡萄的病原菌；這種真菌有可能是跟著葡萄酒搭上了前往太空的便車。

14 這種真菌跟另一種常在浴室發現的細菌不一樣：黏質沙雷氏桿菌（*Serratia marcescens*）通常比較常見於總是濕答答的場所，像是馬桶裡面。在和平號太空站上也有發現黏質沙雷氏桿菌。這兩種微生物的粉紅色澤，都是因為它們有一種化合物可以保護它們免受紫外線的傷害，像是微生物的防曬乳一樣。紅酵母屬的真菌也有辦法從空氣中獲得氮源，所以有辦法生存在看似嚴苛的環境中。

15 N. Novikova, P. De Boever, S. Poddubko, E. Deshevaya, N. Polikarpov, N. Rakova, I. Coninx, and M. Mergeay, "Survey of Environmental Biocontamination on Board the International Space Station," *Research in Microbiol ogy* 157, no. 1 (2016): 5–12。

16 這包括了念珠菌屬（*Candida*）真菌、隱球菌（*Cryptococcus oeirensis*）、同心青黴菌（*Penicillium concetricum*）、以及啤酒酵母（*Saccharomyces cerevisiae*）。此外，在人多的房子裡較常找到的真菌，還包括了膠紅酵母菌（*Rhodotorula mucilaginosa*）和孢囊線黑粉酵母（*Cystofilobasidium capitatum*）。這兩個物種都能夠生存在像是經常打掃的廁所之類的嚴苛環境中。

17 不過，空調也跟其他好幾種真菌有所關聯，像是會造成木材腐蝕的清澈硬孔菌（*Physisporinus vitreus*）：這種關聯的成因，還有待更進一步的研究。

18 你越常使用你的空調系統，空調機裡面就會累積越多真菌。要避免這些真菌被空調散布得家裡到處都是，你可以用吸塵器清理、或是用肥皂手洗空調濾網，這樣也許會有幫助。此外，因為空調機散布真菌，最主要是在打開後的前十分鐘，所以有些科學家會建議在每次開空調機時，先把窗戶打開一陣子。又或者，你也可以乾脆不開空調，只要打開窗戶就好，這樣還有一個附加的好處，就是同時可以讓戶外環境中豐富多樣的細菌被吹進家中。N. Hamada and T. Fujita, "Effect of Air-Conditioner on Fungal Contamination," *Atmospheric Environment* 36, no. 35 (2002): 5443–5448。

19 會說「就我所知」，是因為在國際太空站上曾進行過很多科學實驗，有一些也許就需要帶纖維素及木質素。克林特・佩尼克（Clint Penick）在他還在我的實驗室裡當博士後研究員的時候，跟艾萊諾・史派斯・萊斯（Eleanor Spicer Rice，既是我的好友也是鄰居）蒐集了一些後來曾被送上國際太空站一陣子的皺家蟻（*Tetramorium* sp.）。那些螞蟻就有可能夾帶了許多北卡羅萊納州的真菌和細菌上去，可以想像其中有一些是能夠分解纖維素和木質素的。

20 實際上，有不少理由可以解釋為什麼我們在灰塵裡找不到這種真菌。有可能它在家中真的很稀少。或者是因為基因定序的程序細節的關係，才讓這種真菌很少被找到。但這兩種現象，結果都不是最有趣的可能原因。

21 她辨認出了毛殼菌（*Chaetomium*）、青黴菌（*Penicillium*）、毛黴菌（*Mucor*）、以及麴菌（*Aspergillus*）等屬的真菌。

22 毛黴菌不只在人們家中可以找到，在黃蜂的蜂巢中也找得到，顯示了這些真菌跟住家（包括昆蟲的巢在內）之間的關連，可能比我們這個物種的歷史還要久遠，從上千萬年前的黃蜂蜂巢裡便開始了。參閱：A. A. Madden, A. M. Stchigel, J. Guarro, D. Sutton, and P. T. Starks, "*Mucor nidicola* sp. nov., a Fungal Species Isolated from an Invasive Paper Wasp Nest," *International Journal of Systematic and Evolutionary Microbiology* 62, no. 7 (2012): 1710–1714。如果想要讀關於黃蜂蜂巢建築結構的演化歷程的研究，可參閱：R. L. Jeanne, "The Adaptiveness of Social Wasp Nest Architecture," *Quarterly Review of Biology* 50, no. 3 (1975): 267–287。

23 毛殼菌出現在和平號太空站中的物體表面，但是在空氣中卻找不到。青黴菌到處都是（在將近八成的樣本中都有出現）。毛黴菌出現在 1%-2% 的樣本之中。麴菌出現在 40% 的物體表面樣本中、以及 76.6% 的空氣樣本中。

24 P. F. E. W. Hirsch, F. E. W. Eckhardt, and R. J. Palmer Jr., "Fungi Active in Weathering of Rock and Stone Monuments," *Canadian Journal of Botany* 73, no. S1 (1995): 1384–1390。

25 大部分的白蟻本身都無法分解木質素，但牠們的解決方法是在腸子裡隨身攜帶著一大堆有辦法分解木質素的細菌和原生生物。在大自然中，白蟻和牠們身上的微生物，對於森林和草原的存續不可或缺。牠們加速分解作用，讓樹木生長更快、草長得更高，從而協助維持一個整體上健康、運作良好的生態系。但是我們在蓋房子的時候，會希望儘可能避免這些現象發生（避免白蟻進駐），就像我們希望水果和肉類在我們吃下肚之前，都能盡可能保持新鮮一樣。

26 這些物種包括了暗褐色孢子節菱孢菌（*Arthrinium phaeospermum*）、暗金黃擔子菌（*Aureobasidium pullulans*）、草本枝孢菌（*Cladosporium herbarum*）、木黴菌屬（*Trichoderma*）、極細鏈隔孢菌（*Alternaria tenuissima*）、鐮孢菌屬（*Fusarium*）、黏帚黴屬（*Gliocladium*）、膠紅酵母（*Rhodotorula mucilaginosa*）、以及茁芽絲孢酵母菌（*Trichosporon pullulans*）。這些真菌很少在和平號太空站上發現，不過這大概不太令人意外，畢竟太空站上沒有多少東西是用木頭做的。

27 H. Kauserud, H. Knudsen, N. Högberg, and I. Skrede, "Evolutionary Origin, Worldwide Dispersal, and Population Genetics of the Dry Rot Fungus *Serpula lacrymans*," *Fungal Biology Reviews* 26, nos. 2–3 (2012): 84–93。

28 包含了青黴菌（*Penicillium*）、毛殼菌（*Chaetomium*）、以及細基孢菌（*Ulocladium*）等屬的真菌。

29 R. I. Adams, M. Miletto, J. W. Taylor, and T. D. Bruns, "Dispersal in Microbes: Fungi in Indoor Air Are Dominated by Outdoor Air and Show Dispersal Limitation at Short Distances," *ISME Journal* 7, no. 7 (2013): 1262–1273。

30 D. L. Price and D. G. Ahearn, "Sanitation of Wallboard Colonized with *Stachybotrys chartarum*," *Current Microbiology* 39, no. 1 (1999): 21–26。

31 他們也聽過像是泰隆・海耶斯（Tyrone Hayes）那樣的故事：泰隆曾進行研究探討某種除草劑對動物會造成什麼影響，結果發現這種除草劑會對動物造成傷害。結果呢，就像瑞秋・阿維夫（Rachel Aviv）在《紐約客》（*New Yorker*）中所報導的一樣，「那種除草劑的製造廠商就找上門來了」，而且並沒有安著好心。（參閱："A Valuable Reputation," February 10, 2014, www.newyorker.com/magazine/2014/02/10/a-valuable-reputation）。

32 比爾姬對於毛殼菌（*Chaetomium*）屬的物種十分著迷。她在一封寫給我的電子郵件裡說：這些物種長久以來都一直陪伴著她。舉個例子：她傳了一張照片給我，是她還小的時候在小學的全班合照。照片上有個箭頭，不是指向比爾姬，而是指向用來裱貼照片的那張紙上所生長的高大毛殼菌（*Chaetomium elatum*）。

33 有趣的是，這些物種沒有任何一種在國際太空站上找到、甚至在真菌更加豐富的和平號太空站上也沒有。

34 審閱註：atra- 是來自於「黑」的意思，這也是一種真菌毒素，應該是一種二萜類。

35 M. Nikulin, K. Reijula, B. B. Jarvis, and E.-L. Hintikka, "Experimental Lung Mycotoxicosis in Mice Induced by *Stachybotrys atra*," *International Jour nal of Experimental Pathology* 77, no. 5 (1996): 213–218。

36 I. Došen, B. Andersen, C. B. W. Phippen, G. Clausen, and K. F. Nielsen, "*Stachybotrys* Mycotoxins: From Culture Extracts to Dust Samples," *Ana lytical and Bioanalytical Chemistry* 408, no. 20 (2016): 5513–5526。

37 互生鏈隔孢菌（*Alternaria alternata*）、煙麴黴（*Aspergillus fumigatus*）和草本枝孢菌（*Cladosporium herbarum*）等，都是在比爾姬的研究中、以及在太空站上可以找到的真菌物種。這些真菌都跟人類的過敏反應息息相關。

38 A. Nevalainen, M. Täubel, and A. Hyvärinen, "Indoor Fungi: Companions and Contaminants," *Indoor Air* 25, no. 2 (2015): 125–156。

39 C. M. Kercsmar, D. G. Dearborn, M. Schluchter, L. Xue, H. L. Kirchner, J. Sobolewski, S. J. Greenberg, S. J. Vesper, and T. Allan, "Reduction in Asthma Morbidity in Children as a Result of Home Remediation Aimed at Moisture Sources," *Environmental Health Perspectives* 114, no. 10 (2006): 1574。

第 7 章　生態學家都得了遠視

1 洞熊比較可能是出自自衛，最新的研究認為，洞熊大多屬於草食性動物。不過從渺小人類的角度看來，一隻困在洞穴裡、巨大、暴躁的熊，就算是吃素的，牠還是一隻巨大、暴躁的熊啊。

2 如果灶馬（camel cricket）的英文名字是來自馮斯瓦・卡梅爾（Francois Camel），故事就太完美了，因為就是他帶著男孩們去洞穴裡探險。然而，灶馬之所以叫 camel cricket，只是因為牠們的背跟駱駝（camel）的背同樣高高隆起。

3 法國庇里牛斯山現在已經找不到灶馬了，這就帶來另一個疑問：這位史前的藝術創作者是在哪裡看到灶馬、還做出雕刻的呢？有一個可能是：過去在庇里牛斯山區還能看到灶馬，只是現在找不到了。這是有可能，但可能性不大，因為當時法國山洞內的溫度應該比現在更冷，但即便是現在，歐洲穴螽屬（*Troglophilus* sp.）灶馬的分布仍不及法國，而是遠在法國境外的南方。另一個可能，就是這位創作者造訪了比較南方的洞穴並且看到了灶馬，回家後憑印象刻下了牠，或者創作者在別的地方刻下灶馬後，才把這份雕刻帶了回家。

4 S. Hubbell, *Broadsides from the Other Orders* (New York: Random House, 1994).

5 從蟋蟀進食、到蟋蟀變成其他動物的食物，其過程中的營養流動是相當複雜甚至詭異的。舉例來說，有種鐵線蟲寄生在蟋蟀身上後，可以控制宿主的身體與意志。相關文獻請見：T. Sato, M. Arizono, R. Sone, and Y. Harada, "Parasite-Mediated Allochthonous Input: Do Hairworms Enhance Subsidized Predation of Stream Salmonids on Crickets?" *Canadian Journal of Zoology* 86, no. 3 (2008): 231–235. 另可參考：Y. Saito, I. Inoue, F. Hayashi, and H. Itagaki, "A Hairworm, *Gordius* sp., Vomited by a Domestic Cat," *Nihon Juigaku Zasshi: The Japanese Journal of Veterinary Science* 49, no. 6 (1987): 1035–1037.

6 根據她的其中一封推薦信內容，她也是一位出色的小提琴手，歡迎大家點入以下影片欣賞她的表演 : https://youtu.be/aVXG5koU9G4

7 譯註：近年出現新研究把 D 開頭的這隻灶馬分到 T 開頭下面，可能要找中興大學研究蟋蟀的楊振澤老師審校？

8 像這樣大陣仗的研究團隊浩浩蕩蕩走進家庭當中做研究，可不是沒有前例。命名過許多居家節肢動物的現代分類學之父林奈（Linnaeus），在他進入房屋裡調查前，還真的有一個樂隊帶頭前行，裡頭演奏的那張鼓還被保存了下來。出處請見：B. Jonsell, "Daniel Solander—the Perfect Linnaean; His Years in Sweden and Relations with Linnaeus," Archives of Natural History 11, no. 3 (1984): 443–450.

9 昆蟲學家花非常多時間在觀察昆蟲的生殖器上，而且他們往往有獨特的告白方式，這兩件事可能會造成一些不尋常的情形。舉例來說，最近有種從金絲燕身上發現的新種蝨子，科學家為了向我的朋友丹尼爾・辛巴洛夫（Dan Simberloff）致敬，就以他來為蝨子命名。這當然是很榮耀的一件事，但如果你仔細觀察這名為 *Dennyus simberloffi* 的蝨子的外部形態，就會發現牠獨特的特徵，同時也是與近親物種最大的區別，在於牠那超小的生殖器和非常寬闊的頭與肛門。相關研究請見： D. Clayton, R. Price, and R. Page, "Revision of *Dennyus* (*Collodennyus*) Lice (Phthiraptera: Menoponidae) from Swiftlets, with Descriptions of New Taxa and a Comparison of Host–Parasite Relationships," *Systematic Entomology* 21, no. 3 (1996): 179–204.

10 如果昆蟲學家死後來有來世，他們可能變成被裝在瓶罐裡閒置的角色，直到有個超時工作的神終於可以處理他們，再決定他們的狀況是否適合做成標本。

11 A. A. Madden, A. Barberaén, M. A. Bertone, H. L. Menninger, R. R. Dunn, and N. Fierer, "The Diversity of Arthropods in Homes across the United States as Determined by Environmental DNA Analyses," *Molecular Ecology* 25, no. 24 (2016): 6214–6224.

12 有關寄生蜂與蚜蟲兩者關係的相關研究，首見於雷文霍克的紀錄，他剛好在代爾夫特市的家外觀察一隻蚜蟲，可參見：F. N. Egerton, "A History of the Ecological Sciences, Part 19: Leeuwenhoek's Microscopic Natural History," *Bulletin of the Ecological Society of America* 87 (2006): 47–58.

13 相關案例請見：E. Panagiotakopulu, "New Records for Ancient Pests: Archaeoentomology in Egypt," *Journal of Archaeological Science* 28, no. 11 (2001): 1235–1246; E. Panagiotakopulu, "Hitchhiking across the North

Atlantic—Insect Immigrants, Origins, Introductions and Extinctions," *Qua ternary International* 341 (2014): 59–68. 以及 E. Panagiotakopulu, P. C. Buckland, and B. J. Kemp, "Underneath Ranefer's Floors—Urban Environments on the Desert Edge," *Journal of Archaeological Science* 37, no. 3 (2010): 474–481; E. Panagiotakopulu and P. C. Buckland, "Early Invaders: Farmers, the Granary Weevil and Other Uninvited Guests in the Neolithic," *Biological Invasions* 20, no. 1 (2018): 219–233.

14 A. Bain, "A Seventeenth-Century Beetle Fauna from Colonial Boston," *Historical Archaeology* 32, no. 3 (1998): 38–48.

15 E. Panagiotakopulu, "Pharaonic Egypt and the Origins of Plague," *Jour nal of Biogeography* 31, no. 2 (2004): 269–275.

16 關於這個故事的更多細節，請參見：J. B. Johnson and K. S. Hagen, "A Neuropterous Larva Uses an Allomone to Attack Termites," *Nature* 289 (5797): 506.

17 E. A. Hartop, B. V. Brown, R. Henry, and L. Disney, "Opportunity in Our Ignorance: Urban Biodiversity Study Reveals 30 New Species and One New Nearctic Record for Megaselia (Diptera: Phoridae) in Los Angeles (California, USA)," *Zootaxa* 3941, no. 4 (2015): 451–484.

18 E. A. Hartop, B. V. Brown, R. Henry, and L. Disney, "Flies from LA, the Sequel: A Further Twelve New Species of Megaselia (Diptera: Phoridae) from the BioSCAN Project in Los Angeles (California, USA)," *Biodiversity Data Journal* 4 (2016).

19 J. A. Feinberg, C. E. Newman, G. J. Watkins-Colwell, M. D. Schlesinger, B. Zarate, B. R. Curry, H. B. Shaffer, and J. Burger, "Cryptic Diversity in Metropolis: Confirmation of a New Leopard Frog Species (Anura: Ranidae) from New York City and Surrounding Atlantic Coast Regions," *PLoS One* 9, no. 10 (2014): e108213; J. Gibbs, "Revision of the Metallic *Lasioglossum* (Dialictus) of Eastern North America (Hymenoptera: Halictidae: Halictini)," *Zootaxa* 3073 (2011): 1–216; D. Foddai, L. Bonato, L. A. Pereira, and A. Minelli, "Phylogeny and Systematics of the Arrupinae (Chilopoda Geophilomorpha Mecistocephalidae) with the Description of a New Dwarfed Species," *Journal of Natural History* 37 (2003): 1247–1267, https://doi.org/10.1080/00222930210121672.

20 Y. Ang, G. Rajaratnam, K. F. Y. Su, and R. Meier, "Hidden in the Urban Parks of New York City: *Themira lohmanus,* a New Species of Sepsidae Described Based on Morphology, DNA Sequences, Mating Behavior, and Reproductive Isolation (Sepsidae, Diptera)," *ZooKeys* 698 (2017): 95.

21 請參閱：H. W. Greene, *Tracks and Shadows: Field Biology as Art* (Berkeley: University of California Press, 2013).

22 請　參　見：I. Kant, *Critique of Judgment. 1790*, trans. W. S. Pluhar (Indianapolis: Hackett 212, 1987).

第8章　灶馬對我們有什麼用？

1 穴居生物的另一個特徵，就是能夠長時間不吃東西。有個民族誌學者在祖魯人的住家裡發現一種很常見的衣魚（這種屬於 *Lepisma* 衣魚屬的衣魚，在羅利市也很常見）。出於好奇，他抓了一隻衣魚關在葡萄酒杯裡，結果牠在只有酒杯底下的灰塵可以吃的環境中，還繼續活了三個月。參見：L. Grout, *ZuluLand; or, Life among the ZuluKafirs of Natal and ZuluLand, South Africa* (London: Trübner & Co., 1860).

2 參見：A. J. De Jesús, A. R. Olsen, J. R. Bryce, and R. C. Whiting, "Quantitative Contamination and Transfer of *Escherichia coli* from Foods by House ies, *Musca domestica* L. (Diptera: Muscidae)," *International Journal of Food Micro biology* 93, no. 2 (2004): 259–262。也可參見：N. Rahuma, K. S. Ghenghesh, R. Ben Aissa, and A. Elamaari, "Carriage by the House y (*Musca domestica*) of Multiple-Antibiotic-Resistant Bacteria That Are Potentially Pathogenic to Humans, in Hospital and Other Urban Environments in Misurata, Libya," *Annals of Tropical Medicine and Parasitology* 99, no. 8 (2005): 795–802。

3 演化生物學家稱這些為進行「初級內共生」的細菌（primary endosymbiosis），以跟細菌（共生體）比較晚才進到宿主體內的次級內共生（secondary endosymbiosis）做出區別。

4 J. J. Wernegreen, S. N. Kauppinen, S. G. Brady, and P. S. Ward, "One Nutritional Symbiosis Begat Another: Phylogenetic Evidence That the Ant Tribe Camponotini Acquired *Blochmannia* by Tending Sap-Feeding Insects," *BMC Evolutionary Biology* 9, no. 1 (2009): 292; R. Pais, C. Lohs,

Y. Wu, J. Wang, and S. Aksoy, "The Obligate Mutualist *Wigglesworthia glossinidia* Inuences Reproduction, Digestion, and Immunity Processes of Its Host, the Tsetse Fly," *Applied and Environmental Microbiology* 74, no. 19 (2008): 5965– 5974。也可參見：G. A. Carvalho, A. S. Corrêa, L. O. de Oliveira, and R. N. C. Guedes, "Evidence of Horizontal Transmission of Primary and Secondary Endosymbionts between Maize and Rice Weevils (*Sitophilus zeamais* and *Sito philus oryzae*) and the Parasitoid *Theocolax elegans*," *Journal of Stored Products Research* 59 (2014): 61–65。也可參見：A. Heddi, H. Charles, C. Khatchadourian, G. Bonnot, and P. Nardon, "Molecular Characterization of the Principal Symbiotic Bacteria of the Weevil *Sitophilus oryzae*: A Peculiar G+ C Content of an Endocytobiotic DNA," *Journal of Molecular Evolution* 47, no. 1 (1998): 52–61。

5 C. M. Theriot and A. M. Grunden, "Hydrolysis of Organophosphorus Compounds by Microbial Enzymes," *Applied Microbiology and Biotechnology* 89, no. 1 (2011): 35–43。

6 她找到的物種叫做解葡聚糖類芽孢桿菌（*Paenibacillus glucanolyticus*）SLM1 品系。史蒂芬妮和艾米是在北卡羅萊納州立大學的示範用紙漿廠裡頭老舊、廢棄的黑液貯存槽中分離出了這種細菌。對，這間大學還有一座示範用紙漿廠。

7 此外，也因為我們對於大自然——特別是細菌——解決問題的能力抱著高度的信心。

8 我們也可以檢查看看其他許多非節肢動物的無脊椎動物，像是細小的線蟲。有個說法是：住家中的這些體型微小的線蟲，密度高到如果你把構成整間房子的結構都拿掉、再把這些線蟲放大到肉眼看得見的程度的話，你還是可以看得到整間房子的外形，由一堆彎彎的蟲子身體勾勒出來。這可能是真的，但是在我們的研究之中，不僅沒找到線蟲，也沒找到緩步動物（tardigrade，俗稱水熊）或其他主要類群的動物。這些生物並不是不存在，只是還沒有人去記錄、清點過，更別說探討其應用價值了。

9 F. Sabbadin, G. R. Hemsworth, L. Ciano, B. Henrissat, P. Dupree, T. Tryfona, R. D. S. Marques, et al., "An Ancient Family of Lytic Polysaccharide Monooxygenases with Roles in Arthropod Development and

Biomass Digestion," *Nature Communications* 9, no. 1 (2018): 756。

10 T. D. Morgan, P. Baker, K. J. Kramer, H. H. Basibuyuk, and D. L. J. Quicke, "Metals in Mandibles of Stored Product Insects: Do Zinc and Manganese Enhance the Ability of Larvae to Infest Seeds?" *Journal of Stored Products Research* 39, no. 1 (2003): 65–75。

11 北卡羅萊納州立大學的科比·沙爾（Coby Schal）和勝又綾子（Ayako Wada-Katsumata）也攜手合作，研究昆蟲身上用來清理觸角的刷子狀器官。他們發現諸如賓夕法尼亞弓背蟻（*Camponotus pennsylvanicus*）、家蠅、德國姬蠊等昆蟲，都是在清理過觸角之後會有比較靈敏的嗅覺。觸角若是不乾淨，牠們的世界便索然無味。參見：K. Böröczky, A. Wada-Katsumata, D. Batchelor, M. Zhukovskaya, and C. Schal, "Insects Groom Their Antennae to Enhance Olfactory Acuity," *Proceedings of the National Academy of Sciences* 110, no. 9 (2013): 3615–3620。

12 譯註：https://pneumonia.idtaiwanguideline.org/guide/ch3-1.html 文章中寫「產酸氏克春白士氏菌」，但這跟學名發音對不起來，也跟屬名「克雷伯氏菌」不符，因此譯名決定調整為兩者的綜合。

13 E. L. Zvereva, "Peculiarities of Competitive Interaction between Lar- vae of the House Fly *Musca domestica* and Microscopic Fungi," *Zoologicheskii Zhurnal* 65 (1986): 1517–1525。也可參見：K. Lam, K. Thu, M. Tsang, M. Moore, and G. Gries, "Bacteria on House y Eggs, *Musca domestica,* Suppress Fungal Growth in Chicken Manure through Nutrient Depletion or Antifungal Metabolites," *Naturwissenschaften* 96 (2009): 1127–1132。

14 D. A. Veal, Jane E. Trimble, and A. J. Beattie, "Antimicrobial Properties of Secretions from the Metapleural Glands of *Myrmecia gulosa* (the Australian Bull Ant)," *Journal of Applied Microbiology* 72, no. 3 (1992): 188–194。

15 譯註：這種細菌現在較常見、也較為人所知的名稱是「多重抗藥金黃色葡萄球菌」（multiple resistant *Staphylococcus aureus*。

16 C. A. Penick, O. Halawani, B. Pearson, S. Mathews, M. M. LópezUribe, R. R. Dunn, and A. A. Smith, "External Immunity in Ant Societies: Sociality and Colony Size Do Not Predict Investment in Antimicrobials," *Royal Society Open Science* 5, no. 2 (2018): 171332。

17 I. Stefanini, L. Dapporto, J.-L. Legras, A. Calabretta, M. Di Paola, C. De Filippo, R. Viola, et al. "Role of Social Wasps in *Saccharomyces cerevisiae* Ecology and Evolution," *Proceedings of the National Academy of Sciences* 109, no. 33 (2012): 13398–13403。

18 這項工作能夠有成果，全是靠安・麥登明察秋毫、找出有趣的新種酵母菌的能力，還有約翰・薛帕德（John Sheppard）釀造啤酒的技術。如果想要知道這項計畫的更多細節，可以參考：www.pbs.org/newshour/bb/ wing-wasp-scientists-discover-new-beer-making-yeast/。

19 A. Madden, MJ Epps, T. Fukami, R. E. Irwin, J. Sheppard, D. M. Sorger, and R. R. Dunn, "The Ecology of Insect–Yeast Relationships and Its Relevance to Human Industry," *Proceedings of the Royal Society B* 285, no. 1875 (2018): 20172733。

20 E. Panagiotakopulu, "Dipterous Remains and Archaeological Interpretation," *Journal of Archaeological Science* 31, no. 12 (2004): 1675–1684。

21 E. Panagiotakopulu, P. C. Buckland, P. M. Day, and C. Doumas, "Natural Insecticides and Insect Repellents in Antiquity: A Review of the Evidence," *Journal of Archaeological Science* 22, no. 5 (1995): 705–710。

第 9 章　蟑螂的問題其實在我們身上

1 R. E. Heal, R. E. Nash, and M. Williams, "An Insecticide-Resistant Strain of the German Cockroach from Corpus Christi, Texas," *Journal of Eco nomic Entomology* 46, no. 2 (1953).

2 有關蟑螂藥以及殺跳蚤藥劑中常見的芬普尼，相關文章請參考：G. L. Holbrook, J. Roebuck, C. B. Moore, M. G. Waldvogel, and C. Schal, "Origin and Extent of Resistance to Fipronil in the German Cockroach, *Blattella germanica* (L.) (Dictyoptera: Blattellidae)," *Journal of Economic Entomology* 96, no. 5 (2003): 1548–1558.

3 這些殺蟲劑很毒，尤其以人們當時使用的濃度，更是連小鳥或小孩誤食都會有生命危險，瑞秋・卡森（Rachel Carson）在其著作《寂靜的春天》中，也提到這些殺蟲劑帶來的問題。不過即使是這麼毒的殺蟲劑，仍不足以殺死德國姬蠊。

4 沒錯，普萊森頓就是專門研究蟑螂與其他害蟲的地方，而朱爾斯已經在普萊森頓花了三年研究另一種害蟲：貓蚤（*Ctenocephalides*

felis）。在埃及古都阿瑪納遺址中，就曾發現貓蚤出現於人類家中。朱爾斯觀察到貓蚤幼蟲係以其親代含有血液的排遺為食，而且周遭環境的微生物還會增加排遺中的養分，進而可能幫助貓蚤幼蟲生長。文獻來源：J. Silverman and A. G. Appel, "Adult Cat Flea (Siphonaptera: Pulicidae) Excretion of Host Blood Proteins in Relation to Larval Nutrition," *Journal of Medical Entomology* 31, no. 2 (1993): 265–271.

5 大部分的蟑螂俗名，其實與牠們的遷徙歷史可能沒什麼關係。舉例來說，美洲家蠊其實是非洲的原生種，東方蜚蠊也是非洲原生種，但可能跟著腓尼基人四處移動，然後又跟著希臘人移動，最後人人都可能夾帶著牠。相關文獻：R. Schweid, *The Cockroach Papers: A Compendium of History and Lore* (Chicago: University of Chicago Press, 2015). For a classic, see J. A. G. Rehn, "Man's Uninvited Fellow Traveler— the Cockroach," *Scientific Monthly* 61 no. 145 (1945): 265–276.

6 這些動物的生活方式多樣得令人驚奇，許多野生蟑螂其實是日行性動物，其活動時間在白天，通常以森林裡的枯枝落葉為食。不少種蟑螂會客居在螞蟻或白蟻的巢穴裡，有些還會產生類似母乳的物質餵給牠們的小孩吃，還有一些蟑螂會幫花朵授粉。除此之外，近來的研究指出：白蟻其實屬於蟑螂的演化支系，只是發展出了社會性，而在親緣上分支出去，因此白蟻可說是社會性蟑螂。相關研究參見：See R. R. Dunn, "Respect the Cockroach," *BBC Wildlife* 27, no. 4 (2009): 60.

7 希臘字源中，*Parthenos* 代表處女，*genesis* 代表創造。

8 蘇利南潛蠊（*Pycnoscelus surinamensis*）將此特性發揮到了極致，科學家未曾在野外發現過雄性的蘇利南潛蠊；在實驗室繁殖的族群則有時會出現雄性個體，但會因為先天缺陷而很快死亡。

9 當然德國姬蠊還是會幹一些人類不做的壞事，據傳德國姬蠊會吃任何含有澱粉的東西，所以包含穀片、郵票、窗簾、書的裝訂以及漿糊，都可以是牠的食物。

10 德國姬蠊跟其他蟑螂不太一樣，牠們不太能獨自生活，因為可能產生「隔離症候群」，一種我聽來像是綜合了寂寞與些微存在危機的反應。當德國姬蠊被迫獨處時，牠們會延遲性成熟的時機，也就是變態的過程推遲了；此外，牠們會開始出現不正常的行為，好像一時不知該如何表現得像隻蟑螂一樣。牠們對於正常蟑螂會從事的活動不再感興趣，甚至包含交配。關於德國姬蠊忍受孤寂的文獻有一大堆，不過我建議可從以下文獻開始：M. Lihoreau, L. Brepson, and C. Rivault, "The Weight of the Clan: Even in Insects, Social Isolation Can Induce a Behavioural Syndrome," *Behavioural Processes* 82, no. 1 (2009): 81–84.

11 在五十種左右的姬蠊屬（*Blattella*）蟑螂中，有一半物種都生活在亞洲。

12 這件事可能隨著熱帶亞洲最早的農業而發生，但也可能是更久以後才發生的。

13 最古老的德國姬蠊標本其實來自丹麥，所以我們可以怪丹麥人，但我懷疑德國姬蠊可能早在標本製作前就擴散至歐洲了。參考文獻請見：T. Qian, "Origin and Spread of the German Cockroach, *Blattella germanica*" (PhD diss., National University of Singapore, 2016).

14 其實蟑螂也得到了小小的報應，因為當我們寫出德國姬蠊的完整學名時，我們會發現它是三個字：*Blattella germanica* Linnaeus。Linnaeus 出現在第三個字，是因為是林奈本人命名了德國姬蠊，再加上屬名（*Blattella*）接著種小名（*germanica*）的二名法系統也是林奈的發明，好似德國姬蠊走到哪，林奈都陰魂不散的尾隨在後。然後其實床蝨、家蠅、黑鼠（其學名依序為 *Cimex lectularis* Linnaeus、*Musca domestica* Linnaeus、*Rattus rattus* Linnaeus）還有好多居家動物都深受其害。

15 P. J. A. Pugh, "Non-indigenous Acari of Antarctica and the Sub-Antarctic Islands," *Zoological Journal of the Linnaean Society* 110, no. 3 (1994): 207–217.

16 室內可發現的其他蟑螂物種，取決於當地室外的氣候與地理條件。有些蟑螂在熱帶環境適得其所，有些則比較適應寒冷的環境。

17 L. Roth and E. Willis, *The Biotic Association of Cockroaches,* Smithsonian Miscellaneous Collections, vol. 141 (Washington, DC: Smithsonian Institution, 1960).

18 Qian, "Origin and Spread of the German Cockroach."

19 J. Silverman and D. N. Bieman, "Glucose Aversion in the German

Cockroach, *Blattella germanica*," *Journal of Insect Physiology* 39, no. 11 (1993): 925–933.

20 蟑螂繁殖的速度，通常比新支系的蟑螂在大樓或建物裡擴散的速度還快，因此常可發現一棟大樓中全是同一支系的蟑螂，別種支系的蟑螂則可能在另一座大樓才找得到。

21 J. Silverman and R. H. Ross, "Behavioral Resistance of Field-Collected German Cockroaches (Blattodea: Blattellidae) to Baits Containing Glucose," *Environmental Entomology* 23, no. 2 (1994): 425–430.

22 例 如：J. Silverman and D. N. Bieman, "High Fructose Insecticide Bait Compositions," US Patent No. 5,547,955 (1996).

23 相關文獻請參見：S. B. Menke, W. Booth, R. R. Dunn, C. Schal, E. L. Vargo, and J. Silverman, "Is It Easy to Be Urban? Convergent Success in Urban Habitats among Lineages of a Widespread Native Ant," *PLoS One* 5, no. 2 (2010): e9194.

24 相關文獻請參見：S. Lengyel, A. D. Gove, A. M. Latimer, J. D. Majer, and R. R. Dunn, "Ants Sow the Seeds of Global Diversification in Flowering Plants," *PLoS One* 4, no. 5 (2009): e5480. 以及 S. Lengyel, A. D. Gove, A. M. Latimer, J. D. Majer, and R. R. Dunn, "Convergent Evolution of Seed Dispersal by Ants, and Phylogeny and Biogeography in Flowering Plants: A Global Survey," *Perspectives in Plant Ecology, Evolution and Systematics* 12, no. 1 (2010): 43–55. 另一個有點怪的、竹節蟲版本的油質體趨同演化故事可見：L. Hughes and M. Westoby, "Capitula on Stick Insect Eggs and Elaiosomes on Seeds: Convergent Adaptations for Burial by Ants," *Functional Ecology* 6, no. 6 (1992): 642–648.

25 在歌德（Johann Wolfgang von Goethe）的著作《浮士德》（*Faust*）中，有個惡魔形容自己是「老鼠、蒼蠅、床蝨、青蛙與蝨子之神，使其源源不絕」"The lord of rats and the eke of mice, Of flies and bed-bugs, frogs and lice." 撇除青蛙不看，這句用來描述現代居家環境的天擇現象，真是再貼切不過了。來源：J. W. Goethe, *Faust: A Tragedy,* trans. B. Taylor (Boston: Houghton Mifflin, 1898), 1:86.

26 V. Markó, B. Keresztes, M. T. Fountain, and J. V. Cross, "Prey Availability, Pesticides and the Abundance of Orchard Spider Communities," *Biological Control* 48, no. 2 (2009): 115–124. Also see L. W. Pisa, V. Amaral-Rogers,

L. P. Belzunces, J. M. Bonmatin, C. A. Downs, D. Goulson, D. P. Kreutzweiser, et al., "Effects of Neonicotinoids and Fipronil on Non-target Invertebrates," *Environmental Science and Pollution Research* 22, no. 1 (2015): 68–102.

27 我們人類並不是第一個利用掠食者控制家中害蟲的動物，許多築巢的動物都會利用巢中的其他物種達成生物防治的效果。有些貓頭鷹會在巢內放蛇吃昆蟲，以保護牠們的雛鳥。林鼠的巢內則有擬蠍會吃掉危害林鼠的蟎。來源請參考：F. R. Gehlbach and R. S. Baldridge, "Live Blind Snakes (*Leptotyphlops dulcis*) in Eastern Screech Owl (*Otus asio*) Nests: A Novel Commensalism," *Oecologia* 71, no. 4 (1987): 560–563. 以及 O. F. Francke and G. A. Villegas-Guzmán, "Symbiotic Relationships between Pseudoscorpions (Arachnida) and Packrats (Rodentia)," *Journal of Arachnology* 34, no. 2 (2006): 289–298.

28 O. F. Raum, *The Social Functions of Avoidances and Taboos among the Zulu,* vol. 6 (Berlin: Walter de Gruyter, 1973). 這個慣例也被「探路者」波爾游牧人（Boer）仿效，這些波爾人當初跟著荷蘭東印度公司來到南非開普敦後，又因為對英國殖民政府不滿而開始「牛車大遷徙」（great trek），往東邊與北邊移居。

29 J. J. Steyn, "Use of Social Spiders against Gastro-intestinal Infections Spread by House Flies," *South African Medical Journal* 33 (1959).

30 J. Wesley Burgess, "Social spiders." *Scientific American* 234, no. 3 (1976): 100–107. 這種蜘蛛很酷，牠們會把蒼蠅屍體放在網子上養酵母菌，並藉此誘捕更多活生生的蒼蠅，不過目前還沒有人針對裡面的酵母菌進行鑑種或研究。相關文獻：W. J. Tietjen, L. R. Ayyagari, and G. W. Uetz, "Symbiosis between Social Spiders and Yeast: The Role in Prey Attraction," *Psyche* 94, nos. 1–2 (1987): 151–158.

31 社會性的蜘蛛只生活在原分布範圍（雖然法國人曾想要引進牠），而且並非人人適用，不過別擔心，我們還有其他選擇：在泰國，家庭中的跳蛛一天可以吃掉 120 隻黑斑蚊，等於消滅了登革熱的病媒，參考文獻：R. Weterings, C. Umponstira, and H. L. Buckley, "Predation on Mosquitoes by Common Southeast Asian House-Dwelling Jumping Spiders (Salticidae)," *Arachnology* 16, no. 4 (2014): 122–127. 在肯亞，另一種出現在家裡的蜘蛛特別喜歡吃瘧疾病媒的瘧蚊，尤其是那些吸飽血的（瘧蚊一旦吸血後更容易傳播瘧疾），參考文獻：R. R. Jackson and F. R. Cross, “Mosquito-Terminator Spiders and the Meaning of Predatory Specialization,” *Journal of Arachnology* 43, no. 2 (2015): 123–142. 以及 X. J. Nelson, R. R. Jackson, and G. Sune, “Use of Anopheles-Specific Prey-Capture Behavior by the Small Juveniles of *Evarcha culicivora*, a Mosquito-Eating Jumping Spider,” *Journal of Arachnology* 33, no. 2 (2005): 541–548. X. J. Nelson and R. R. Jackson, “A Predator from East Africa That Chooses Malaria Vectors as Preferred Prey,” *PLoS One* 1, no. 1 (2006): e132.

32 G. L. Piper, G. W. Frankie, and J. Loehr, “Incidence of Cockroach Egg Parasites in Urban Environments in Texas and Louisiana,” *Environmental Entomology* 7, no. 2 (1978): 289–293.

33 A. M. Barbarin, N. E. Jenkins, E. G. Rajotte, and M. B. Thomas, “A Preliminary Evaluation of the Potential of *Beauveria bassiana* for Bed Bug Control,” *Journal of Invertebrate Pathology* 111, no. 1 (2012): 82–85. 其他實驗室則嘗試用其他種真菌來防治溫帶床蝨或熱帶的床蝨，例如熱帶床蝨（*Cimex hemipterus*）。相關文獻可參考：Z. Zahran, N. M. I. M. Nor, H. Dieng, T. Satho, and A. H. A. Majid, “Laboratory Efficacy of Mycoparasitic Fungi (*Aspergillus tubingensis* and *Trichoderma harzianum*) against Tropical Bed Bugs (*Cimexhemipterus*) (Hemiptera: Cimicidae),” *Asian Pacific Journal of Tropical Biomedicine* 7, no. 4 (2017): 288–293. 在丹麥，有一種會攻擊家蠅蛹的擬寄生動物，正被大量繁衍，並且被養在乳牛棚裡作為實驗，目的是防治家蠅與廄蠅，並防止這些蠅類擴散到鄰近的家庭中。相關文獻請參考：H. Skovgård and G. Nachman, “Biological Control of House Flies *Musca domestica* and Stable Flies *Stomoxys calcitrans* (Diptera: Muscidae) by Means of Inundative Releases of *Spalangia cameroni* (Hymenoptera: Pteromalidae),” *Bulletin of Entomological Research* 94, no. 6 (2004): 555–567.

34 D. R. Nelsen, W. Kelln, and W. K. Hayes, “Poke but Don’t Pinch: Risk Assessment and Venom Metering in the Western Black Widow Spider, *Latro dectus Hesperus*,” *Animal Behaviour* 89 (2014): 107–114.

35 蜘蛛到底多不可能咬傷人？最近有個案例能說明：在美國堪薩斯州的雷內克薩市（Lenexa, Kansas），有一間老房子在六個月內移除了

2055 隻棕色遁蛛（*Loxosceles reclusa*），在此期間，沒有任何蜘蛛咬人的事件發生在這間老房、或是其他擁有大量棕色遁蛛的家庭，所以在上千隻蜘蛛生活的地方，沒有一個人被咬過。另一方面，大部分美國境內通報棕色遁蛛咬人的地區，根本不屬於牠們的分布範圍（代表這些咬傷事件根本不是棕色遁蛛造成的，而且也很可能也不是其他蜘蛛造成的）。參考文獻：R. S. Vetter and D. K. Barger, "An Infestation of 2,055 Brown Recluse Spiders (Araneae: Sicariidae) and No Envenomations in a Kansas Home: Implications for Bite Diagnoses in Nonendemic Areas," *Journal of Medical Entomology* 39, no. 6 (2002): 948–951.

36 M. H. Lizée, B. Barascud, J.-P. Cornec, and L. Sreng, "Courtship and Mating Behavior of the Cockroach *Oxyhaloa deusta* [Thunberg, 1784] (Blaberidae, Oxyhaloinae): Attraction Bioassays and Morphology of the Pheromone Sources," *Journal of Insect Behavior* 30, no. 5 (2017): 1–21.

37 科比已經分析出這個氣味的成分了，但他還沒找出量產的方法。要是哪天他開始量產這種氣味，請大家記得離他遠一點，因為他只要不小心沾到這種味道，就會像童話裡的花衣魔笛手那樣吸引一堆德國姬蠊跟著他。

38 A. Wada-Katsumata, J. Silverman, and C. Schal, "Changes in Taste Neurons Support the Emergence of an Adaptive Behavior in Cockroaches," *Science* 340 (2013): 972–975.

39 任何人類能想到的災難都無法殲滅所有的生命，核戰無法，最極端的氣候變遷也無法。演化生物學家西恩．尼（Sean Nee）提到：人類對地球做盡的所有壞事會危害許多物種，包含人類賴以依存的生物，但卻會讓另一群過去不常見的微生物變得更加活躍。砍伐樹木、氣候變遷、核災等只會讓這群微生物更加穩坐在這個星球上，使地球退回那原始的、充滿生物膜黏液的世界。參考文獻：S. Nee, "Extinction, Slime, and Bottoms," *PLoS Biology* 2, no. 8 (2004): e272.

第 10 章　看看貓拖回來了什麼

1 如果你好奇的話，吉姆的論文可在這裡讀到：J. A. Danoff-Burg, "Evolving under Myrmecophily: A Cladistic Revision of the Symphilic

Beetle Tribe Sceptobiini (Coleoptera: Staphylinidae: Aleocharinae)," *Systematic Entomol ogy* 19, no. 1 (1994): 25–45。

2 生物學家在判斷某種生物對另外一種生物有無助益、兩種生物之間是寄生還是共生關係的時候，一般都會使用達爾文適存度（Darwinian fitness）作為衡量的單位：某種生物對另外一種生物有所助益，代表它能夠讓對方有更高的存活機會、能產下更多可以存活的後代。也許我們現在不該繼續沿用這種有點冷血、有點純「經濟考量」的天擇概念，來判定哪些生物對我們有益或無益了。也許只要是能讓我們開心、過得「更好」的生物，不管「更好」是什麼意思、不管有沒有提升我們的適存度，在現代的標準下，都還是可以視為跟我們共生的生物。

3 J. McNicholas, A. Gilbey, A. Rennie, S. Ahmedzai, J.-A. Dono, and E. Ormerod, "Pet Ownership and Human Health: A Brief Review of Evidence and Issues," *BMJ* 331, no. 7527 (2005): 1252–1254。

4 這種寄生蟲最早是巴斯德研究院（Pasteur Institute）的研究人員在突尼西亞的突尼斯（Tunis）發現的。他們在一種稱為梳齒鼠（*Ctenodactylus gundi*）的囓齒類動物身上發現這種寄生蟲。人們會研究梳齒鼠，是因為牠們身上帶有利什曼原蟲（*Leishmania*），研究人員是在找利什曼原蟲時意外發現剛地弓漿蟲的。梳齒鼠的種小名「*Gundi*」似乎是來自北非阿拉伯語中對這種囓齒類的稱呼。剛地弓漿蟲的名稱「*Toxoplasma*」來自希臘語，*toxo* 的意思是「弓」，*plasma* 的意思是「……的形狀」。這名稱源自於寄生蟲像弓一樣的外形。因此，剛地弓漿蟲的完整學名 *Toxoplasma gondii* 這個充滿故事的名稱，意思就是「來自於梳齒鼠身上、外形像弓一般的寄生蟲」。

5 J. Hay, P. P. Aitken, and M. A. Arnott, "The Influence of Congenital *Toxoplasma* Infection on the Spontaneous Running Activity of Mice," *Zeitschrift für Parasitenkunde* 71, no. 4 (1985): 459–462。

6 確實，幾乎所有、或甚至是百分之百目前曾研究過的哺乳動物，都會被感染。

7 它屬於頂複合器門（Apicomplexa），這個門也包含了會造成瘧疾的瘧原蟲（*Plasmodium*）。

8 想知道這些寄生蟲能等待多久，請參見：A. Dumètre and M. L.

Dardé, "How to Detect *Toxoplasma gondii* Oocysts in Environmental Samples?" *FEMS Microbiology Reviews* 27, no. 5 (2003): 651–661。

9 而且它們並不孤單。艾米・薩維吉（Amy Savage）的研究讓我們得知：貓砂盆裡還有上百種很少人研究的奇特生物。

10 在歐洲，每一萬名新生兒之中，有一到十名會在剛出生時就染上剛地弓漿蟲。其中大約百分之一到百分之二的人會因此死亡或發生學習遲緩，另外有百分之四到二十七的人會出現視網膜疾病，造成視力受損。參見：A. J. C. Cook, R. Holliman, R. E. Gilbert, W. Buffolano, J. Zufferey, E. Petersen, P. A. Jenum, W. Foulon, A. E. Semprini, and D. T. Dunn, "Sources of *Toxoplasma* Infection in Pregnant Women: European Multicentre Case-Control Study," *BMJ* 321, no. 7254 (2000): 142–147。

11 其中四十一位受試者的血液樣本被拿去做了更詳細、更昂貴的免疫測定法，結果跟比較簡單的抗原試驗也相符。

12 也就是說，被這種操縱人腦的寄生蟲感染，會讓人比較不容易當上系主任或院長。我還以為會是相反呢。

13 K. Yereli, I. C. Balcioğlu, and A. Özbilgin, "Is *Toxoplasma gondii* a Potential Risk for Traffic Accidents in Turkey?" *Forensic Science International* 163, no. 1 (2006): 34–37。

14 J. Flegr and I. Hrdý, "Evolutionary Papers: In uence of Chronic Toxoplasmosis on Some Human Personality Factors," *Folia Parasitologica* 41 (1994): 122–126。

15 J. Flegr, J. Havlícek, P. Kodym, M. Malý, and Z. Smahel, "Increased Risk of Traffic Accidents in Subjects with Latent Toxoplasmosis: A Retrospective Case-Control Study," *BMC Infectious Diseases* 2, no. 1 (2002): 11。

16 老鼠偷吃存糧的影響很大，重大到我們有些現代作物的種子都演化出了比較硬的外殼，因為這樣比較不容易被老鼠吃掉。參見：C. F. Morris, E. P. Fuerst, B. S. Beecher, D. J. Mclean, C. P. James, and H. W. Geng, "Did the House Mouse (*Mus musculus* L.) Shape the Evolutionary Trajectory of Wheat (*Triticum aestivum* L.)?" *Ecology and Evolution* 3, no. 10 (2013): 3447–3454。

17 文明早期的農人，常常不知不覺間就把寄生蟲給帶到來世去。參見：M. L. C. Gonçalves, A. Araújo, and L. F. Ferreira, "Human Intestinal

Parasites in the Past: New Findings and a Review," *Memórias do Instituto Oswaldo Cruz* 98 (2003): 103–118。

18 J.-D. Vigne, J. Guilaine, K. Debue, L. Haye, and P. Gérard, "Early Taming of the Cat in Cyprus," *Science* 304, no. 5668 (2004): 259。

19 J. P. Webster, "The Effect of *Toxoplasma gondii* and Other Parasites on Activity Levels in Wild and Hybrid *Rattus norvegicus*," *Parasitology* 109, no. 5 (1994): 583–589。

20 參見：M. Berdoy, J. P. Webster, and D. W. Macdonald, "Parasite-Altered Behaviour: Is the Effect of *Toxoplasma gondii* on *Rattus norvegicus* Specific?" *Parasitology* 111, no. 4 (1995): 403–409。

21 E. Prandovszky, E. Gaskell, H. Martin, J. P. Dubey, J. P. Webster, and G. A. McConkey, "The Neurotropic Parasite *Toxoplasma gondii* Increases Dopamine Metabolism," *PloS One* 6, no. 9 (2011): e23866。

22 參見：V. J. Castillo-Morales, K. Y. Acosta Viana, E. D. S. Guzmán-Marín, M. Jiménez-Coello, J. C. Segura-Correa, A. J. Aguilar-Caballero, and A. Ortega-Pacheco, "Prevalence and Risk Factors of *Toxoplasma gondii* Infection in Domestic Cats from the Tropics of Mexico Using Serological and Molecular Tests," *Interdisciplinary Perspectives on Infectious Diseases* 2012 (2012): 529108。

23 E. F. Torrey and R. H. Yolken, "The Schizophrenia–Rheumatoid Arthritis Connection: Infectious, Immune, or Both?" *Brain, Behavior, and Immunity* 15, no. 4 (2001): 401–410。

24 J. P. Webster, P. H. L. Lamberton, C. A. Donnelly, E. F. Torrey, "Para- sites as Causative Agents of Human Affective Disorders? The Impact of Anti-Psychotic, Mood-Stabilizer and Anti-Parasite Medication on *Toxoplasma gondii*'s Ability to Alter Host Behaviour," *Proceedings of the Royal Society B: Biological Sciences* 273, no. 1589 (2006): 1023–1030。

25 D. W. Niebuhr, A. M. Millikan, D. N. Cowan, R. Yolken, Y. Li, and N. S. Weber, "Selected Infectious Agents and Risk of Schizophrenia among US Military Personnel," *American Journal of Psychiatry* 165, no. 1 (2008): 99–106。

26 R. H. Yolken, F. B. Dickerson, and E. Fuller Torrey, "*Toxoplasma* and Schizophrenia," *Parasite Immunology* 31, no. 11 (2009): 706–715。

27 C. Poirotte, P. M. Kappeler, B. Ngoubangoye, S. Bourgeois, M. Moussodji, and M. J. Charpentier, "Morbid Attraction to Leopard Urine in *Toxoplasma*-Infected Chimpanzees," *Current Biology* 26, no. 3 (2016): R98–R99。

28 因此，感染這種寄生蟲可以解釋為什麼有些男性會養一大堆貓當寵物，但沒辦法解釋為什麼有些女性會養一大堆貓。參見：J. Flegr, "Influence of Latent *Toxoplasma* Infection on Human Personality, Physiology and Mor- phology: Pros and Cons of the *Toxoplasma*–Human Model in Studying the Manipulation Hypothesis," *Journal of Experimental Biology* 216, no. 1 (2013): 127–133。

29 但不是每個地方都這樣。在中國，一直到最近，養貓當寵物都還是相對少見，而身上具有剛地弓漿蟲抗體（代表有接觸到剛地弓漿蟲）的人所占的人口比例也相當低。也許正是在這樣的國家中最適合研究感染剛地弓漿蟲對於其他疾病發展的影響，因為要追蹤個人從沒感染到有感染的變化容易很多。參見：E. F. Torrey, J. J. Bartko, Z. R. Lun, and R. H. Yolken, "Anti-bodies to *Toxoplasma gondii* in Patients with Schizophrenia: A Meta-Analysis," *Schizophrenia Bulletin* 33, no. 3 (2007): 729–736. doi:10.1093/schbul/sbl050。

30 M. S. Thoemmes, D. J. Fergus, J. Urban, M. Trautwein, and R. R. Dunn, "Ubiquity and Diversity of Human-Associated Demodex Mites," *PLoS One* 9, no. 8 (2014): e106265。

31 好啦，畢竟這真的不是梅瑞迪斯這幾年間唯一研究的事。

32 要舉例來說的話，可參見：F. J. Márquez, J. Millán, J. J. Rodriguez-Liebana, I. Garcia-Egea, and M. A. Muniain, "Detection and Identification of *Bartonella* sp. in Fleas from Carnivorous Mammals in Andalusia, Spain," *Medical and Veterinary Entomology* 23, no. 4 (2009): 393–398。

33 A. C. Y. Lee, S. P. Montgomery, J. H. Theis, B. L. Blagburn, and M. L. Eberhard, "Public Health Issues Concerning the Widespread Distribution of Canine Heartworm Disease," *Trends in Parasitology* 26, no. 4 (2010): 168–173。

34 R. S. Desowitz, R. Rudoy, and J. W. Barnwell, "Antibodies to Canine Helminth Parasites in Asthmatic and Nonasthmatic Children," *International Archives of Allergy and Immunology* 65, no. 4 (1981): 361–

366。

35 養狗影響了什麼樣的生物與我們共存，並不是最近才發生的事。在巴黎的人類博物館（Musée de l'Homme）負責保養維護木乃伊、確保他們在死後來生依然安好的昆蟲學家讓－伯納・于謝（Jean-Bernard Huchet），最近解剖了在埃及的艾爾戴爾（El Deir）遺址（在尼羅河三角洲中離開羅不遠處，西元前 332 到 330 年間的遺址）發現的一具狗木乃伊。其中有一隻狗的胃裡有椰棗籽和無花果，顯示牠過去有一部分的飲食是仰賴人類聚落所提供的水果。那隻狗的耳朵上滿滿的都是血紅扇頭蜱（*Rhipicephalus sanguineus*），一種現在已經隨著狗遷徙到了世界各地的生物。這種蜱的體內，很可能攜帶了多種有機會傳染給人類的病原菌；目前在這種蜱內已經發現的病原菌就有十幾種。這些生物或多或少都是從狗的身上帶進埃及人的城市及家中的。參見：J. B. Huchet, C. Callou, R. Lichtenberg, and F. Dunand, "The Dog Mummy, the Ticks and the Louse Fly: Archaeological Report of Severe Ectoparasitosis in Ancient Egypt," *International Journal of Paleopathology* 3, no. 3 (2013): 165–175。

36 其中包含了關節桿菌（*Arthrobacter*）、鞘脂單胞菌（*Sphingomonas*）、農桿菌（*Agrobacterium*）等等屬的物種。

37 A. A. Madden, A. Barberán, M. A. Bertone, H. L. Menninger, R. R. Dunn, and N. Fierer, "The Diversity of Arthropods in Homes across the United States as Determined by Environmental DNA Analyses," *Molecular Ecology* 25, no. 24 (2016): 6214–6224；M. Leong, M. A. Bertone, A. M. Savage, K. M. Bayless, R. R. Dunn, and M. D. Trautwein, "The Habitats Humans Provide: Factors Affecting the Diversity and Composition of Arthropods in Houses," *Scienti c Reports* 7, no. 1 (2017): 15347。

38 C. Pelucchi, C. Galeone, J. F. Bach, C. La Vecchia, and L. Chatenoud, "Pet Exposure and Risk of Atopic Dermatitis at the Pediatric Age: A Meta-Analysis of Birth Cohort Studies," *Journal of Allergy and Clinical Immunology* 132 (2013): 616–622.e7。

39 K. C. Lødrup Carlsen, S. Roll, K. H. Carlsen, P. Mowinckel, A. H. Wijga, B. Brunekreef, M. Torrent, et al., "Does Pet Ownership in Infancy Lead to Asthma or Allergy at School Age? Pooled Analysis of Individual Participant Data from 11 European Birth Cohorts," *PLoS One* 7 (2012): e43214。

40 G. Wegienka, S. Havstad, H. Kim, E. Zoratti, D. Ownby, K. J. Woodcroft, and C. C. Johnson, "Subgroup Differences in the Associations between Dog Exposure During the First Year of Life and Early Life Allergic Outcomes," *Clinical and Experimental Allergy* 47, no. 1 (2017): 97–105。

41 S. J. Song, C. Lauber, E. K. Costello, C. A. Lozupone, G. Humphrey, D. Berg-Lyons, J. G. Caporaso, et al., "Cohabiting Family Members Share Microbiota with One Another and with Their Dogs," *Elife* 2 (2013): e00458；M. Nermes, K. Niinivirta, L. Nylund, K. Laitinen, J. Matomäki, S. Salminen, and E. Isolauri, "Perinatal Pet Exposure, Faecal Microbiota, and Wheezy Bronchitis: Is There a Connection?" *ISRN Allergy* 2013 (2013)。

42 M. G. Dominguez-Bello, E. K. Costello, M. Contreras, M. Magris, G. Hidalgo, N. Fierer, and R. Knight, "Delivery Mode Shapes the Acquisition and Structure of the Initial Microbiota across Multiple Body Habitats in Newborns," *Proceedings of the National Academy of Sciences* 107, no. 26 (2010): 11971–11975。

第 11 章　在嬰兒體膚種下生物多樣性

1 也稱作 52 型或 52a 型。

2 至少在公衛系統、廢棄物處理與洗手設備都建立完善的國家，皆是如此。參考資料：H. R. Shinefield, J. C. Ribble, M. Boris, and H. F. Eichenwald, "Bacterial Interference: Its Effect on Nursery-Acquired Infection with *Staphylococcus aureus*. I. Preliminary Observations on Artificial Colonization of Newborns," *American Journal of Diseases of Children* 105 (1963): 646–654.

3 根據最新的預測數據，只早了幾十年。參考文獻：P. R. McAdam, K. E. Templeton, G. F. Edwards, M. T. G. Holden, E. J. Feil, D. M. Aanensen, H. J. A. Bargawi, et al., "Molecular Tracing of the Emergence, Adaptation, and Transmission of Hospital-Associated Methicillin-Resistant Staphylococcus aureus," Proceedings of the National Academy of Sciences 109, no. 23 (2012): 9107–9112.

4 他們在先前就曾指出，要了解這些病例的背後感染的機制，就要對病原體進行詳盡的生物學研究，於是他們後來真的進行了相關研究。參考文獻： H. F. Eichenwald and H. R. Shinefield, “The Problem of Staphylococcal Infection in Newborn Infants,” Journal of Pediatrics 56, no. 5 (1960): 665–674.

5 Shinefield et al., “Bacterial Interference: Its Effect On Nursery-Acquired Infection,” 646–654.

6 H. R. Shinefield, J. C. Ribble, M. B. Eichenwald, and J. M. Sutherland, “V. An Analysis and Interpretation,” *American Journal of Diseases of Children 105,* no. 6 (1963): 683–688.

7 這些細菌非常類似我跟同事後來在肚臍裡找到的物種，參考文獻：J. Hulcr, A. M. Latimer, J. B. Henley, N. R. Rountree, N. Fierer, A. Lucky, M. D. Lowman, and R. R. Dunn, “A Jungle in There: Bacteria in Belly Buttons Are Highly Diverse, but Predictable,” PLoS One 7, no. 11 (2012): e47712.

8 其實其他種細菌也可能有抑制 80/81 型菌株的效果，例如微球菌屬（*Micrococcus*）或棒狀桿菌屬（*Corynebacterium*），但艾肯沃特與享恩菲爾當時認為：親緣關係較相近的細菌會造成比較激烈的競爭關係。也就是說，皮膚上微生物的關係，就像草地或森林裡的植物，親緣較相近的不同植物因為生態特性相近，而更可能競爭彼此的資源，進而互相排除或抑制。參考文獻：See J. H. Burns and S. Y. Strauss, “More Closely Related Species Are More Ecologically Similar in an Experimental Test,” Proceedings of the National Academy of Sciences 108, no. 13 (2011): 5302–5307.

9 D. Janek, A. Zipperer, A. Kulik, B. Krismer, and A. Peschel, “High Frequency and Diversity of Antimicrobial Activities Produced by Nasal Staphylococcus Strains against Bacterial Competitors,” PLoS Pathogens 12, no. 8 (2016): e1005812.

10 以螞蟻為例，有一個「干擾性競爭」的經典案例是：科氏新收穫蟻（*Novomessor cockerelli*）會干擾其競爭者，即另一種收穫蟻（*Pogonomyrmex harvester*）的覓食過程，方法是將競爭者巢穴的洞口用石頭堵住！

11 例外可見：René Dubos. H. L. Van Epps, “René Dubos: Unearthing Antibiotics,” Journal of Experimental Medicine 203, no. 2 (2006): 259.

12 Shinefield et al., “Bacterial Interference: Its Effect on Nursery-Acquired

Infection," 646–654.

13 這份研究是由一位擁有英雄般姓名的傑出科學家——保羅．星球（Paul Planet），與其合作科學家所完成的：D. Parker, A. Narechania, R. Sebra, G. Deikus, S. LaRussa, C. Ryan, H. Smith, et al., "Genome Sequence of Bacterial Interference Strain Staphylococcus aureus 502A," Genome Announcements 2, no. 2 (2014): e00284-14.

14 這個概念也適用於其他外來種引進生態系的情況，外來生物被引進的個體數量（或是被引進的機會）最能準確預測引進的成功率。例如：要預測某個外來的螞蟻物種在新生態系中能成功建立巢群的機率，其中一個最好的指標，就是看牠被引進了幾次。參考文獻：A. V. Suarez, D. A. Holway, and P. S. Ward, "The Role of Opportunity in the Unintentional Introduction of Nonnative Ants," Proceedings of the National Academy of Sciences of the United States of America 102, no. 47 (2005): 17032–17035.

15 有趣的是，在 502A 型菌株無法繁殖的少數個案嬰兒身上，通常其鼻腔與肚臍都已經被其他種金黃色葡萄球菌給占領了，參考文獻：Shinefield et al., "Bacterial Interference: Its Effect on Nursery-Acquired Infection," 646–654.

16 H. R. Shinefield, J. M. Sutherland, J. C. Ribble, and H. F. Eichenwald, "II. The Ohio Epidemic," American Journal of Diseases of Children 105, no. 6 (1963): 655–662.

17 H. R. Shinefield, M. Boris, J. C. Ribble, E. F. Cale, and Heinz F. Eichenwald, "III. The Georgia Epidemic," American Journal of Diseases of Children 105, no. 6 (1963): 663–673. 另可參考：M. Boris, H. R. Shinefield, J. C. Ribble, H. F. Eichenwald, G. H. Hauser, and C. T. Caraway, "IV. The Louisiana Epidemic," American Journal of Diseases of Children 105, no. 6 (1963): 674–682.

18 H. F. Eichenwald, H. R. Shinefield, M. Boris, and J. C. Ribble, "'Bacterial Interference' and *Staphylococcic* Colonization in Infants and Adults," *Annals of the New York Academy of Sciences* 128, no. 1 (1965): 365–380.

19 D. Janek, A. Zipperer, A. Kulik, B. Krismer, and A. Peschel, "High Frequency and Diversity of Antimicrobial Activities Produced by Nasal *Staphylococcus* Strains against Bacterial Competitors," *PLoS Pathogens* 12,

no. 8 (2016): e1005812.

20 這是在保羅的平行宇宙中可能會發生的事情。

21 C. S. Elton, The Ecology of Invasions by Animals and Plants (London: Methuen & Co, 1958).

22 引文可見：J. D. van Elsas, M. Chiurazzi, C. A. Mallon, D. Elhottovā, V. Krištůfek, and J. F. Salles, "Microbial Diversity Determines the Invasion of Soil by a Bacterial Pathogen," *Proceedings of the National Academy of Sciences* 109, no. 4 (2012): 1159–1164. For a general review, see J. M. Levine, P. M. Adler, and S. G. Yelenik, "A Meta-Analysis of Biotic Resistance to Exotic Plant Invasions," *Ecology Letters* 7, no. 10 (2004): 975–989.

23 J. M. H. Knops, D. Tilman, N. M. Haddad, S. Naeem, C. E. Mitchell, J. Haarstad, M. E. Ritchie, et al., "Effects of Plant Species Richness on Invasion Dynamics, Disease Outbreaks, and Insect Abundances and Diversity," *Ecology Letters* 2 (1999): 286–293.

24 J. D. van Elsas, M. Chiurazzi, C. A. Mallon, D. Elhottovā, V. Krištůfek, and J. F. Salles, "Microbial Diversity Determines the Invasion of Soil by a Bacterial Pathogen," *Proceedings of the National Academy of Sciences* 109, no. 4 (2012): 1159–1164.

25 范艾爾薩斯與其團隊選中大腸桿菌為研究模式，絕非僥倖的偶然之舉，因為在綠膿桿菌（*Pseudomonas aeruginosa*）入侵小麥根系土壤的研究中也有類似的結果。參考文獻：A. Matos, L. Kerkhof, and J. L. Garland, "Effects of Microbial Community Diversity on the Survival of *Pseudomonas aeruginosa* in the Wheat Rhizosphere," *Microbial Ecology* 49 (2005): 257–264.

26 我們常常回顧過去社會出現的錯誤決策，並好奇當時是否有任何人在當下提出警告。我們或許會想：在幾十年、幾百年或甚幾千年前，前人並沒有足夠的資訊去做出明智的決定。不過就目前這個案例來說，人們掌握的資訊已足夠做出正確的決策。1965 年，艾肯沃特與享恩菲爾早把依賴抗生素可能造成的問題都列舉出來了。文獻來源：Shinefield et al., "*V. An Analysis and Interpretation*," 683–688.

27 佛萊明說：「抗生素的危險在於，當人們因為知識不足而使用了過低的劑量，它就殺不死身體內的微生物，反而會造成微生物的抗藥性。我來假設一個情境：有位 X 先生突然喉嚨痛，所以他買了一些盤尼西林來服用，但他使用的量不足以殺死鏈球菌（*Streptococci* sp.）卻能訓練這些鏈球菌耐受盤尼西林，而出現針對盤尼西林的抗藥性，接著他把病菌傳染給他的妻子。X 夫人得到肺炎後卻仍繼續接受盤尼西林治療，但她體內的鏈球菌早已有抗藥性，所以治療無效，X 夫人因此不幸過世。到底誰最應該為 X 夫人的死亡負責呢？X 先生只不過是在使用盤尼西林時有些輕忽，卻大大改變了這種微生物的特性。」

28 M. Baym, T. D. Lieberman, E. D. Kelsic, R. Chait, R. Gross, I. Yelin, and R. Kishony, "Spatiotemporal Microbial Evolution on Antibiotic Landscapes," *Science* 353, no. 6304 (2016): 1147–1151.

29 F. D. Lowy, "Antimicrobial Resistance: The Example of *Staphylococcus aureus*," *Journal of Clinical Investigation* 111, no. 9 (2003): 1265.

30 E. Klein, D. L. Smith, and R. Laxminarayan, "Hospitalizations and Deaths Caused by Methicillin-Resistant *Staphylococcus aureus*, United States, 1999–2005," *Emerging Infectious Diseases* 13, no. 12 (2007): 1840.

31 至於為何使用抗生素可以讓牛隻豬隻長得更快，目前還沒有解答。

32 S. S. Huang, E. Septimus, K. Kleinman, J. Moody, J. Hickok, T. R. Avery, J. Lankiewicz, et al., "Targeted versus Universal Decolonization to Prevent ICU Infection," *New England Journal of Medicine* 368, no. 24 (2013): 2255–2265.

33 R. Laxminarayan, P. Matsoso, S. Pant, C. Brower, J.-A. Røttingen, K. Klugman, and S. Davies, "Access to Effective Antimicrobials: A Worldwide Challenge," *Lancet* 387, no. 10014 (2016): 168–175. 更多有關因應抗藥性問題的政策研究可見： P. S. Jorgensen, D. Wernli, S. P. Carroll, R. R. Dunn, S. Harbarth, S. A. Levin, A. D. So, M. Schluter, and R. Laxminarayan, "Use Antimicrobials Wisely," *Nature* 537, no. 7619 (2016); K. Lewis, "Platforms for Antibiotic Discovery," *Nature Reviews Drug Discovery* 12 (2013): 371–387.

第 12 章　生物多樣性的滋味

1 D. E. Beasley, A. M. Koltz, J. E. Lambert, N. Fierer, and R. R. Dunn, "The Evolution of Stomach Acidity and Its Relevance to the Human

Microbiome," *PloS One* 10, no. 7 (2015): e0134116。

2 G. Campbell-Platt, *Fermented Foods of the World. A Dictionary and Guide* (Oxford: Butterworth Heinemann, 1987)。

3 韓式泡菜內所含的生物多樣性，比其他發酵食物都高出很多。不僅單獨一種韓式泡菜裡頭就可能找到上百個物種（而且不同人做的韓式泡菜所含的物種似乎還不同），而且不同類型的泡菜各自所含的微生物種類也很不一樣。參見：E. J. Park, J. Chun, C. J. Cha, W. S. Park, C. O. Jeon, and J. W. Jin-Woo Bae, "Bacterial Community Analysis During Fermentation of Ten Representative Kinds of Kimchi with Barcoded Pyrosequencing," *Food Microbiology* 30, no. 1 (2012): 197–204。除了葡萄球菌和乳酸菌之外，韓式泡菜中常見的細菌屬還包括白念珠菌（*Leuconostoc*）及明串珠菌的近親魏斯氏菌（*Weissella*）（這兩類細菌在冰箱裡也都很常見）、腸桿菌（*Enterobacter*）（一種可於糞便中找到的微生物），以及假單胞菌（*Pseudomonas*）等。

4 那種細菌是枯草桿菌（*Bacillus subtillus*），也就是那種造成腳臭（在國際太空站上有一大堆）的細菌。如果想進一步它在認識韓國料理中的發酵作用的話，可以參見：J. K. Patra, G. Das, S. Paramithiotis, and H.S. Shin, "Kimchi and Other Widely Consumed Traditional Fermented Foods of Korea: A Review," *Frontiers in Microbiology* 7 (2016)。

5 我非常推薦大家去看看 1903 年由查爾斯．厄本（Charles Urban）製作、法蘭西斯．馬丁．當肯（F. Martin Duncan）所執導的紀錄片《乾酪蟎》：這部片清楚描繪了動物將一種食物轉化為另一種食物的美妙過程。www.youtube.com/watch?v=wR2DystgByQ.

6 L. Manunza, "Casu Marzu: A Gastronomic Genealogy," in *Edible Insects in Sustainable Food Systems* (Cham, Switzerland: Springer International, 2018)。

7 若想了解麵包的最早歷史、並且一探人們怎麼嘗試重現古老麵包製作技術的話，可以去看：E. Wood, *World Sourdoughs from Antiquity* (Berkeley, CA: Ten Speed Press, 1996)。

8 這些麵包是一種貨幣、一種需要配給的物資，而且像啤酒一樣也是一種交易的單位。烘焙麵包的技術，讓人們得以把不易運用的穀物轉換為好存放、好交易、好賣也好吃的食品。參見：D. Samuel, "Bread Making and Social Interactions at the Amarna Workmen's Village,

Egypt," *World Archaeology* 31, no. 1 (1999): 121–144。

9 這個問題甚至還沒有人認真研究過。舉例來說，目前都還沒有人去尋找在埃及葬禮中跟木乃伊一起下葬的乾燥麵包裡頭，有沒有留存一些古代 DNA。這些葬禮遺骸，已經教會了我們很多關於古代人的日常生活的知識。它們還有好多好多的故事可以講，雖然我不確定古埃及人在提到來世的時候，心中預期的是不是這番情景。

10 實際上在細節上有很多不同的版本。有些只用蒸餾水，有些只用雨水。不同的麵包師對於使用什麼麵粉、將麵種保存在哪一種溫度下、甚至要不要添加其他內含微生物的材料（包括水果）等，都各自有各自的決定。

11 L. De Vuyst, H. Harth, S. Van Kerrebroeck, and F. Leroy, "Yeast Diversity of Sourdoughs and Associated Metabolic Properties and Functionalities," *International Journal of Food Microbiology* 239 (2016): 26–34。

12 一項在烘焙坊中進行的研究發現：雖然他們所使用的麵粉中含有腸桿菌（可以在糞便中找到、有機會成為病原菌的微生物），但是這種細菌從來沒有在麵種中出現。它們似乎是都被麵種中其他細菌所生產的酸性物質給殺死了。同一項研究也發現：在麵粉中、混合材料的碗中，甚至是貯藏麵包的盒子中，微生物組成都非常多變——但是在麵種之中，就只有單獨一種穩定的微生物群落欣欣向榮。

13 冰箱和冷凍庫的發明，成了儲存食物的另類新方法。但是整體來說，這個方法還是沒有發酵作用有效。你買回來的食物上面都充滿了微生物（即使是真空包裝食物也一樣）。將食物放進冰箱後，食物中的微生物覓食和繁殖的速度會因此而變慢。你冰箱裡的食物上的「有效期限」標籤，基本上就是在估算，食物中的微生物在低溫條件下，要花多久時間才會終究完全占據整份食物。「有效期限」標籤實際上根本應該寫：「一直到一月四日前，上頭都還不至於爬滿微生物。」雖然實際上，一罐食物還剩多少時間其實還是取決於你每次打開罐子時，冰箱中、你的手上和你的呼吸中有什麼樣的微生物。也就是說，「有效期限：一月四日」是個謊話，但仍然是個大致上可以參考的謊話，讓人們得以安然地度過每一天。

14 有時候這些麵包在製作的過程中，會添加一種來自嚙齒類動物糞便的洛德乳酸菌（*Lactobacillus reuteri*），讓它帶有酸味。如果你不相信我的話，可以去讀：M. S. W. Su, P. L. Oh, J. Walter, and M. G. Gänzle, "Intestinal Origin of Sourdough *Lactobacillus reuteri* Isolates as Revealed by Phylogenetic, Genetic, and Physiological Analysis," *Applied and Environmental Microbiology* 78, no. 18 (2012): 6777–6780。

15 在製作麵種的時候，啤酒酵母（*Saccharomyces cerevisiae*）似乎很少成為麵種中微生物群落的一部分，雖然我們的觀察可能有所偏差。實情似乎是：自從烘焙坊開始使用現成的酵母菌之後，這種酵母菌很快地就成為了烘培坊室內酵母菌群落的一員（落在攪拌器上、麵粉中、貯存容器裡等等），並因此很容易就會「汙染」到麵種。這並不會讓老麵種失效，但是的確會讓其中的物種多樣性變得比較貧乏——酵母菌的工業化生產及使用，還透過了這種間接的管道讓微生物組成更加均一。參見：F. Minervini, A. Lattanzi, M. De Angelis, G. Celano, and M. Gobbetti, "House Microbiotas as Sources of Lactic Acid Bacteria and Yeasts in Traditional Ital- ian Sourdoughs," *Food Microbiology* 52 (2015): 66–76。

16 為什麼賀曼會變成粉紅色的，沒有人有頭緒。跟地震大概沒有任何關係。

17 我們想要避免在採樣前就讓他們餵養那些麵種，是因為如果他們是在那裡的廚房中餵養麵種的話（一定是這樣），很有可能會不小心將廚房裡的微生物帶進麵種之中。這種事情一定會發生，不可能完全避免：但是如果我們能在此事發生之前就先進行採樣的話，就比較有機會能夠偵測到真正是來自各個麵包師的手藝、身體以及住家的微生物。

18 我們儘可能把幾個比較主要的條件控制成一樣的，但是那需要我們隨時注意、費了好一番工夫。我們甚至必須隨時監視、確保麵包師沒有在麵包中添加其他的材料。有些材料，他們可是想加得要命（而且好像可以隨時從口袋和工作服中神奇地變出來）：「我可以加些蒜頭嗎？一點點也不行嗎？那加點芝麻怎麼樣！」

19 D. A. Jensen, D. R. Macinga, D. J. Shumaker, R. Bellino, J. W. Arbogast, and D. W. Schaffner, "Quantifying the Effects of Water Temperature, Soap Volume, Lather Time, and Antimicrobial Soap as Variables in the Removal of *Escherichia coli* ATCC 11229 from Hands," *Journal of Food Protection*

80, no. 6 (2017): 1022–1031。

20 A. A. Ross, K. Muller, J. S. Weese, and J. Neufeld, "Comprehensive Skin Microbiome Analysis Reveals the Uniqueness of Human-Associated Microbial Communities among the Class Mammalia," *bioRxiv* (2017): 201434。

21 N. Fierer, M. Hamady, C. L. Lauber, and R. Knight, "The Influence of Sex, Handedness, and Washing on the Diversity of Hand Surface Bacteria," *Proceedings of the National Academy of Sciences* 105, no. 46 (2008): 17994–17999。

22 A. Döğen, E. Kaplan, Z. Öksüz, M. S. Serin, M. Ilkit, and G. S. de Hoog, "Dishwashers Are a Major Source of Human Opportunistic Yeast-Like Fungi in Indoor Environments in Mersin, Turkey," *Medical Mycology* 51, no. 5 (2013): 493–498。

翻譯對照表

A

Agrobacterium｜農桿菌（屬）

Alternaria alternata｜互生鏈隔孢菌

Alternaria tenuissima｜極細鏈隔孢菌

ambrosia beetles｜小蠹蟲

amoebae｜阿米巴原蟲

amphipods｜端腳目

anaerobic bacteria｜厭氧菌

Aprostocetus hagenowii｜哈氏嚙小蜂

archaea｜古菌

Arthrinium phaeospermum｜暗褐色孢子節菱孢菌

Arthrobacter｜關節桿菌（屬）

Aspergillus｜麴菌

Aspergillus fumigatus｜煙麴黴

Aureobasidium pullulans｜暗金黃擔子菌

B

Bacillus subtilis｜枯草桿菌

Bacillus thuringiensis｜蘇力菌

Bartonella｜巴東體（屬）

Bdellovibrio spp.｜布德樓弧菌屬

Cladosporium｜分枝孢子菌（屬）

Cladosporium herbarum｜草本枝孢菌

Clostridium difficile｜困難梭狀桿菌

Coptotermes spp.｜家白蟻屬

Corynebacterium｜棒狀桿菌（屬）

Crohn‘s disease｜克隆氏症

cyanobacteria｜藍綠菌

Cyclidium spp.｜膜袋蟲屬

Cyclops spp.: 劍水蚤屬

cyst｜囊

cytokine｜細胞激素

D

Darwin’s finch｜達爾文雀

Delftia｜代爾夫特菌（屬）

Delftia acidovorans｜食酸代爾夫特菌

Dermestes maculatus｜白腹鰹節蟲

dermestid｜皮蠹科（的）

detritivore｜食碎屑動物

Diestrammena asynamora｜溫室灶馬

Diestrammena japonica｜日本突灶螽

Dirofilaria immitis｜犬心絲蟲

Discothyrea testacea ：褐盤針蟻

drain fly｜蛾蚋

dry rot｜乾腐病

E

Escherichia coli (E. coli): 大腸桿菌

Echinococcus｜包生條蟲（屬）

elaiosome｜油質體

enemy-free zone｜無敵區域

Enterobacter｜腸桿菌（屬）

eosinophil｜嗜酸性球

Evania appendigaster｜蠊卵旗腹蜂

Evania｜瘦蜂（屬）

extremophiles｜嗜極端菌

F

fecal transplant｜糞便移植

flagellum｜鞭毛

flatworms｜渦蟲

flea｜跳蚤

Formosan termites｜台灣家白蟻

fruiting body｜子實體

fungi｜真菌

fur mite｜毛蟎

Fusarium｜鐮孢菌（屬）

G

gammaproteobacteria｜γ-變形菌

genetic variant｜遺傳變異

genital louse｜陰蝨

genome｜基因體

genus ｜屬

germ theory｜病菌說

German cockroach｜德國姬蠊

Gliocladium｜黏帚黴

gluten｜麩質

grain beetle｜粉扁蟲

Greeks｜希臘人

growing medium｜培養基

H

hominid｜人科

Homo heidelbergensis｜海德堡人

house mouse｜（小）家鼠

housefly｜家蠅

human botfly｜人類馬蠅

Hutterite｜胡特爾人

hydramethylnon｜愛美松

hypha｜菌絲

I

isopods｜等足目

K

kombucha｜康普茶

Komodo dragons｜科摩多巨蜥

L

lab rat｜（實驗室）大鼠

Lactobacillus｜乳桿菌（屬）

Lactobacillus reuteri｜洛德乳酸菌

Lasioglossum gotham｜高譚隧蜂

Legionella pneumophila｜退伍軍人菌

Legionella spp.｜軍團菌屬

Leuconostoc｜白念珠菌（屬）

lignin｜木質素

Linepithema humile｜阿根廷蟻

M

Mallos gregalis｜一種具社會性的殺蠅蜘蛛

mill moth｜地中海粉斑螟蛾

millipede｜馬陸

mite｜蟎

monocyte｜單核球

mouse｜老鼠（複數mice）

Mucor spp.｜毛黴菌屬

Mus musculus｜（小）家鼠

Musca domestica｜家蠅

Mycobacterium spp. ｜分枝桿菌屬

Mycobacterium bovis｜牛分枝桿菌

Mycobacterium caprae 山羊分枝桿菌

Mycobacterium tuberculosis｜結核桿菌

Mycobacterium vaccae｜牝牛分枝桿菌

Myrmecophilus｜蟻蟋屬（屬）

Myrothecium｜漆斑菌（屬）

N

Nannarrup hoffmani｜侏儒蜈蚣

Nasutitermes corniger｜角象白蟻

Nasutitermes｜象白蟻（屬）

Nasutitermes termites｜象白蟻

nematode｜線蟲

Neosartorya hiratsukae｜平塚新薩托菌

Norway rat｜溝鼠

P

Penicillium｜青黴菌

Penicillium concetricum｜同心青黴

Penicillium glandicola｜櫟生青黴

pike｜梭子魚

pinyon｜矮松

Piophila casei｜鎧氏酪蠅

Primates｜靈長目

Propionibacterium｜丙酸桿菌（屬）

Pseudomonas｜假單胞菌

puffball｜馬勃菌

R

Rana kauffeldi｜豹蛙

Rattus norvegicus｜溝鼠

Rattus rattus｜玄鼠

Rhodotorula｜紅酵母菌（屬）

Rhodotorula mucilaginosa｜膠紅酵母菌

Thermus aquaticus｜熱溫泉細菌

Thermus scotoductus｜水管致黑棲熱菌

Toxoplasma gondii｜剛地弓漿蟲

Trichoderma｜木黴菌（屬）

Trichomonas vaginalis｜陰道滴蟲

Trichosporon pullulans｜茁芽絲孢酵母菌

tricothecene｜單端孢黴毒素

Troglophilus｜歐洲穴螽（屬）

Tuber｜塊菌

Tubifex｜污水蠕蟲（屬）

Tyrophagus putrescentiae｜腐食酪蟎

U

Ulocladium｜細基孢菌（屬）

Ursus spelaeus｜洞熊

V

Vampyrum spectrum｜美洲假吸血蝠

Vibrio cholerae｜霍亂弧菌

Vorticella: 鐘蟲（屬）

W

Weissella｜魏斯氏菌（屬）

white rot fungus｜白腐菌

Wickerhamomyces｜威克漢姆酵母菌（屬）

國家圖書館出版品預行編目資料

我的野蠻室友：細菌、眞菌、節肢動物與人同居的奇妙自然史 /
羅伯．唐恩（Rob Dunn）著；方慧詩、饒益品 譯. -- 初版. -- 臺北市：
商周出版：家庭傳媒城邦分公司發行, 民109.10
面： 公分
譯自：Never home alone
ISBN 978-986-477-899-7（平裝）
1. 微生物 2. 微生物演化
369 109011686

我的野蠻室友：
細菌、真菌、節肢動物與人同居的奇妙自然史

原著書名 / Never Home Alone
作者 / 羅伯．唐恩（Rob Dunn）
譯者 / 方慧詩、饒益品
企畫選書 / 梁燕樵
責任編輯 / 梁燕樵

版權 / 黃淑敏、林心紅、劉鎔慈
行銷業務 / 周佑潔、周丹蘋、黃崇華
總經理 / 彭之琬
事業群總經理 / 黃淑貞
發行人 / 何飛鵬
法律顧問 / 元禾法律事務所 王子文律師
出版 / 商周出版
臺北市中山區民生東路二段141號9樓
電話：(02) 2500-7008 傳眞：(02) 2500-7759
E-mail：bwp.service@cite.com.tw
發行 / 英屬蓋曼群島商家庭傳媒股份有限公司城邦分公司
臺北市中山區民生東路二段141號2樓
書虫客服服務專線：(02) 2500-7718．(02) 2500-7719
24小時傳眞服務：(02) 2500-1990．(02) 2500-1991
服務時間：週一至週五09:30-12:00．13:30-17:00
郵撥帳號：19863813 戶名：書虫股份有限公司
E-mail：service@readingclub.com.tw
歡迎光臨城邦讀書花園 網址：www.cite.com.tw
香港發行所 / 城邦（香港）出版集團有限公司
香港灣仔駱克道193號東超商業中心1樓
電話：(852) 2508-6231 傳眞：(852) 2578-9337
E-mail：hkcite@biznetvigator.com
馬新發行所 / 城邦(馬新)出版集團 Cité (M) Sdn. Bhd.
41, Jalan Radin Anum, Bandar Baru Sri Petaling,
57000 Kuala Lumpur, Malaysia
電話：(603) 9057-8822 傳眞：(603) 9057-6622
E-mail：cite@cite.com.my

封面設計 / 林子昭
排版 / 新鑫電腦排版工作室
印刷 / 韋懋實業有限公司
經銷商 / 聯合發行股份有限公司
電話：(02) 2917-8022 傳眞：(02) 2911-0053
地址：新北市231新店區寶橋路235巷6弄6號2樓

■2020年（民109）10月初版1刷
定價 460元

Printed in Taiwan
城邦讀書花園
www.cite.com.tw

ISBN 978-986-477-899-7

廣　告　回
北區郵政管理登記
台北廣字第00079
郵資已付，免貼郵

104台北市民生東路二段141號2樓

英屬蓋曼群島商家庭傳媒股份有限公司　城邦分公

請沿虛線對摺，謝謝！

書號：BU0164	**書名：**我的野蠻室友	**編碼：**

請於此處用膠水黏貼

商周出版

讀者回函卡

感謝您購買我們出版的書籍！請費心填寫此回函卡，我們將不定期寄上城邦集團最新的出版訊息。

不定期好禮相贈！
立即加入：商周出版
Facebook 粉絲團

姓名：________________ 性別：□男 □女

生日：西元________年________月________日

地址：________________

聯絡電話：________________ 傳真：________________

E-mail ：

學歷：□ 1. 小學 □ 2. 國中 □ 3. 高中 □ 4. 大學 □ 5. 研究所以上

職業：□ 1. 學生 □ 2. 軍公教 □ 3. 服務 □ 4. 金融 □ 5. 製造 □ 6. 資訊
□ 7. 傳播 □ 8. 自由業 □ 9. 農漁牧 □ 10. 家管 □ 11. 退休
□ 12. 其他________________

您從何種方式得知本書消息？

□ 1. 書店 □ 2. 網路 □ 3. 報紙 □ 4. 雜誌 □ 5. 廣播 □ 6. 電視
□ 7. 親友推薦 □ 8. 其他________________

您通常以何種方式購書？

□ 1. 書店 □ 2. 網路 □ 3. 傳真訂購 □ 4. 郵局劃撥 □ 5. 其他______

您喜歡閱讀那些類別的書籍？

□ 1. 財經商業 □ 2. 自然科學 □ 3. 歷史 □ 4. 法律 □ 5. 文學
□ 6. 休閒旅遊 □ 7. 小說 □ 8. 人物傳記 □ 9. 生活、勵志 □ 10. 其他

對我們的建議：________________

____

____

請於此處用膠水黏貼